图 1-3　阿雷西博射电望远镜

图 1-4　FAST 工程

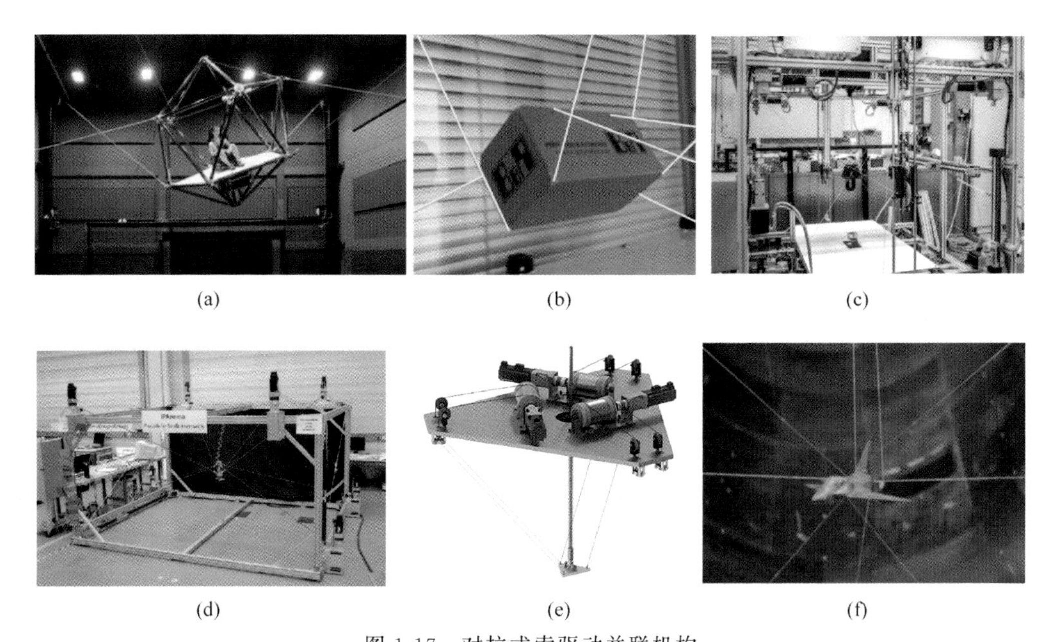

图 1-17　对拉式索驱动并联机构

(a) CableRobot-Simulator；(b) CableEndy；(c) SEGESTA；
(d) IPAnema-I；(e) 索并联高速分拣机器人；(f)风洞实验系统

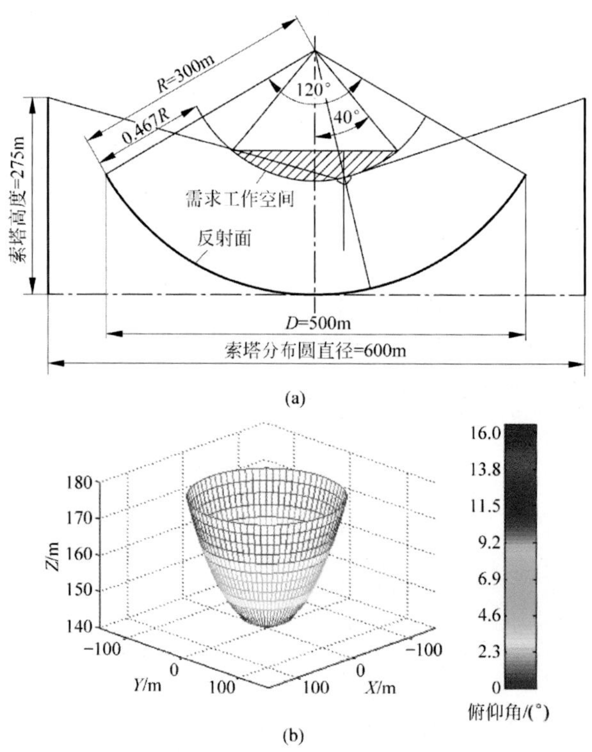

图 2-17　FAST 原型中 6 索并联机构的工作空间示意图

(a) 6 索并联机构的基本尺寸；(b) 6 索并联机构工作空间及跟踪俯仰角度图

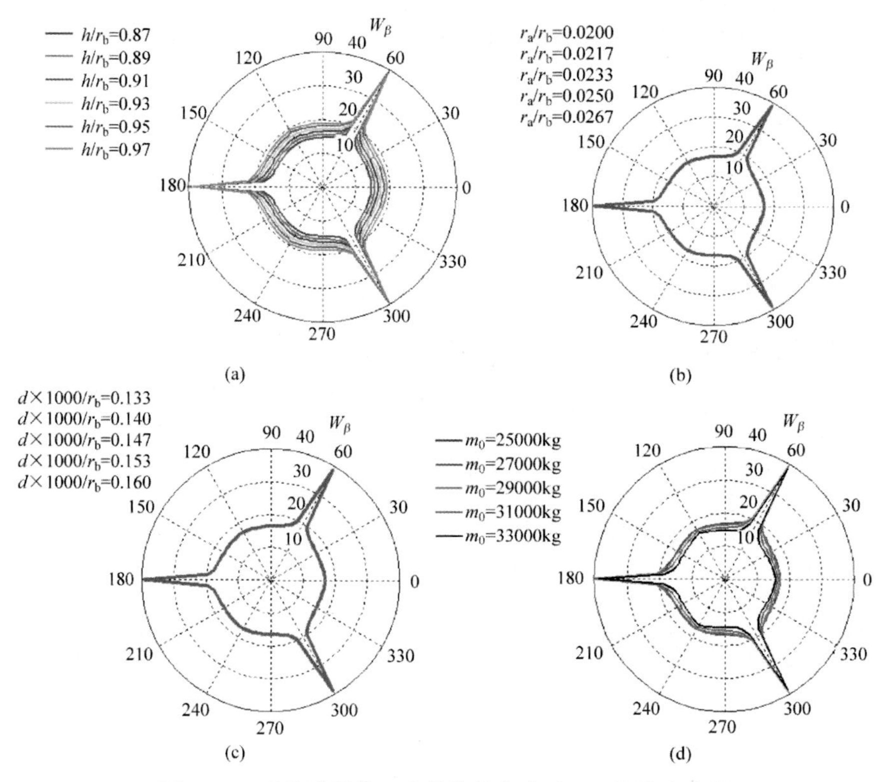

图 5-8　6 索并联机构 4 个待优化参数对 W_β 的影响曲线

(a) h/r_b 对最大俯仰角 W_β 的影响；(b) r_a/r_b 对最大俯仰角 W_β 的影响；

(c) d/r_b 对最大俯仰角 W_β 的影响；(d) m_0 对最大俯仰角 W_β 的影响

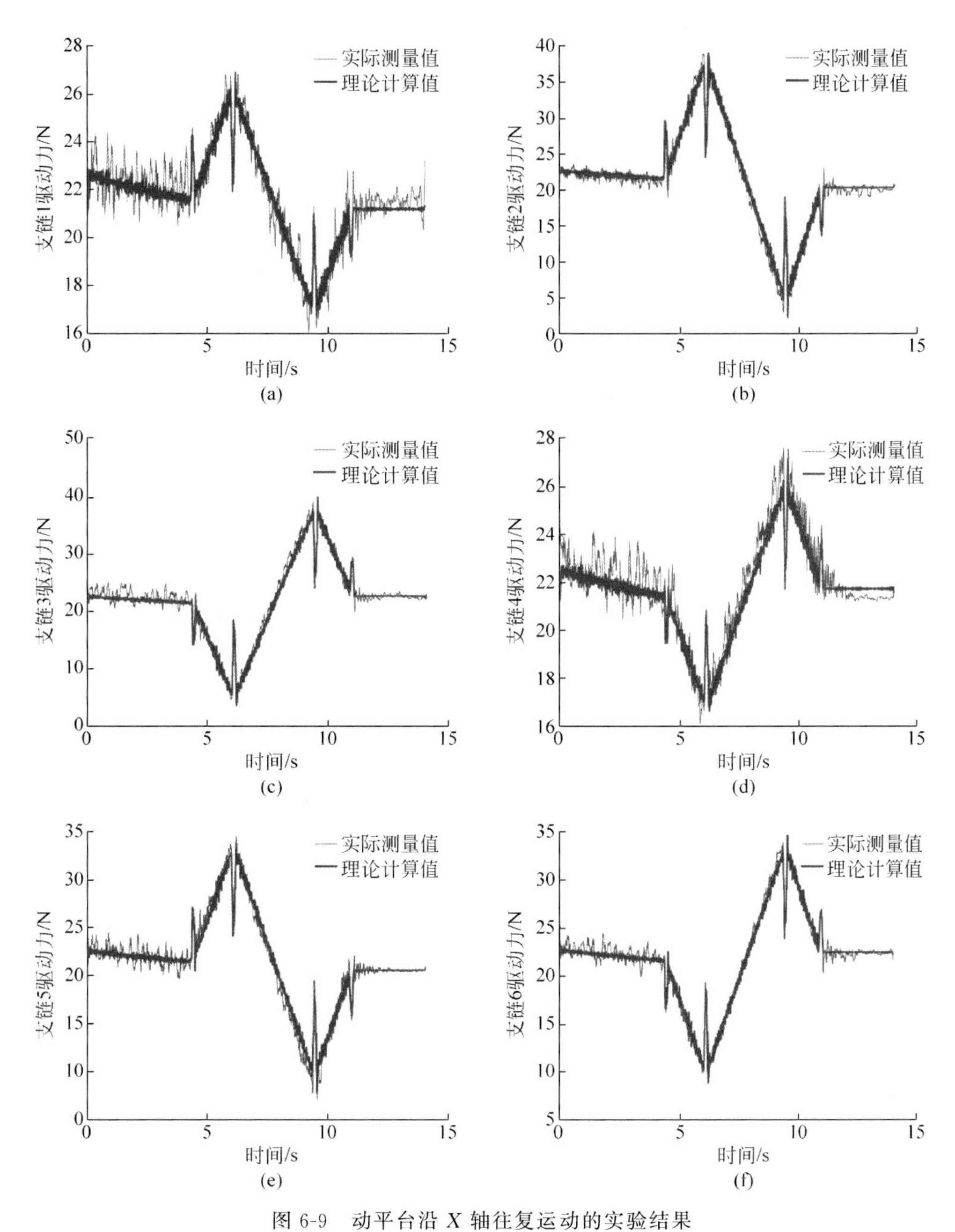

图 6-9　动平台沿 X 轴往复运动的实验结果

(a) 支链 1 驱动力对比图；(b) 支链 2 驱动力对比图；(c) 支链 3 驱动力对比图；
(d) 支链 4 驱动力对比图；(e) 支链 5 驱动力对比图；(f) 支链 6 驱动力对比图

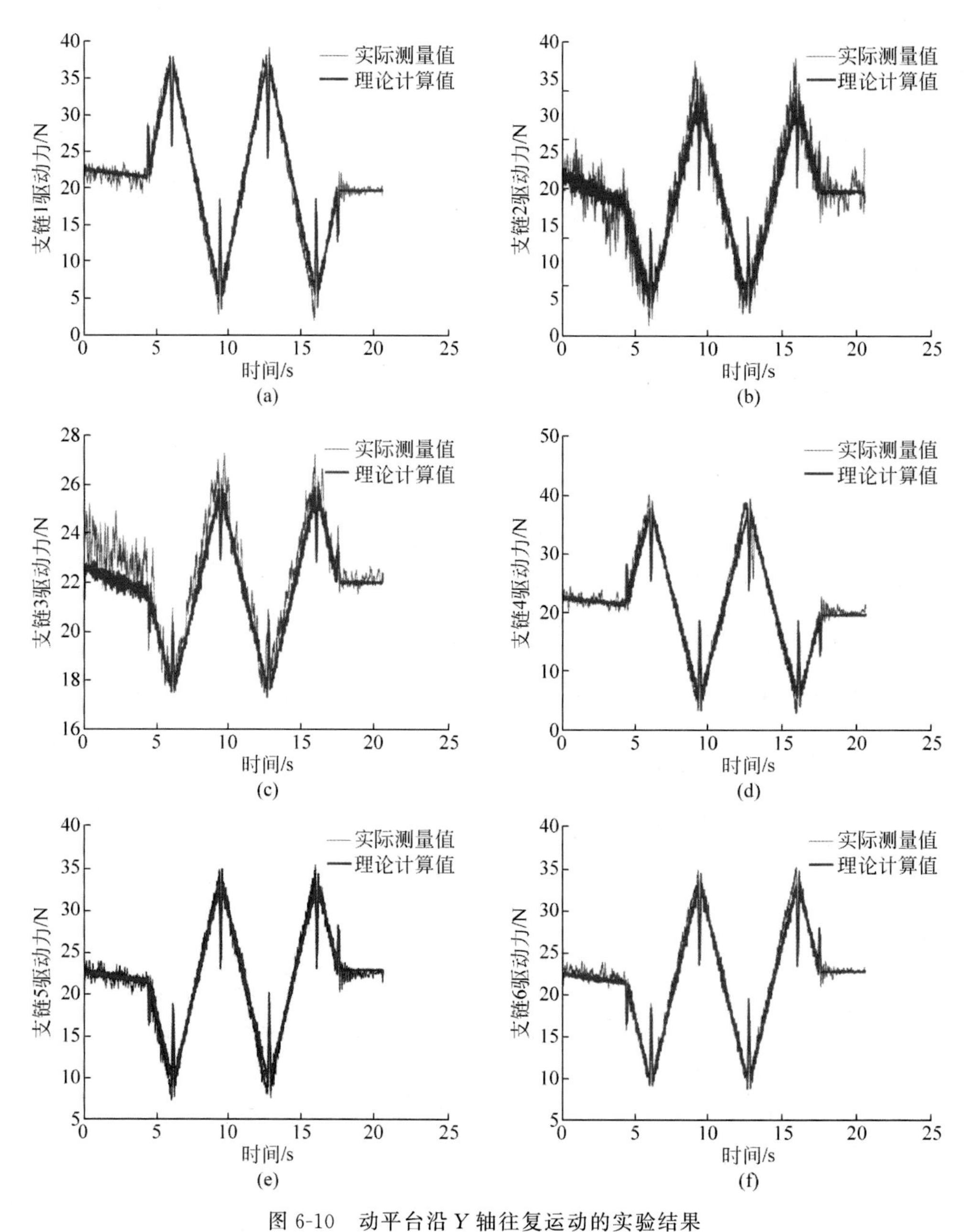

图 6-10　动平台沿 Y 轴往复运动的实验结果

(a) 支链 1 驱动力对比图；(b) 支链 2 驱动力对比图；(c) 支链 3 驱动力对比图；
(d) 支链 4 驱动力对比图；(e) 支链 5 驱动力对比图；(f) 支链 6 驱动力对比图

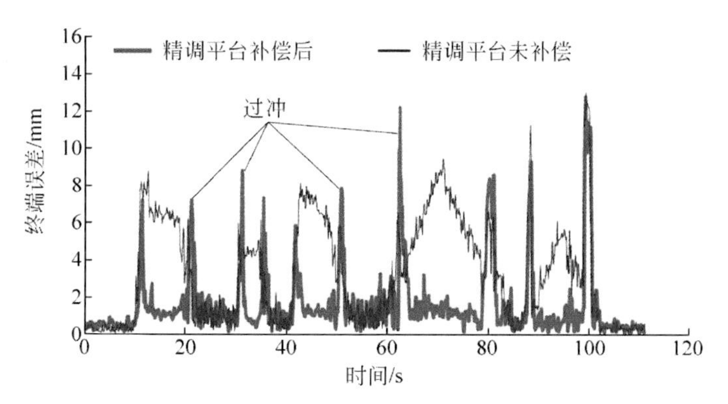

图 8-8 精调 Stewart 平台采用 PD 控制器的轨迹补偿抑振效果

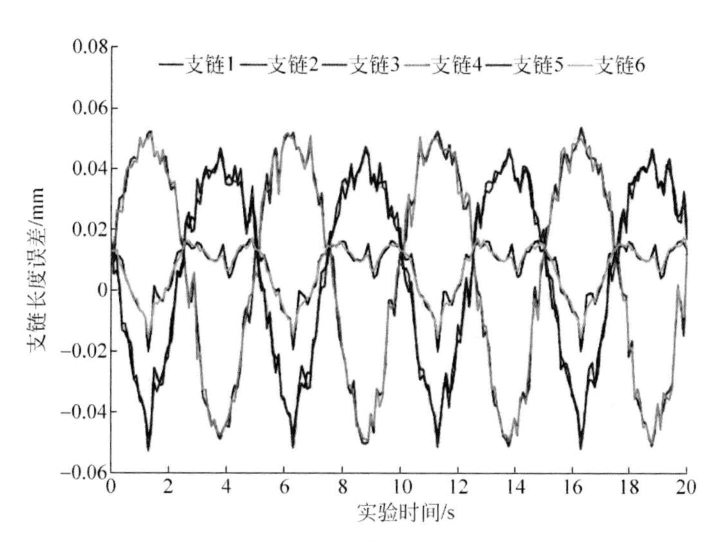

图 8-16 0.2Hz 正弦信号跟踪实验的支链长度误差

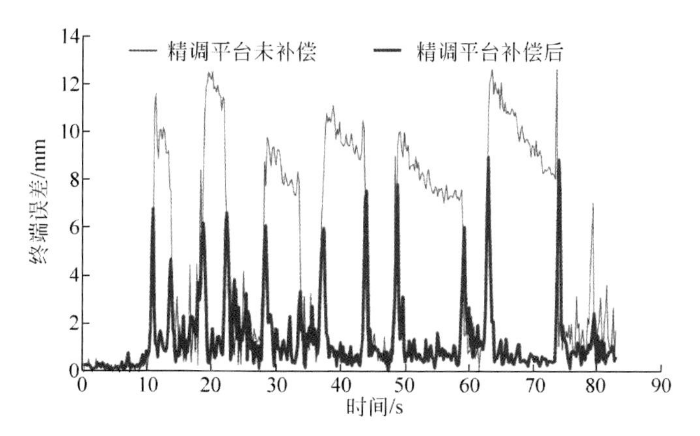

图 8-17 采用模糊 PD 控制器的轨迹补偿抑振效果

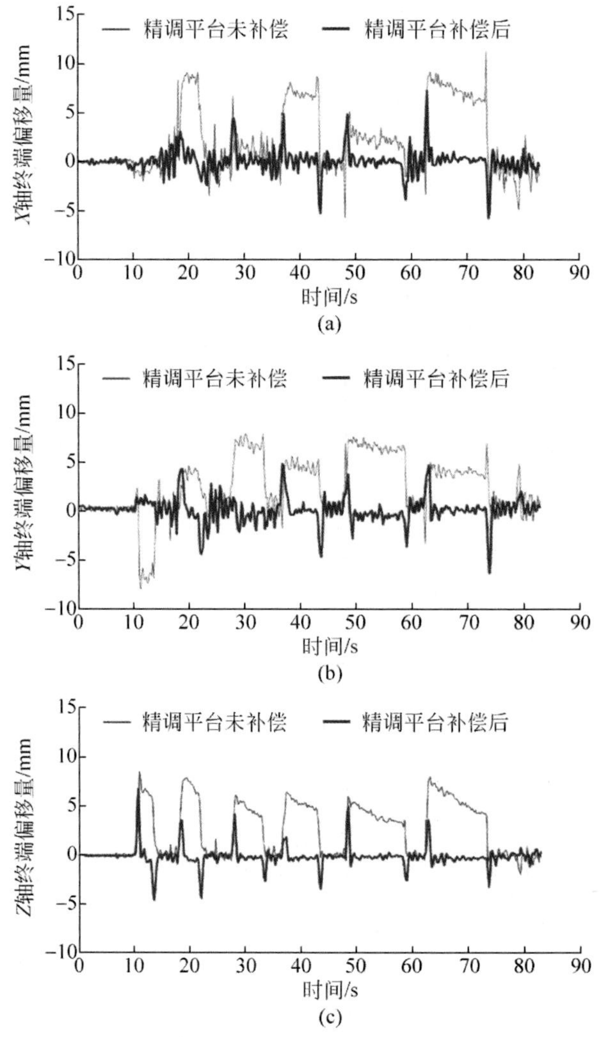

图 8-18　轨迹补偿抑振中,各坐标轴方向的终端位置偏移量

(a) 终端沿 X 轴的位置偏移量;(b) 终端沿 Y 轴的位置偏移量;(c) 终端沿 Z 轴的位置偏移量

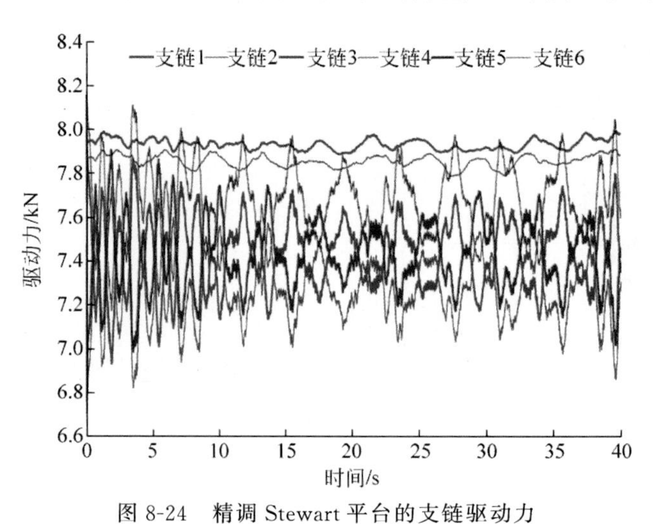

图 8-24　精调 Stewart 平台的支链驱动力

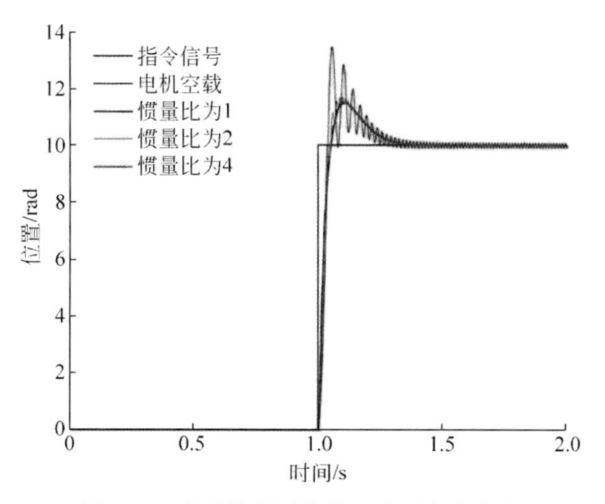

图 9-14 支链控制系统位置阶跃响应曲线

图 10-1 FAST 1∶15 缩尺模型

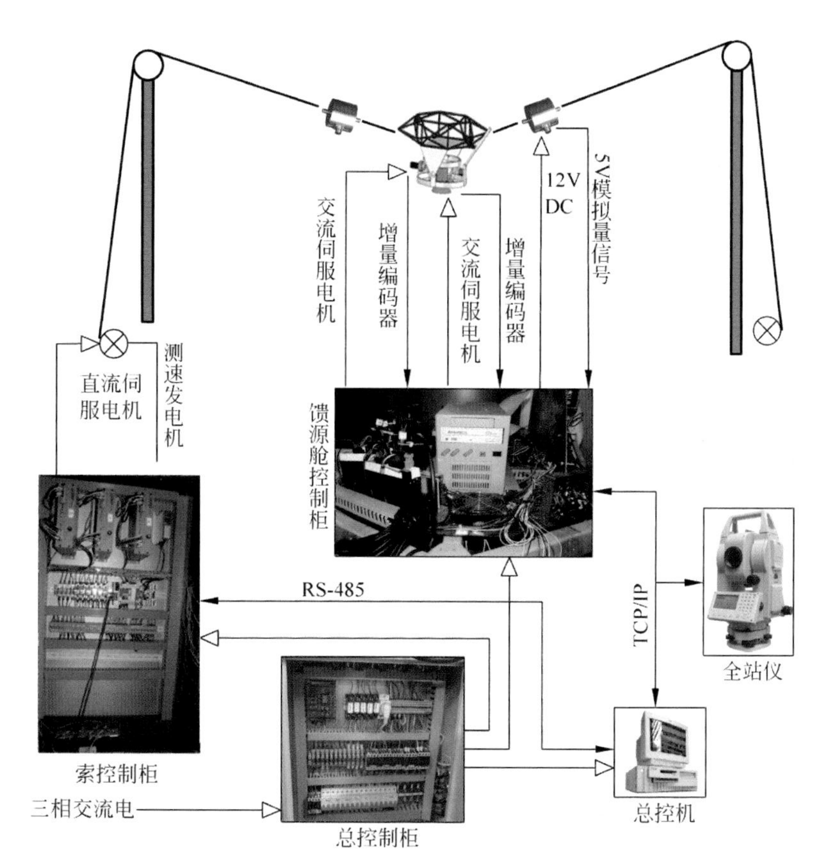

图 10-19 FAST 40m 缩尺模型控制系统结构框图

图 10-23　40m 口径射电望远镜馈源支撑系统

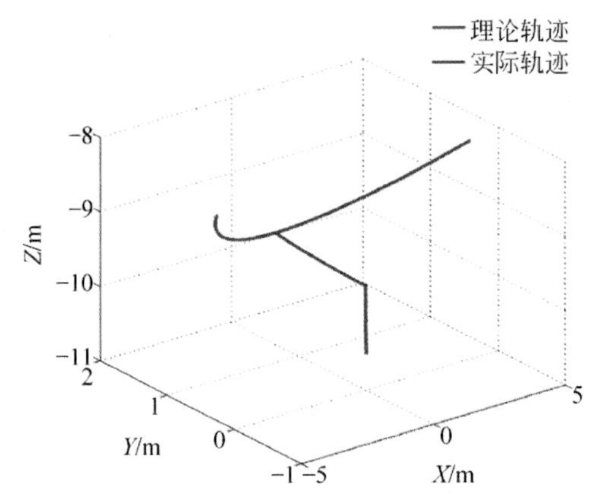

图 10-36　馈源支撑系统终端的实际轨迹与理论轨迹

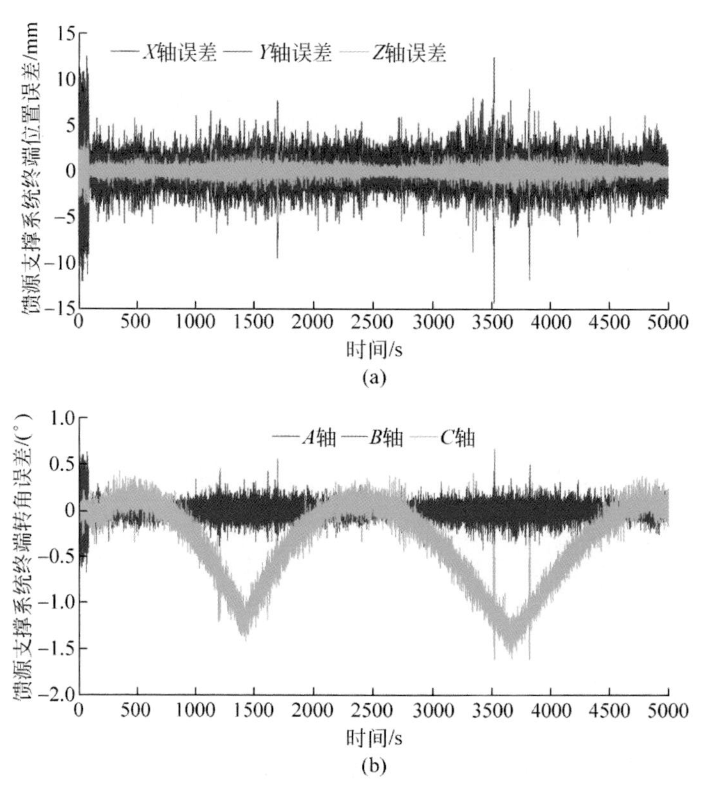

图 10-37　馈源支撑系统的终端轨迹误差

(a) 馈源支撑系统终端位置误差；(b) 馈源支撑系统终端姿态误差

索驱动及刚性并联机构的研究与应用

“中国天眼”40m缩尺模型馈源支撑系统研发

唐晓强 邵珠峰 姚蕊 著

清华大学出版社
北 京

内 容 简 介

500m 口径球面射电望远镜(Five-hundred-meter Aperture Spherical radio Telescope,FAST,被誉为“中国天眼”)已经在中国贵州省建造完成并顺利通过国家验收。作为世界上最大的单口径射电望远镜,“中国天眼”将在未来 20～30 年内保持世界一流设备的地位。本书主要以 FAST 最后一轮完整缩尺模型为研究对象,详细介绍馈源支撑系统中索驱动及刚性并联机构的优化设计、精度保证和控制等方面的研究工作,力求帮助读者清楚地理解 FAST 馈源支撑系统的整体方案核心技术,尤其是索驱动及刚性并联机构的关键理论和应用问题。希望本书能够为工程科技工作者的理论研究和工程研发工作提供一些灵感和思路。本书可作为机械工程专业相关课程的辅助教材,也适合广大科技爱好者和相关专业工程技术人员阅读。

图书在版编目(CIP)数据

索驱动及刚性并联机构的研究与应用:“中国天眼”40m 缩尺模型馈源支撑系统研发/唐晓强,邵珠峰,姚蕊著.—北京:清华大学出版社,2020.6 (2021.7重印)

ISBN 978-7-302-55497-4

Ⅰ. ①索… Ⅱ. ①唐… ②邵… ③姚… Ⅲ. ①射电望远镜－系统研发－中国 Ⅳ. ①TN16

中国版本图书馆 CIP 数据核字(2020)第 083483 号

责任编辑: 冯 昕
封面设计: 傅瑞学
责任校对: 王淑云
责任印制: 杨 艳

出版发行: 清华大学出版社
网 址: http://www.tup.com.cn, http://www.wqbook.com
地 址: 北京清华大学学研大厦 A 座 **邮 编:** 100084
社 总 机: 010-62770175 **邮 购:** 010-62786544
投稿与读者服务: 010-62776969, c-service@tup.tsinghua.edu.cn
质量反馈: 010-62772015, zhiliang@tup.tsinghua.edu.cn
印 装 者: 北京九州迅驰传媒文化有限公司
经 销: 全国新华书店
开 本: 185mm×260mm **印 张:** 12 **彩 插:** 4 **字 数:** 296 千字
版 次: 2020 年 7 月第 1 版 **印 次:** 2021 年 7 月第 2 次印刷
定 价: 69.00 元

产品编号:087963-01

PREFACE 序 1

500m 口径球面射电望远镜(FAST)被誉为“中国天眼”，是具有我国自主知识产权、世界最大、最灵敏的单口径射电望远镜。它的落成启用，对我国在科学前沿实现重大原创突破、加快创新驱动发展具有重要意义。凭借 FAST 超高的灵敏度，已实现了我国在脉冲星发现方面零的突破，并将脉冲星计时精度提高了一个数量级，且有望实现原初引力波的探测能力。FAST 项目从 1999 年启动至 2019 年通过国家验收，历时 20 年，背后凝聚着大量科研工作者和工程人员的智慧和汗水。

清华大学始终牢记服务国家重大战略需求的责任和使命，以本书作者为代表的清华大学多个科研团队参与了 FAST 项目的预研究和方案设计工作，承担了大量的核心工作，为 FAST 的建设起到了决定性作用。FAST 项目的主承担单位(国家天文台)充分肯定了清华大学为 FAST 项目所做出的重要贡献，将一颗小行星命名为“清华大学星”(永久编号为 16982 号)。本书作者团队攻克了索驱动和刚性并联机构的一系列关键理论和技术难题，最终完成了 FAST 项目 40m 缩尺模型馈源支撑系统的开发，并成功实现了天文观测功能，为 FAST 工程的顺利实施奠定了坚实的理论和实验基础。

本书是 FAST 馈源支撑系统缩尺模型理论和实验研究的提炼总结，系统地阐述了 FAST 馈源支撑系统的关键技术。主要内容围绕索驱动及刚性并联机构展开，涵盖索驱动并联机构的精度保证及优化设计、刚性并联机构动力学建模及惯量匹配、柔性支撑并联机构的高效建模方法和抑振控制等研究工作。上述内容围绕具体工程展开，注重理论与实践的有机结合，将工程问题上升到理论层面进行深入研究，结合实践建立新的理论，并将理论应用于工程实践。因此，本书既是针对索驱动和刚性并联机构的专业理论著作，同时对工程科技人员的科研方法和思路提升具有借鉴作用。

索驱动及刚性并联机构具有突出的特点和优势，希望作者团队能够基于上述坚实的研究基础，进一步推进相关机器人装备的创新设计和研发。针对高速、重载和超大工作空间工况提出创新的解决方案，实现机器人装备和技术的自主创新，推动机器人学和智能制造的深度融合发展。

清华大学　教授、副校长

中国工程院　院士

智能制造标准化专家咨询组　组长

国家制造强国建设战略咨询委员会　委员

2020 年 3 月 3 日

PREFACE

PREFACE 序 2

500m口径球面射电望远镜(FAST)是以南仁东先生为代表的天文学家于20世纪90年代提出的设想,突破了传统望远镜百米工程极限,在贵州省平塘县建成的世界最大单口径射电望远镜。FAST主要性能指标均实现了突破,达到了国际领先水平,对促进我国天文学重大原创突破具有重要意义。

FAST具有三大自主创新:利用地球上的优良台址——贵州天然喀斯特巨型洼地作为望远镜台址;自主发明主动反射面,在观测方向形成300m口径瞬时抛物面,改正球差,提高电磁波汇聚能力,实现宽带和全偏振;自主提出世界上跨度最大的两级馈源调整机构(馈源支撑系统),由索驱动并联机器人和刚性并联机器人串联而成,实现了馈源均方根10mm的高精度定位。清华大学从20世纪90年代就开始参与主动反射面与馈源支撑系统的研究,包括方案设计、优化分析、运动控制和相似模型的搭建,为FAST的研究付出了辛勤的汗水,也基于相关研究培养了一批科研人员。

清华大学针对大跨度馈源支撑系统提出过多种方案,每套方案均建立了相似实物模型。而本书的40m馈源支撑系统相似模型是FAST建成前的最后一套室外大型模型,也是最接近原型的一套模型。这套模型的主要意义在于:

(1) 整个方案最接近原型方案。“6索并联机器人+A-B转台+Stewart并联机器人”的组合方式与原型一样,从理论研究到实验数据都充分论证了方案的可行性,并且进行了有效的天文观测,为最终建立FAST原型提供了重要的理论和实验基础。

(2) 基于这套方案的研究解决了很多关键理论和工程难题,比如大型并联机器人的建模方案、优化设计方法、动态特性分析和抑振控制策略等,不仅为FAST后续设计研究和工程建设提供了直接的支撑,也为相关领域的研究提供了重要参考。

本书中的研究内容充分体现了FAST馈源支撑系统在研究设计阶段的难点和重点,其研究思路和实验设计希望能够给读者以启发和借鉴。书中详尽的公式推导可以为有兴趣从事相关研究的读者提供参考,更全面地理解研究过程。目前机器人技术迅猛发展,机器人正被广泛应用于各个领域。本书的作者仍在努力推进并联机器人和索驱动机器人的研究工作,希望他们能够以应用为牵引,取得更多突破和创新,为机器人技术和装备的发展做出更大的贡献。

国家天文台　研究员
FAST工程　总工艺师
王启明

2020年3月3日

FOREWORD 前言

“十三五”国家科技创新规划的一个重要内容是增强原始创新,持续加强基础研究,布局建设重大科技创新基地,力争在更多领域引领世界科学前沿发展方向。基础研究离不开科学工程和装备的支撑,大科学工程被称为“国之利器”,是科技强国的标志性工程。500m 口径球面射电望远镜(five-hundred-meter aperture spherical radio telescope,FAST)是我国大科学工程的代表性项目,在 2020 年 1 月份顺利通过国家验收。为了保证世界一流的探测能力和灵敏度,FAST 要同时实现 500m 的超大尺度反射面和毫米级信号接收精度,其工程研究和建设过程面临了许多富有挑战性的理论和技术难题。

本书作者团队在唐晓强教授的带领下,全面参与了中科院国家天文台牵头的最后一轮 FAST 完整缩尺模型的建设和研究。重点围绕由大跨度索驱动和刚性并联机构组成的馈源支撑系统,展开了优化设计、建模仿真和精度保证方面的工作,为 FAST 原型机的高灵敏度奠定了坚实的基础。馈源支撑系统是 FAST 三大创新之一,直接决定其精度和性能。

并联机构是针对串联机构缺点而提出的一种新型机构,具有刚度高、动态特性好和载荷自重比大的核心优势,应用前景广阔。其中,并联主轴头和高速分拣机器人已经获得成功商业应用。索驱动并联机器人是绳索驱动和并联构型有机融合而成的一类高性能机器人,继承了并联机构的高动态特性和高承载能力,同时获得了工作空间、轻量化和效能的大幅提升。索并联机器人体现了机器人装备刚柔融合的前沿趋势,反映出先进的轻量化设计理念,已将传统工业机器人的工作空间和负载扩展了两个数量级以上,同时具备超高动态特性。索驱动及刚性并联机构已经成为高端装备和机器人领域的研究热点和前沿方向。

本书系统地讲述了 FAST 馈源支撑系统研发所面临的主要问题、解决思路及方案,详细介绍了索驱动及刚性并联机构的优化设计理论、动力学建模方法和抑振控制技术等方面的研究。其中,第 1 章介绍 FAST 项目及并联机构;第 2~4 章研究大跨度索并联机构的建模、静力学特性和刚度分析;第 5 章完成大跨度索并联机构的综合优化设计方法研究;第 6 章和第 7 章建立索驱动及刚性并联机构的动力学模型,并提出一种刚柔串联耦合系统的高效动力学建模方法;第 8 章主要进行刚柔串联耦合系统抑振控制研究;第 9 章面向工程应用,提出一种并联机构的惯量匹配指标和方法,服务于机器人驱动匹配和电机选型;第 10 章在前述研究的指导下,完成整个 FAST 缩尺模型馈源支撑系统的研制任务。第 2~5 章和第 10 章由唐晓强和姚蕊著,其余章节由唐晓强和邵珠峰著。

本书是围绕 FAST 项目的第一部著作,同时详细地介绍了索驱动和刚性并联机构的研究,可作为机械工程相关领域科技工作者的参考书,希望本书能够为高端装备的理论研究和样机开发提供灵感和思路;本书可作为机械工程专业研究生和本科生的辅助教材或参考书,也适合广大科技爱好者阅读,了解我国 FAST 大科学工程和索驱动及刚性并联机构的研究进展。

由于作者水平所限，书中存在错误和不足在所难免，敬请读者批评指正。希望读者与我们共同推动索驱动及刚性并联机构的理论研究和工程应用，促进高端装备的原始创新，服务于我国制造业的转型升级。

2020 年 3 月于清华园

唐晓强

邵珠峰

姚　蕊

各章主要参数表

第 2 章	
l_0	单索模型：原始索长
Δl	单索模型：索弹性变形量
T	单索模型：索固定端的索拉力
ρ	单索模型：索的线密度(初始无弹性变形)
E	单索模型：索弹性模量
A_0	单索模型：索的无弹性变形横截面积
V	单索模型：索拉力 T 的垂直分量
H	单索模型：索拉力 T 的水平分量
L	单索模型：水平跨度
h	单索模型：两个索连接点的高度差
$\boldsymbol{B}_i$	索并联机构：静平台索连接点的坐标向量
$\boldsymbol{A}_i$	索并联机构：动平台索连接点坐标向量
O'	索并联机构：动坐标系原点
$\boldsymbol{\sigma}_0$	索并联机构：索拉力向量
$\boldsymbol{J}_0^{\mathrm{T}}$	索并联机构：力传递矩阵
$\boldsymbol{F}$	索并联机构：动平台中心位置的外力旋量
$\boldsymbol{l}_{\mathrm{c}}$	精确悬链线方程求解的索长向量
$\boldsymbol{l}_{\mathrm{p}}$	抛物线方程求解的索长向量
$\boldsymbol{l}_{\mathrm{l}}$	直线方程求解的索长向量
$\boldsymbol{\varepsilon}_{\mathrm{p}}$	抛物线模型误差造成的索并联机构末端建模误差向量
$\boldsymbol{\varepsilon}_{\mathrm{l}}$	直线模型误差造成的索并联机构末端建模误差向量
$\varepsilon_{l_{\mathrm{p}}i}$	高阶多项式拟合抛物线模型的第 i 根索长误差
$\varepsilon_{l_{\mathrm{l}}i}$	高阶多项式拟合直线模型的第 i 根索长误差
$\boldsymbol{R}$	索并联机构动坐标系向惯性坐标系的转换矩阵
U	索并联机构 $\boldsymbol{l}_i$ 的单位向量
r_i	索并联机构向量代表 $\boldsymbol{A}_i$ 点的位置
r_{a}	FAST 相似模型动平台半径
r_{b}	FAST 相似模型索塔分布圆半径
h_{tower}	FAST 相似模型索塔高度
d	FAST 相似模型索直径
m_0	FAST 相似模型动平台质量
$[\varepsilon_0,\varepsilon_{\mathrm{angle}}]^{\mathrm{T}}$	FAST 相似模型允许的最大建模误差绝对值
第 3 章	
$\mathrm{TCI}_{\mathrm{max}}$	最大与最小索拉力差值
$\mathrm{TCI}_{\mathrm{rmax}}$	最大与最小索拉力比值
$\mathrm{GTCI}_{\mathrm{max}}$	全局最大与最小索拉力差值

续表

第 3 章	
$\mathrm{GTCI}_{\mathrm{rmax}}$	全局最大与最小索拉力比值
$\delta \boldsymbol{X}$	索并联机构的动平台末端误差
$\delta \boldsymbol{OO}'$	索并联机构的动平台末端位置误差
$\delta \boldsymbol{\Omega}$	索并联机构的动平台末端姿态误差
$\delta \boldsymbol{\varepsilon}$	误差补偿后直线模型的索长误差
$\delta \boldsymbol{O'A}_i$	索并联机构动平台索连接点的误差向量
$\delta \boldsymbol{OB}_i$	索并联机构静平台索连接点的误差向量
$\boldsymbol{I}_i^{\mathrm{T}}$	索并联机构支链的单位方向矢量
$\boldsymbol{J}$	大跨度索并联机构逆向雅克比矩阵
$\boldsymbol{E}$	大跨度索并联机构的误差传递矩阵
$\forall_{\mathrm{err}}$	给定姿态下的许可误差空间
$V_{\forall_{\mathrm{err}}}$	许可误差空间的广义体积
$\forall_{\mathrm{control}}$	给定姿态下的满足拉力条件的许可误差空间
$V_{\forall_{\mathrm{control}}}$	给定姿态下误差空间内的可控空间广义体积
$\Theta_{\forall}$	索拉力可控广义体积
$\sigma_{\min}$	索并联机构的最小索拉力
$\sigma_{\max}$	索并联机构的最大索拉力
第 4 章	
k_0	索的单位刚度
l_{ci}	索并联机构精确模型所求得的第 i 根索的长度
k_i	单根索的刚度
$\boldsymbol{K}$	大跨度索并联机构刚度矩阵
σ_i	第 i 根索拉力
$\widetilde{\boldsymbol{K}}$	采用误差建模补偿法的简化刚度矩阵
$l_{\mathrm{l}i}$	基于直线模型求解出的第 i 根索长
$\varepsilon_{l_{\mathrm{l}i}}$	直线模型的第 i 根索长误差补偿值
$\Delta l_{\mathrm{l}i}$	第 i 根索的弹性变形量
$\boldsymbol{S}_{\mathrm{G}}$	全工作空间内单方向上刚度指标向量
$\boldsymbol{S}_{\delta}$	全工作空间内单方向上刚度变化率指标向量
λ_g	重力加速度相似比
λ_l	长度相似比
λ_d	直径相似比
λ_A	面积相似比
λ_m	质量相似比
λ_ρ	线密度相似比
$\lambda_{\rho_{\mathrm{v}}}$	体密度相似比
λ_σ	力相似比
λ_E	弹性模量相似比
λ_K	索并联机构的刚度相似比

续表

第 5 章	
$\boldsymbol{W}$	大跨度索并联机构的性能指标
$b_1, b_2, \cdots, b_i$	机构尺度设计参数
S_r	设计参数对机构性能的影响灵敏度
第 6 章	
$\{\boldsymbol{G}\}: O\text{-}XYZ$	FAST 全局坐标系
$\{\boldsymbol{C}\}: O'\text{-}X'Y'Z'$	索平台坐标系
$\{\boldsymbol{P}\}: o\text{-}xyz$	精调平台的动平台坐标系
$\{\boldsymbol{B}\}: o'\text{-}x'y'z$	精调平台的基础平台坐标系
$\{\boldsymbol{L}\}$	精调 Stewart 平台伸缩支链上段局部坐标系
$\{\boldsymbol{U}\}$	精调 Stewart 平台伸缩支链下段局部坐标系
$\{\boldsymbol{L}'\}$	固结于$\{\boldsymbol{L}\}$原点，平行于$\{\boldsymbol{G}\}$的非惯性平动坐标系
$\{\boldsymbol{P}'\}$	固结于$\{\boldsymbol{P}\}$原点，平行于$\{\boldsymbol{G}\}$的非惯性平动坐标系
${}^{G}\boldsymbol{R}_{\mathrm{B}}$	$\{\boldsymbol{G}\}$坐标系下精调 Stewart 平台的基础平台旋转矩阵
${}^{G}\boldsymbol{t}_{\mathrm{B}}$	$\{\boldsymbol{G}\}$坐标系下精调 Stewart 平台的基础平台几何中心位置向量
${}^{G}\boldsymbol{R}_{\mathrm{C}}$	$\{\boldsymbol{G}\}$坐标系下索平台旋转矩阵
${}^{G}\boldsymbol{t}_{\mathrm{C}}$	$\{\boldsymbol{G}\}$坐标系下索平台位置向量
${}^{G}\boldsymbol{\omega}_{\mathrm{C}}$	$\{\boldsymbol{G}\}$坐标系下索平台的角速度
${}^{G}\boldsymbol{\varepsilon}_{\mathrm{C}}$	$\{\boldsymbol{G}\}$坐标系下索平台的角加速度
${}^{C}\boldsymbol{R}_{\mathrm{B}}$	$\{\boldsymbol{C}\}$坐标系下精调 Stewart 平台的基础平台旋转矩阵
$\boldsymbol{b}_{\mathrm{i}}$	$\{\boldsymbol{B}\}$坐标系下精调 Stewart 平台的胡克铰位置向量
$\boldsymbol{p}_{\mathrm{i}}$	$\{\boldsymbol{P}\}$坐标系下精调 Stewart 平台的球铰位置向量
${}^{B}\boldsymbol{R}_{\mathrm{P}}$	$\{\boldsymbol{B}\}$坐标系下精调 Stewart 平台的动平台旋转矩阵
${}^{B}\boldsymbol{t}_{\mathrm{P}}$	$\{\boldsymbol{B}\}$坐标系下精调 Stewart 平台的动平台位置向量
${}^{B}\boldsymbol{\omega}_{\mathrm{P}}$	$\{\boldsymbol{B}\}$坐标系下精调 Stewart 平台的动平台角速度
${}^{B}\boldsymbol{\varepsilon}_{\mathrm{P}}$	$\{\boldsymbol{B}\}$坐标系下精调 Stewart 平台的动平台角加速度
${}^{G}\boldsymbol{S}, {}^{B}\boldsymbol{S}$	$\{\boldsymbol{G}\}$和$\{\boldsymbol{B}\}$坐标系下精调 Stewart 平台的支链向量
${}^{G}\boldsymbol{s}, {}^{B}\boldsymbol{s}$	$\{\boldsymbol{G}\}$和$\{\boldsymbol{B}\}$坐标系下精调 Stewart 平台的支链单位向量
$\boldsymbol{r}_{\mathrm{Lo}}$	精调 Stewart 平台伸缩支链上段杆件的质心向量
$\boldsymbol{r}_{\mathrm{Uo}}$	精调 Stewart 平台伸缩支链下段杆件的质心向量
$\boldsymbol{L}$	精调 Stewart 平台的伸缩支链长度
${}^{G}\boldsymbol{W}$	$\{\boldsymbol{G}\}$坐标系下精调 Stewart 平台垂直支链方向摆动角速度
${}^{G}\boldsymbol{A}$	$\{\boldsymbol{G}\}$坐标系下精调 Stewart 平台垂直支链方向摆动角加速度
$\boldsymbol{a}_{\mathrm{L}}$	精调 Stewart 平台伸缩支链上段在坐标系$\{\boldsymbol{L}'\}$下的加速度
$\boldsymbol{a}_{\mathrm{U}}$	精调 Stewart 平台伸缩支链下段在坐标系$\{\boldsymbol{L}'\}$下的加速度
$\boldsymbol{a}_{\mathrm{Lr}}$	$\{\boldsymbol{G}\}$坐标系下非惯性平动坐标系$\{\boldsymbol{L}'\}$的加速度
${}^{G}\ddot{\boldsymbol{t}}_{\mathrm{B}}$	精调 Stewart 平台的基础平台平动加速度
${}^{G}\boldsymbol{\omega}_{\mathrm{B}}$	精调 Stewart 平台的基础平台转动角速度
${}^{G}\boldsymbol{\varepsilon}_{\mathrm{B}}$	精调 Stewart 平台的基础平台角加速度
${}^{G}\boldsymbol{R}_{\mathrm{B}}$	精调 Stewart 平台的基础平台姿态
$\boldsymbol{e}_{\mathrm{Po}}$	$\{\boldsymbol{P}\}$坐标系下精调 Stewart 平台的动平台质心位置向量
${}^{G}\boldsymbol{e}_{\mathrm{Po}}$	$\{\boldsymbol{G}\}$坐标系下精调 Stewart 平台的动平台质心位置向量
${}^{G}\boldsymbol{\omega}_{\mathrm{P}}$	$\{\boldsymbol{G}\}$坐标系下精调 Stewart 平台的动平台角速度

续表

第 6 章	
${}^{G}\boldsymbol{\varepsilon}_{P}$	{$\boldsymbol{G}$}坐标系下精调 Stewart 平台的动平台角加速度
$\boldsymbol{a}_{Pr}$	精调 Stewart 平台的动平台非惯性平动坐标系{$\boldsymbol{P}'$}牵连加速度
$\boldsymbol{I}_{Lo}$	{$\boldsymbol{L}$}坐标系下精调 Stewart 平台的伸缩支链上段转动惯量
$\boldsymbol{I}_{L}$	{$\boldsymbol{G}$}坐标系下精调 Stewart 平台的伸缩支链上段转动惯量
$\boldsymbol{I}_{Uo}$	{$\boldsymbol{L}$}坐标系下精调 Stewart 平台的伸缩支链下段转动惯量
$\boldsymbol{I}_{U}$	{$\boldsymbol{G}$}坐标系下精调 Stewart 平台的伸缩支链下段转动惯量
$\boldsymbol{I}_{Po}$	{$\boldsymbol{P}$}坐标系下精调 Stewart 平台的动平台转动惯量
$\boldsymbol{I}_{P}$	{$\boldsymbol{G}$}坐标系下精调 Stewart 平台的动平台转动惯量
$\boldsymbol{M}_{U}$	胡克铰施加给伸缩支链的抑制其绕自身转动的限制转矩的模
$\boldsymbol{F}_{S}$	球铰施加给伸缩支链的作用力
C_{U}	胡克铰处的摩擦系数
C_{S}	球铰处的摩擦系数
$\boldsymbol{F}_{ext}$	作用于精调 Stewart 平台动平台的外力
$\boldsymbol{M}_{ext}$	作用于精调 Stewart 平台动平台的外力矩
C_{P}	伸缩副的摩擦系数
$\boldsymbol{F}_{PJ}$	伸缩副的驱动力
第 7 章	
${}^{G}\boldsymbol{S}_{C_j}$	{$\boldsymbol{G}$}坐标系下，由出索点指向索平台铰接点的第 j 根驱动索的位置向量
${}^{G}\boldsymbol{s}_{C_j}$	{$\boldsymbol{G}$}坐标系下，由出索点指向索平台铰接点的第 j 根驱动索的单位方向向量
L_{C_j}	第 j 根驱动索长度
K_j	第 j 根索的弹性系数
A	索的截面积
E	索的弹性模量
C_{E_j}	索的阻尼系数
$L_{C_{0j}}$	理想状态下的初始索长
$\boldsymbol{M}$	馈源舱质量
$\boldsymbol{I}$	馈源舱相对于其质心的惯量矩阵
$\boldsymbol{F}_{e}$	作用于馈源舱的外力
$\boldsymbol{N}_{e}$	作用于馈源舱的外力矩
${}^{G}\ddot{\boldsymbol{t}}_{C}$	索平台在{$\boldsymbol{G}$}下的线加速度
${}^{G}\ddot{\boldsymbol{\theta}}_{C}$	索平台在{$\boldsymbol{G}$}下的角加速度
$v_{m}(z)$	平均风速
$v_{g}(z,t)$	脉动风速
$p(z,t)$	风压
第 8 章	
ϕ_{cable}	索平台(馈源舱)的自然倾角
$\phi_{receiver}$	馈源接收器需要达到的观测姿态角
${}^{G}\boldsymbol{X}_{P}$	精调 Stewart 目标姿态
${}^{G}\boldsymbol{X}_{C}$	索并联机构的轨迹

续表

第 8 章	
$\boldsymbol{\theta}$	A-B 转台的转角
${}^{C}\boldsymbol{t}_{\mathrm{M}}$	坐标系{$\boldsymbol{C}$}下中间坐标系原点的位置向量
${}^{B}\boldsymbol{t}_{\mathrm{M}}$	坐标系{$\boldsymbol{B}$}下中间坐标系原点的位置向量
${}^{B}\boldsymbol{R}_{\mathrm{P}}$	单位矩阵
${}^{B}\boldsymbol{t}_{\mathrm{P}}$	初始状态下，精调 Stewart 平台的动平台在{$\boldsymbol{B}$}坐标系下的位置向量
$\boldsymbol{d}_j$	索平台上铰链点的位置向量
$\boldsymbol{c}_j$	索塔出索点的位置向量
η	减速器的减速比
θ_A	A 轴的转动角度
n_A	电机转动的周数
θ_{B0}	A-B 转台初始状态下 O_1O_2 和 O_1O_3 的夹角
第 9 章	
$\boldsymbol{\tau}$	伸缩支链的驱动力向量
$\boldsymbol{M}_{\mathrm{P}}(\boldsymbol{X}_{\mathrm{P}})$	虚轴空间的惯量矩阵
$\boldsymbol{V}_{\mathrm{P}}(\dot{\boldsymbol{X}}_{\mathrm{P}},\boldsymbol{X}_{\mathrm{P}})$	向心力、科氏力和摩擦力向量
$\boldsymbol{G}_{\mathrm{P}}(\boldsymbol{X}_{\mathrm{P}})$	重力向量
$\boldsymbol{X}_{\mathrm{P}}$	动平台的姿态向量
$\dot{\boldsymbol{X}}_{\mathrm{P}}$	动平台的速度向量
$\ddot{\boldsymbol{X}}_{\mathrm{P}}$	动平台的加速度向量
$\{\boldsymbol{N}_i\}:O_i\text{-}X_iY_iZ_i$	固联于第 i 条伸缩支链的胡克铰转动中心的局部坐标系
$\{\boldsymbol{K}_i\}:o_i\text{-}x_iy_iz_i$	固联于第 i 条伸缩支链的胡克铰转动中心的局部坐标系
$\{\boldsymbol{M}_i\}$	原点固结于球铰转动中心，且坐标轴方向平行于{$\boldsymbol{K}_i$}的局部坐标系
$\boldsymbol{X}$	Stewart 并联机构动平台的姿态
$\boldsymbol{J}_{\mathrm{link}}$	支链雅克比矩阵
${}^{K}\boldsymbol{W}_i$	支链摆动速度
$\boldsymbol{F}_{\mathrm{P}}$	动平台在几何中心点的合力和合力矩
$\boldsymbol{f}_{\mathrm{E}}$	作用于动平台的外力
$\boldsymbol{n}_{\mathrm{E}}$	作用于动平台的外力矩
$\boldsymbol{m}_{\mathrm{P}}$	动平台的质量
$\boldsymbol{e}=[e_x,e_y,e_z]^{\mathrm{T}}$	动平台坐标系下质心的坐标
${}^{B}\boldsymbol{I}_{\mathrm{P}}$	{$\boldsymbol{B}$}坐标系下动平台相对于几何中心的惯量矩阵
$\boldsymbol{I}_{\mathrm{PC}}$	动平台坐标系下动平台相对质心的惯量矩阵
$\boldsymbol{F}_{\mathrm{U}i}$	局部坐标系{$\boldsymbol{K}_i$}下 Stewart 并联机构伸缩支链上段在 B_i 点处的合力及合力矩
m_{U}	伸缩支链上段的质量
$\boldsymbol{I}_{\mathrm{U}}$	局部坐标系{$\boldsymbol{K}_i$}下伸缩支链上段相对于点 B_i 的转动惯量矩阵
$\boldsymbol{I}_{\mathrm{UC}}$	局部坐标系{$\boldsymbol{K}_i$}下伸缩支链上段相对其质心的惯量矩阵
$\boldsymbol{F}_{\mathrm{L}i}$	局部坐标系{$\boldsymbol{K}_i$}下，Stewart 并联机构伸缩支链下段在点 B_i 处的合力及合力矩
m_{L}	伸缩支链下段的质量
$\boldsymbol{I}_{\mathrm{L}}$	局部坐标系{$\boldsymbol{K}_i$}下伸缩支链下段相对于点 B_i 的转动惯量矩阵
$\boldsymbol{I}_{\mathrm{LC}}$	局部坐标系{$\boldsymbol{M}_i$}下伸缩支链下段相对其质心的惯量矩阵
$\boldsymbol{F}$	Stewart 并联机构的支链驱动力

续表

第 9 章	
$\boldsymbol{I}_{\mathrm{E}}$	并联机构等效惯量
$\boldsymbol{L}_{\mathrm{M}}$	电机电枢绕组电感
$\boldsymbol{R}_{\mathrm{M}}$	电机电枢绕组电阻
$\boldsymbol{J}_{\mathrm{M}}$	电机转子转动惯量
$\boldsymbol{K}_{\mathrm{E}}$	电机反电动势常数
$\boldsymbol{K}_{\mathrm{T}}$	电机力矩常数
$\boldsymbol{K}_{\mathrm{PI}}$	电流环比例系数
$\boldsymbol{T}_{\mathrm{II}}$	电流环积分时间常数
$\boldsymbol{K}_{\mathrm{PV}}$	速度环比例系数
$\boldsymbol{T}_{\mathrm{IV}}$	速度环积分时间常数
$\boldsymbol{K}_{\mathrm{PP}}$	位置环比例系数
$\boldsymbol{T}_{\mathrm{P}}$	位置环积分时间常数

CONTENTS 目录

第1章 概述 …… 1

1.1 FAST的由来 …… 1
1.2 FAST的主体结构与工作原理 …… 4
1.3 并联机构 …… 6
1.4 索驱动并联机构 …… 9
1.5 小结 …… 11
参考文献 …… 11

第2章 大跨度索并联机构的综合建模方法 …… 15

2.1 大跨度索并联机构研究概况 …… 15
2.2 单索模型及大跨度索并联机构建模 …… 17
2.2.1 单索精确悬链线建模方程 …… 17
2.2.2 单索抛物线建模方程 …… 19
2.2.3 单索直线建模方程 …… 20
2.2.4 大跨度索并联机构的建模求解方法 …… 20
2.3 模型简化及误差分析与补偿 …… 23
2.3.1 单索建模误差分析 …… 23
2.3.2 大跨度索并联机构建模误差分析与补偿 …… 23
2.4 FAST馈源一级支撑系统建模实例 …… 25
2.4.1 FAST相似模型中的6索并联机构 …… 26
2.4.2 FAST原型中的6索并联机构 …… 29
2.5 小结 …… 33
参考文献 …… 33

第3章 大跨度索并联机构的静力学特性分析 …… 35

3.1 大跨度索并联机构的索拉力特性指标 …… 35
3.1.1 大跨度索并联机构的局部索拉力性能指标 …… 36
3.1.2 大跨度索并联机构的工作空间内全局索拉力性能指标 …… 36
3.2 终端误差与力特性分析 …… 37
3.2.1 大跨度索并联机构的误差分析 …… 37

3.2.2　误差空间内的力学特性研究 …… 39
3.3　FAST 馈源一级支撑系统相似模型的力特性分析 …… 41
3.3.1　两条特定轨迹下的力特性及姿态研究 …… 41
3.3.2　两条特定轨迹下的误差研究 …… 45
3.3.3　两条特定轨迹下的误差空间内力特性研究 …… 46
3.4　小结 …… 47
参考文献 …… 47

第 4 章　大跨度索并联机构的静刚度分析 …… 49

4.1　大跨度索并联机构的简化静刚度分析 …… 49
4.2　基于相似理论的静刚度相似方法 …… 52
4.2.1　相似基本方法描述 …… 52
4.2.2　大跨度索并联机构的静刚度相似模型建立方法 …… 53
4.3　FAST 馈源参选 4 索方案刚度相似模型实验 …… 55
4.3.1　大跨度索并联机构静刚度相似模型 …… 56
4.3.2　大跨度索并联机构静刚度相似实验 …… 56
4.4　小结 …… 59
参考文献 …… 59

第 5 章　索并联机构的尺度综合优化设计 …… 61

5.1　性能指标体系及优化方法 …… 61
5.2　基于力特性的大跨度索并联机构尺度综合设计 …… 63
5.3　基于刚度特性的大跨度索并联机构尺度综合设计 …… 65
5.4　FAST 馈源一级支撑 6 索并联机构的优化分析 …… 66
5.4.1　基于力学特性的尺度优化 …… 66
5.4.2　基于静刚度特性的尺度优化 …… 69
5.4.3　基于最大边界跟踪角度的尺度优化 …… 73
5.4.4　参数综合优化 …… 74
5.5　小结 …… 75
参考文献 …… 75

第 6 章　精调平台并联机构的刚体动力学建模及验证 …… 77

6.1　并联机构的动力学建模方法 …… 77
6.2　FAST 馈源精调平台运动学分析 …… 79
6.3　FAST 馈源精调平台动力学建模 …… 84
6.4　动力学验证方法及实验 …… 86
6.5　小结 …… 92
参考文献 …… 92

第 7 章 刚柔串联耦合系统动力学建模方法 …… 94

7.1 柔性支撑机器人及动力学建模 …… 94
7.2 索并联机构的弹性动力学模型 …… 96
7.3 FAST 风载模型 …… 98
7.4 刚柔耦合特性分析及模型联立 …… 100
7.5 小结 …… 103
参考文献 …… 103

第 8 章 柔性支撑并联机器人的抑振控制 …… 105

8.1 柔性支撑机器人的抑振控制方法 …… 105
8.2 馈源支撑系统的轨迹规划 …… 107
8.3 轨迹补偿抑振控制 …… 111
8.3.1 轨迹补偿抑振方法 …… 111
8.3.2 馈源支撑系统 1∶15 缩尺模型抑振实验 …… 115
8.4 内力抑振控制 …… 119
8.4.1 内力抑振方法 …… 119
8.4.2 抑振控制仿真实验 …… 121
8.5 小结 …… 123
参考文献 …… 124

第 9 章 并联机构的惯量匹配 …… 126

9.1 惯量匹配及并联机构的关节空间惯量矩阵 …… 126
9.2 Stewart 并联机构关节空间惯量矩阵 …… 128
9.2.1 姿态分析 …… 129
9.2.2 速度分析及支链雅克比矩阵 …… 130
9.2.3 加速度分析 …… 132
9.2.4 力系分析 …… 133
9.2.5 关节空间惯量矩阵 …… 134
9.3 并联机构的等效惯量 …… 135
9.4 并联机构的惯量匹配准则 …… 140
9.5 小结 …… 144
参考文献 …… 145

第 10 章 FAST 馈源支撑系统缩尺模型实践 …… 146

10.1 缩尺模型的机械结构 …… 146
10.1.1 精调 Stewart 平台 …… 147

10.1.2 A-B转台 …… 149
10.1.3 绳索和电缆收放机构 …… 151
10.1.4 索塔结构 …… 154
10.1.5 机械系统的标定 …… 155
10.2 缩尺模型的驱动控制系统 …… 158
10.3 大跨度索并联机构的控制实验 …… 161
10.3.1 索并联机构的开环控制实验 …… 162
10.3.2 索并联机构的闭环控制实验 …… 165
10.4 天文观测实验 …… 168
10.5 小结 …… 170

第1章

概　述

本章首先简要介绍天文望远镜的发展历程，回顾被誉为“中国天眼”的500m口径球面射电望远镜(FAST)项目的筹备和建设过程，明确“中国天眼”对于人类天文学和深空探测的重要作用。随后，1.2节介绍FAST的主要组成、结构特点和工作原理，阐述该工程相较于美国阿雷西博望远镜的创新和突破。作为FAST工程三大自主创新之一的馈源支撑系统，是望远镜灵敏度的关键保证系统，需要实现轻量化和超大工作空间条件下的高精度动态跟随。为此，FAST馈源支撑系统采用刚柔耦合的多级串联结构，主要由索驱动和刚性并联机构组成。本章的1.3节探讨并联机构的结构和特点以及与串联机构之间的互补关系，并介绍获得成功商业化应用的Z3主轴头和Delta高速并联机器人。在1.4节中，本书对索驱动并联机构进行讨论，明确索驱动并联机构的基础问题是保持绳索的张紧，阐述索驱动并联机构的性能优势、应用场景和实例。本章内容让读者对射电望远镜、FAST、刚性和索并联机构有初步的了解和认识，是后续展开馈源支撑系统深入研究的基础。

本章主要内容：

(1) FAST的由来；

(2) FAST的主体结构与工作原理；

(3) 并联机构概述；

(4) 索驱动并联机构概述。

1.1　FAST的由来

天文望远镜是观测天体的重要工具，更是现代天文学的根基。望远镜的集光能力随着口径的增大而增强，望远镜的集光能力越强，就能够看到更暗更远的天体和更早期的宇宙。图1-1所示为我国国家天文台兴隆观测站(河北省承德市)的郭守敬望远镜，即大天区面积多目标光纤光谱天文望远镜(large sky area multi-object fiber spectroscopy telescope，LAMOST)。它口径达4m，视场达5°，可以对较大的天区范围(20平方度)内的4000个目标的光谱进行长时间的跟踪记录，在曝光1.5h内可以观测到暗达20.5等的天体，是世界上光谱获取率最高的望远镜。

图 1-1 郭守敬望远镜 LAMOST

1932 年央斯基(Jansky. K. G)用无线电天线探测到来自银河系中心(人马座方向)的射电辐射,为人类打开了在传统光学波段之外进行观测的窗口。第二次世界大战结束后,射电天文学脱颖而出。射电望远镜是射电天文学的主要探测工具。20 世纪 60 年代天文学取得的“四大发现”:脉冲星、类星体、宇宙微波背景辐射、星际有机分子,都与射电望远镜有关。射电望远镜的基本原理和光学反射望远镜相似,它由天线(反射面)和接收系统两大部分组成。天线收集天体的射电辐射,接收系统将这些信号加工、转化、记录和显示,如图 1-2 所示。

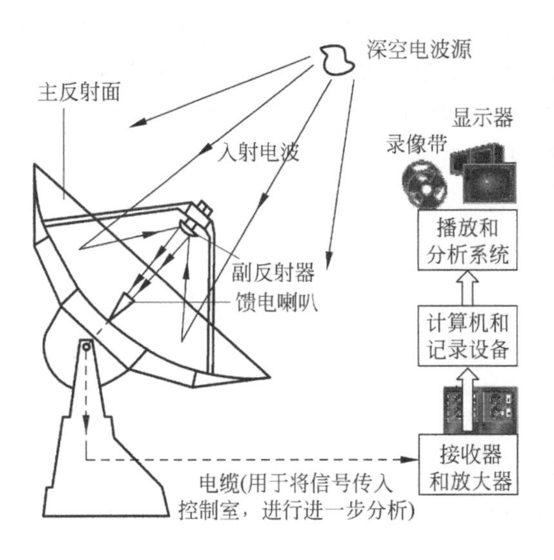

图 1-2 射电天文望远镜(全可动)

为了满足观测需要,提高分辨率和灵敏度,需要把天线口径做得很大,即通常意义上的大射电望远镜。大射电望远镜天线的实现形式有两种[1]:第一种是“全可动”旋转抛物面,抛物面和接收系统一同进行空间两自由度转动,如图 1-2 所示。由于重力及形变的影响,抛物面天线口径最大的只能达到 100m(埃菲尔斯伯格射电望远镜,Effelsberg)。第二种是将天线做成固定的球面,安装在凹地中,采用馈源支撑系统来移动接收器跟踪天线会聚的射电源。由于取消了反射面的运动,采用固定支撑,避免了重力形变的影响,天线口径可以做得很大。20世纪60年代，美国在中美洲波多黎各岛上的一座天然火山口(阿雷西沃山谷)，建成了305m口径固定球面的阿雷西博射电望远镜(Arecibo)(见图1-3)。该射电望远镜在天文观测中取得了一系列成就，但由于当时科技水平的限制，其馈源支撑系统笨重低效，质量高达1000t。馈源接收器安装在弧形悬臂下，可沿悬臂移动，悬臂吊挂于三角形框架下，可绕三角形框架转动，三角形框架采用多组钢缆固定在空中。

图1-3 阿雷西博射电望远镜(见文前彩图)

1993年日本京都国际无线电科联大会上，为了研制出更大接收面积的射电天文望远镜，提高灵敏度和分辨度，实现更远距离天文观测的要求，中、澳、法、美等10余个国家的射电天文学家联合倡议，筹建新一代大射电望远镜(LT)，其接收面积将达到$1km^2$。1994年，中国天文学家提出建造500m口径球面射电望远镜(five-hundred meter aperture spherical telescope,FAST)的构想和初步方案。1999年3月，"大射电望远镜FAST预研究"作为中国科学院知识创新工程重大项目正式立项。

2007年，FAST工程作为国家重大科技基础设施正式立项，台址选在贵州省黔南布依族苗族自治州平塘县克度镇大窝凼的喀斯特洼坑中，并于2016年9月25日落成启用，如图1-4所示[2-3]。*Science*杂志曾四次报道FAST进展，*Nature*则把FAST落成列为2016年全球产生重大影响的科学事件，FAST望远镜未来的科学成果产出非常值得期待。[4] FAST工程是具有我国自主知识产权、世界最大单口径、最灵敏的射电望远镜，被誉为"中国天眼"。由于FAST超高的灵敏度优势，截至2019年10月，FAST观测到的脉冲星优质候

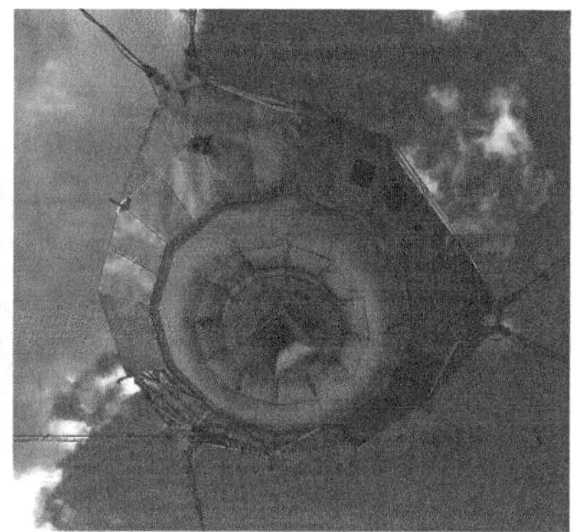

图1-4 FAST工程(见文前彩图)

选体 133 颗，证实发现的脉冲星已达 93 颗，不仅实现了中国在脉冲星发现方面零的突破，同时在脉冲星发现领域达到世界领先水平。同时，脉冲星计时观测调试取得显著进展，可以将脉冲星计时精度提升至少一个数量级，有望在未来 5 年内实现原初引力波的探测能力。但 FAST 工程背后的理论及技术难度和工程体量亦属世界罕见。本书将结合 40m 缩尺模型，重点阐述 FAST 馈源支撑系统的核心理论和技术研究。

1.2 FAST 的主体结构与工作原理

FAST 的主体结构如图 1-5 所示，由馈源支撑系统和主动反射面两部分组成。球形主动反射面依托贵州的喀斯特地貌建设，既有效减少了工程量，同时提升了排水能力。主动反射面以索网系统为骨架，索网就像一个大“网兜”，索网上安装对应的反射面板(见图 1-6(a))，在索网节点处(见图 1-6(b))有一个和地面基墩连接的下拉索和促动器(见图 1-6(c))。通过控制促动器拉动索网节点，实现反射面 300m 口径内的抛物面拟合，将目标天体发出的微波射电信号反射聚焦到接收面上的一点。

图 1-5 FAST 的主体结构

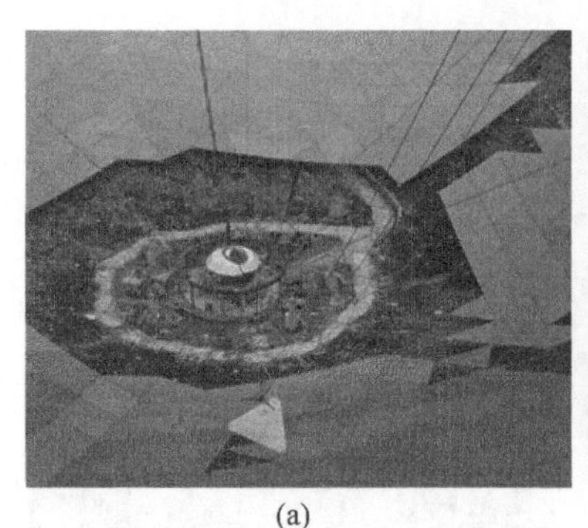

(a)

(b)

(c)

图 1-6 索网结构

(a) 三角反射面板；(b) 索网节点模型；(c) 下拉索和促动器

FAST 的工作原理如图 1-7 所示。由于地球自转,以下 FAST 为观测点目标星体相对于反射面由 S_1 移动到 S_2,反射面的相应区域依次进入工作状态,完成抛物面拟合,将星体的微波信号反射汇聚到接收面上,形成一条焦点轨迹。接收机需要以一定的精度跟踪焦点轨迹,实现信号的采集。为保证观测效果,接收机的位置精度要求为均方根 10mm,指向精度要求为均方根 0.2°(采用 RPY 角描述)。超大工作空间和终端高精度要求为搭载接收机的馈源支撑系统提出了苛刻的设计和控制要求。同时考虑到建造成本的约束,FAST 的馈源支撑系统采用三级串联结构,是由大跨度索并联机构、A-B 转台和刚性 Stewart 并联机构串联组成的宏微机器人系统。

索并联机构和 A-B 转台串联构成大范围运动平台(柔性支撑),保证接收器的工作空间要求;精调平台(精调 Stewart 平台)串联于 A-B 转台下方,是刚性并联机构,用于保证终端接收器的轨迹精度。索并联机构也被称为 FAST 馈源支撑系统的一级支撑系统,由 6 根钢索及配套的索塔及卷索机构组成,属于柔性并联机构。机构的跨度为 600m,每根钢索均由一套伺服电机和卷筒控制,通过钢索的协同收放实现馈源舱在空中 206m 范围内运动。由于钢索本身具有一定的弹性变形,索并联机构必须采用全闭环控制。索并联机构的巨大工作空间要求采用具备千米距离、高精度和高采样频率的非接触式测量设备。

由馈源舱内的 A-B 转台及精调 Stewart 平台构成馈源支撑系统的二级精调系统,可参考图 1-8 的结构。A-B 转台可以采用伸缩支链或者伺服电机+减速器两种驱动模式。精调 Stewart 并联机构如图 1-9 所示,包括基础平台、动平台和 6 条伸缩支链。每条伸缩支链的一端通过球铰与动平台相连,另一端通过胡克铰与基础平台相连,由一套伺服电机和滚珠丝杠驱动。

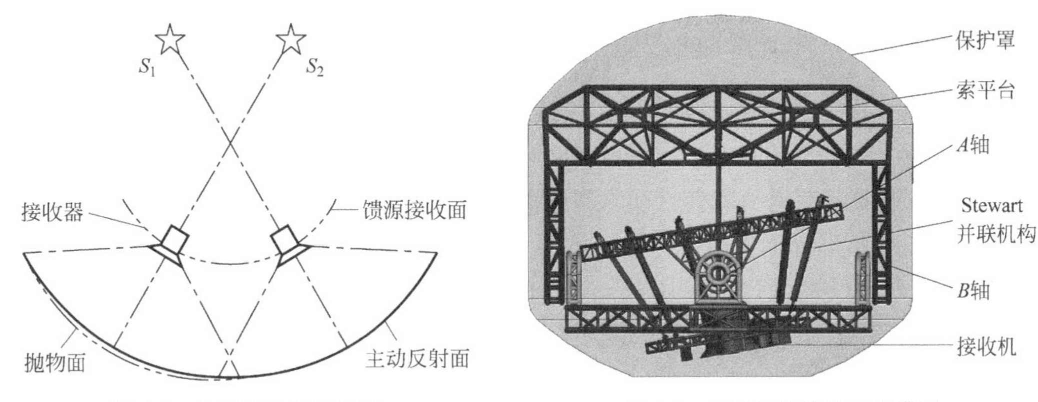

图 1-7 FAST 工作原理图

图 1-8 FAST 馈源舱三维模型

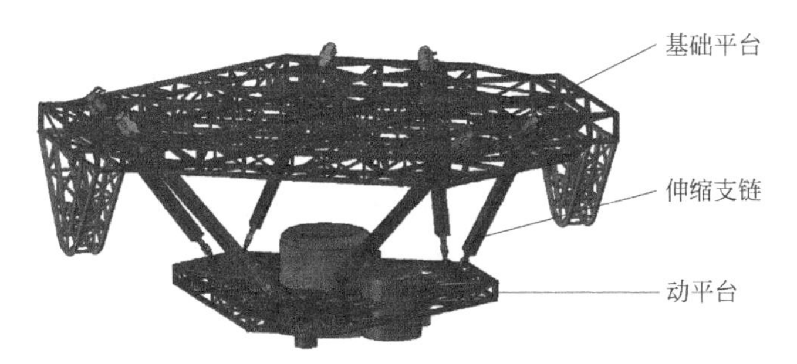

图 1-9 精调平台三维模型

通过采用索驱动并联机构和刚性并联机构组成的具有刚柔耦合特性的馈源支撑系统设计，在保证一定动态刚度和精度的前提下有效降低了馈源支撑系统的质量。最终设计方案中FAST馈源支撑系统的结构质量仅为30t，是美国Arecibo望远镜馈源支撑系统质量的3%。除此之外，主动反射面和三级馈源支撑系统的采用有效增大了FAST的观测范围，使其最大天顶角能达到40°。

综上，FAST的主要创新之处在于：

(1) 充分利用独特的喀斯特地貌。利用天然洼地建设射电望远镜反射面，降低工程开挖量。喀斯特地貌的透水特性能够保障降水向地下不断渗透，很好地处理了积水问题，有效防止了积水对望远镜造成的损坏和腐蚀。

(2) 应用主动反射面技术。利用索网上的数千个反射面板，构成受控变形的反射面，可随天体相对地球的运动不断变化，实现了特定对象的长时间连续观测和观察不同方向上的天体。

(3) 采用刚性和索驱动并联机构串联组成的宏微机器人系统。充分利用索驱动并联机构的超大工作空间和刚性并联机构的高刚度，实现了接收机的高精度定位和大观测角度，同时极大地降低了馈源支撑系统的质量和建造成本。

馈源支撑系统作为FAST项目的重要组成部分，其功能相当于人眼的睫状肌。通过馈源支撑系统的高精度运动，成就了FAST的高灵敏度和优异探测能力。下面来初步认识一下并联机构和索驱动并联机构。

1.3 并联机构

生活中常见的工业机器人大多采用串联机构，类似于人体的手臂，如图1-10(a)所示。串联机构基座和终端之间只存在一条由关节和构件组成的运动链，为开环机构，所有关节均为主动关节。串联机构具有工作空间大和灵活性好的特点，但同时存在刚度、精度和负载能力低的缺点。并联机构是针对串联机构缺点而提出的一种新型机构，其主要外观特征是并联多环结构。并联机构一般由基础平台、动平台和连接两平台的多条运动支链组成，且动平台具有多个运动自由度。并联机构为闭环机构，存在大量被动关节，如图1-10(b)所示。

早在1895年，Cauchy就提出了一种“关节连接的八面体”机构，这是关于并联机构的最早文献记录。James E. Gwinnett于1928年设计了一款大型游乐设备，被认为是最早的空间球面并联机构。[4]7年后，即1935年，Willard L. V. Pollard设计出第一台工业并联机器人——5自由度喷涂并联机器人。[5]随后，在1947年汽车工程师Eric Gough在设计轮胎测试机时，无意中应用了六足并联结构(hexapod)[6]，但在当时并没有引起注意。直到1965年的机械工程师国际会议上，学者Stewart发表重要的论文，提出一种相似的6自由度并联机构“Stewart平台”，引发热烈讨论。[7]时至今日，Stewart平台(或Gough平台，如图1-10(b)所示)仍然是并联机构领域的研究热点之一。总的来说，20世纪70年代以前，并联机构的设计和应用均处于摸索阶段，没有形成完备的理论基础和系统分析方法。

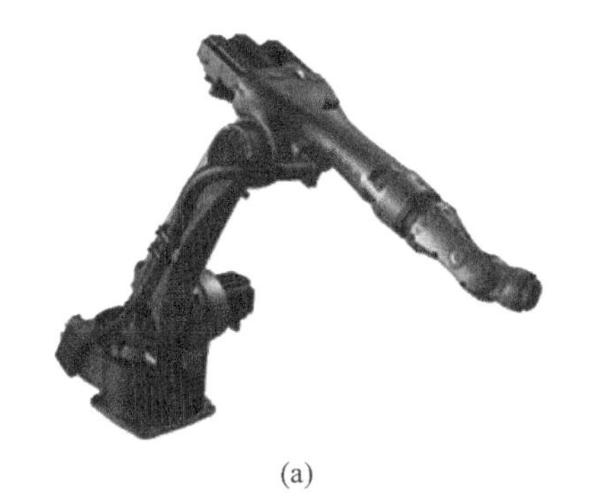

(a)

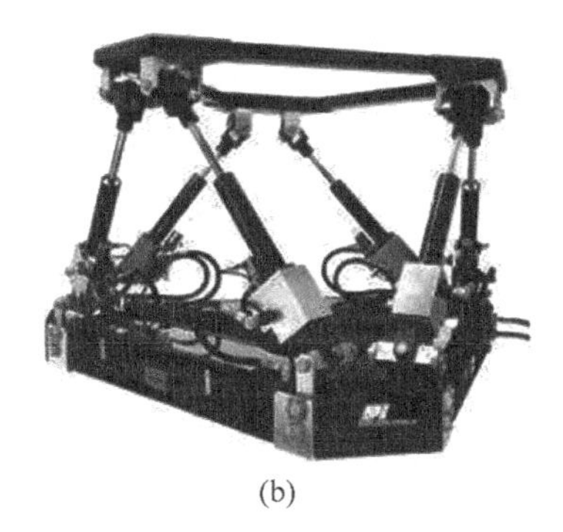

(b)

图 1-10 串联与并联机构

(a) 串联机构；(b) 并联机构

20 世纪 70 年代到 80 年代中期是并联机构理论形成和发展的关键时期。澳大利亚机构学教授 Hunt 在 1978 年详细地分析了并联机构的结构和运动学性能，为并联机构的理论研究和工业应用奠定了基础。[8]随后，大量学者，如国外的 Earl、McDowell、Fichter、Yang 和 Lee 和 Duffy[9-13]等，以及国内的黄真、汪劲松和黄田[14-19]等针对并联机构展开深入、系统的研究，在并联机构的尺寸设计、运动学分析计算和控制方面都取得了较大的进展。同时，也有少量实用的并联机器人诞生并开始应用于工业生产中。但是，受到当时复合铰链制造技术以及电子计算机和伺服控制系统发展水平的限制，并联机构在该时期并没有得到大量的实际应用，大多处于理论研究和样机实验阶段。

20 世纪 90 年代开始，随着功能强大的工业计算机的普及和伺服控制技术的成熟，并联机构的应用研究得到了迅速的发展。在 1994 年芝加哥国际机床博览会上，美国 Giddings & Lewis 公司和 Ingersoll 公司基于 Stewart 并联构型推出 VARIAX 数控机床和 Hexapods 加工中心，成功地将并联机构引入机床领域，引发了“机床结构的重大革命”。[20-23]中国、日本、德国和俄罗斯等国家的高等院校和科研院所纷纷跟进，展开并联机构的理论研究和应用开发。此后并联机构得到全面发展，JP Meler、Gosselin、刘辛军、唐晓强和邵珠峰等一批学者在并联机构的应用可行性、参数设计、运动学分析等方面都取得了进展，使并联机构的基础理论逐步成为机器人机构学的一个重要分支[24-28]，开始广泛地应用于机械制造、医疗卫生和航空航天等领域(见图 1-11)。

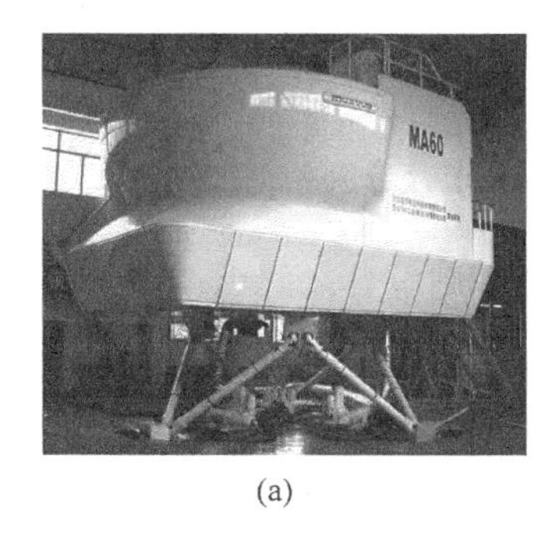

(a)

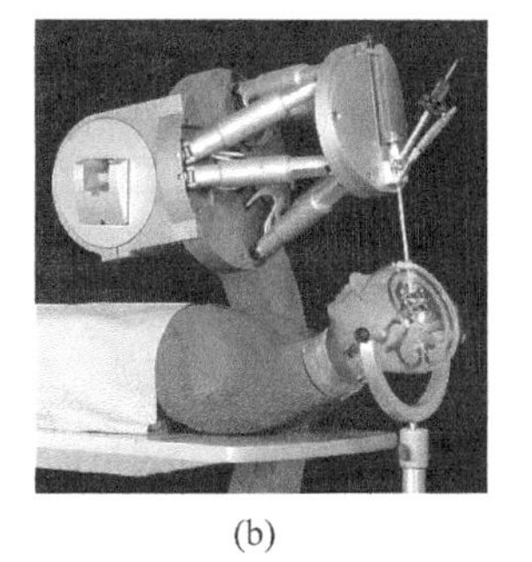

(b)

图 1-11 并联机构应用示例

(a) MA60 飞行模拟器；(b) 手术并联机器人

相对于传统的串联机构而言，并联机构的工作空间体积较小，机构的灵活性较差，但并联机构具有许多串联机构无法比拟的优点：

(1) 并联机构采用闭环运动链，因此结构稳定、刚度高、载荷自重比大；

(2) 并联机构的驱动部件布置在机架附近，可以有效降低移动部件的质量，易于获得较好的动态特性，实现高速、高加速度的运动；

(3) 由于运动支链结构相似，易于实现结构标准化，进行模块化设计和制造。

并联机构的上述优点很好地弥补了传统串联机构的不足，拓宽了机械自动化的应用范围。纵观并联装备的发展，随着制造及装配工艺的提高、高精度铰链和传感器的出现，并联机构的特点体现得越来越明显，在高精度、高速以及重载机构方面显现出广阔的应用前景。目前已经取得成功商业应用的典型并联装备包括 Sprint Z3 主轴头和以 Delta 为代表的高速并联机器人。

Sprint Z3 主轴头如图 1-12(a)所示，动平台和静平台之间由 3 条支链连接。每条支链由线性导轨(移动关节)、回转关节和球形关节组成。线性导轨呈 120°圆周均匀分布，伺服电动机驱动导轨上的滑板前后移动，滑板通过连杆和球铰与主轴部件相连。如果 3 块滑板同步运动，则主轴部件作 Z 方向的前后直线移动。如果 3 块滑板不同步运动，就可以通过球铰使主轴部件沿 A 或 B 坐标在±40°范围内任意摆动。传统的 A/C、A/B 摆角主轴头存在空间窄小、刚性差和加速度低的弊端，无法适应飞机结构件高去除率加工的特点和要求。Sprint Z3[29] 主轴头克服了这些弊端，最大的特点是刚性好、功率大(80kW)，摆动轴的加速度达到 1$\boldsymbol{g}$。基于 Z3 主轴头，添加 X 和 Y 轴串联移动机构，组成的 ECOSPEED[30] 系列加工中心(见图 1-12(b))在航空结构件加工领域优势显著，获得广泛应用。

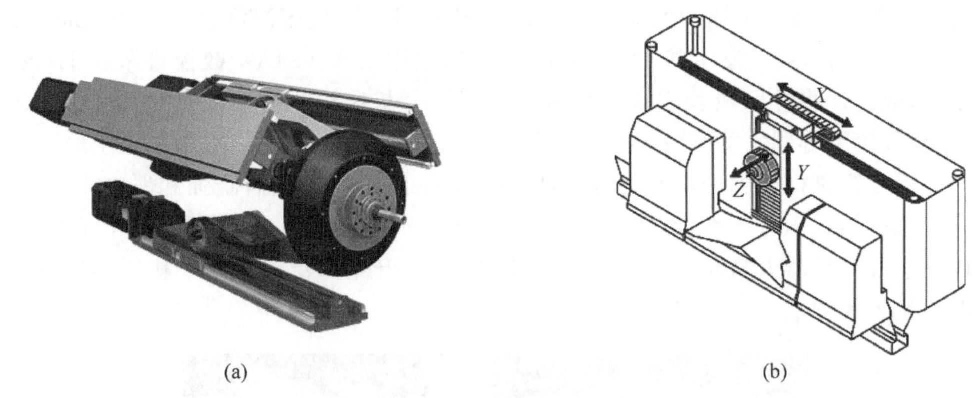

图 1-12 Sprint Z3 并联主轴头及 ECOSPEED 系列加工中心
(a) Z3 主轴头；(b) ECOSPEED 系列加工中心

Delta 机构[31] 如图 1-13(a)所示，动平台和基础平台之间由 3 条支链连接。每条支链由主动摆杆和被动平行四边形结构组成。摆杆一端通过主动回转关节与基础平台连接，另一端通过转动关节连接平行四边形结构，平行四边形结构通过回转关节与动平台连接。平行四边形结构由 4 根杆件通过胡克铰首尾相连，约束了动平台的转动。3 条支链圆周均布，伺服电动机通过减速器驱动摆杆上下摆动。如果 3 个摆杆同步运动，则动平台做上下直线移动。如果 3 个摆杆不同步运动，就可以驱动动平台做平面运动。日本 FAUNC 公司和瑞典 ABB 公司(见图 1-13(b))基于 Delta 机构开发了系列化的高速分拣机器人，终端加速度可以达到 10**g**，终端重复定位精度为±0.1mm。通过在终端添加串联的转动自由度，可以实现终端 6 自由度的装配功能，例如图 1-13(c)中的 FAUNC M-3IA/6A。

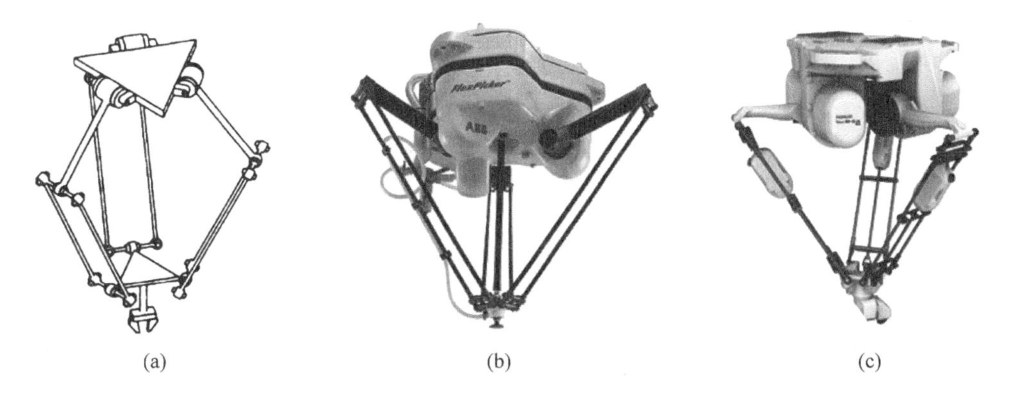

(a)　(b)　(c)

图 1-13　Delta 机构及基于 Delta 机构的分拣机器人

(a) Delta 机构；(b) ABB 机器人；(c) FAUNC 机器人

此后，研究人员又研发了 D2-1000、Diamond、Unigrabber 2、H4、Par4 和 X4 等[32-36]一类具有主动摆杆和从动平行四边形结构的用于高速分拣操作的并联机器人，以期在速度和效率方面获得进一步的提升，部分机器人示例如图 1-14 所示。

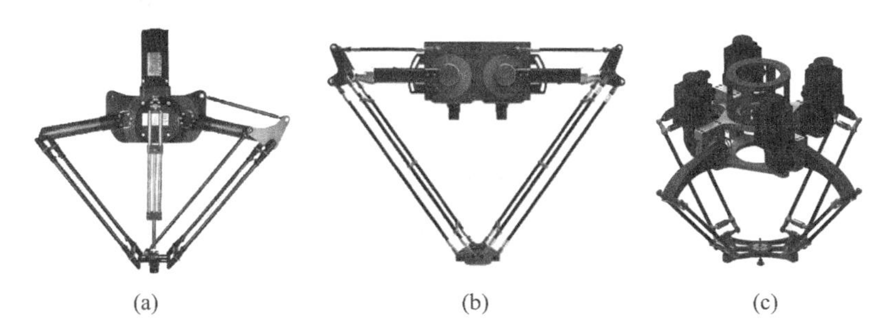

(a)　(b)　(c)

图 1-14　刚性并联分拣机器人

(a) D2-1000 机器人；(b) Diamond 机器人；(c) X4 机器人

1.4　索驱动并联机构

索驱动并联机构的研究与应用起源于 20 世纪 80 年代末期，是并联机构中的一种特殊柔性机构。索驱动并联机构通过使用绳索代替刚性杆件进行驱动，既具有并联机构高负载能力的优点，又具有绳索驱动机构质量小、惯量小、工作空间大、易于重构的特点。[37]这些优点使得索并联机构备受关注。但是，绳索只能单向受力的特点对索机构构型设计产生限制，同时保证绳索张紧是索并联机构工作的前提条件，也是索并联机构设计的重要考虑因素[38]。

初期探索阶段，学者开始对索并联机构中的基本理论进行研究，针对几种索并联机构进行了理论分析，但是这一时期尚没有形成较为稳定系统的理论。1987 年 Landsberger[39-40]首先提出索并联机器人的设计问题，进行了定位分析、刚度分析和工作空间分析等。

为保证绳索张紧,索驱动并联机构一般采用悬挂式或者对拉式结构。悬挂式索驱动并联机构利用动平台和负载的重力保持绳索张紧,一般应用于大工作空间或重载场合。1989年,美国国家标准与技术研究院(National Institute of Standards and Technology,NIST)开始了 RoboCrane 项目的研究。[41-42] 如图 1-15 所示,RoboCrane 项目中采用的索并联机构形状如一个倒置的 Stewart 平台,采用 6 根索进行控制,以重力作为一根隐形绳索,完成机构的 6 自由度运动。在过去 20 年的发展中,索并联机构被广泛应用于起重、机器人标定、加工、装配、海底打捞、射电望远镜、重物吊装等领域[43-44]。如图 1-16 所示,美国 Skycam 公司研制出了一种用于摄像的索并联机器人 Skycam[45],该设备通过 4 根绳索实现摄像机在超大工作空间内的运动,具有较高的速度和加速度。

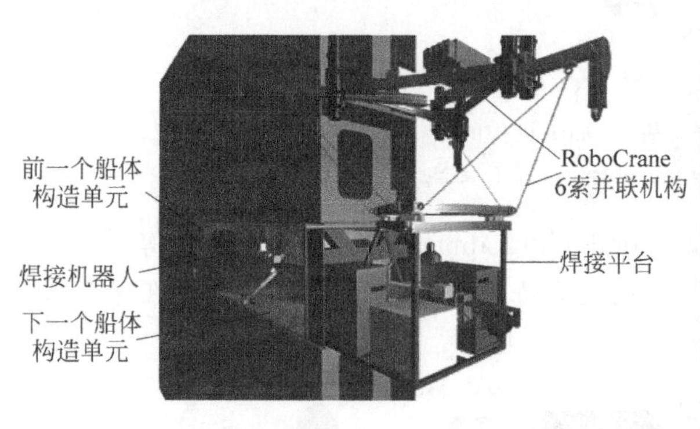

图 1-15 RoboCrane 机器人

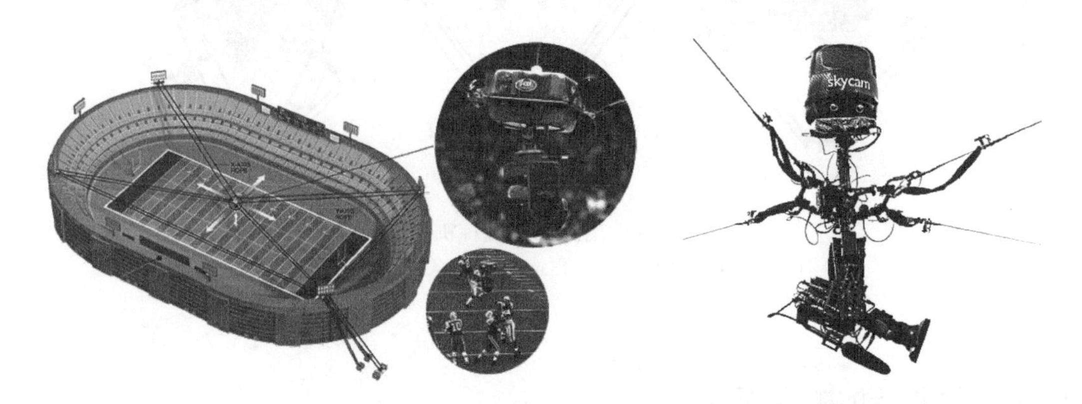

图 1-16 Skycam 机器人

对拉式索并联机构在动平台两侧均布置有绳索,形成张拉整体结构,利用绳索对拉保证绳索张紧。对拉式索并联机构一般为冗余驱动机构,其驱动绳索和驱动电机数目大于动平台运动自由度数目。在对拉力的作用下,对拉式索并联机构可以实现高刚度和高加速度。对拉式索并联机构的典型代表如 CableEndy 索机器人[46],可实现 6m/s 的速度和 10$\boldsymbol{g}$ 的加速度;FALCON 机器人[47-48],通过 7 根驱动索实现终端的运动控制,其速度可达到 13m/s,最大加速度可达到 6$\boldsymbol{g}$。其他典型代表有用于运动模拟器的 CableRobot Simulator[49]、用于抓放操作的 SEGESTA[50] 和 IPAnema[51]、索并联高速分拣机器人 TBot[52] 和基于绳索的风洞实验系统[53],如图 1-17 所示。

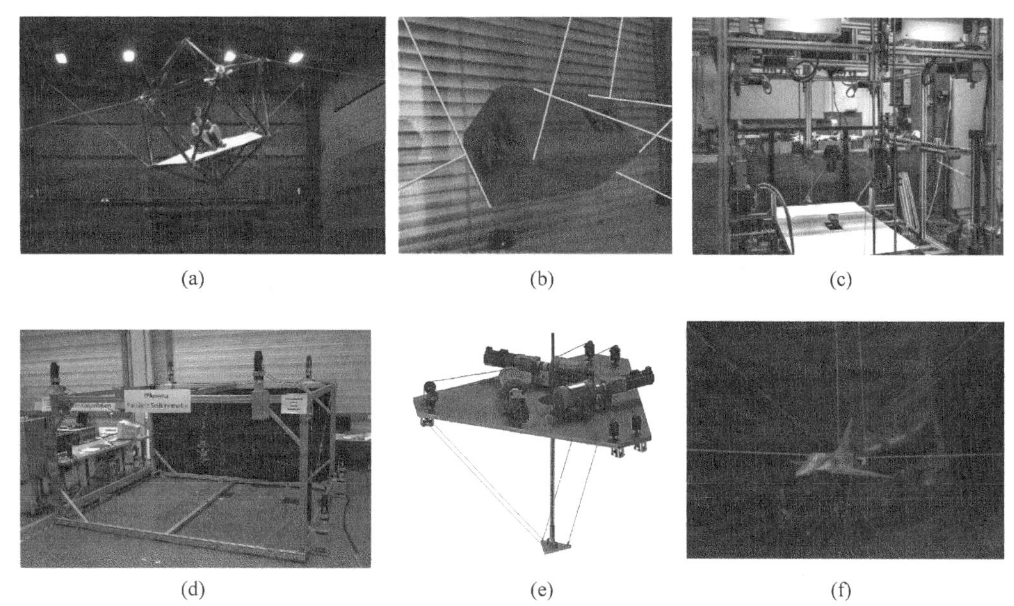

图 1-17 对拉式索驱动并联机构(见文前彩图)

(a) CableRobot-Simulator; (b) CableEndy; (c) SEGESTA;

(d) IPAnema-I; (e) 索并联高速分拣机器人; (f)风洞实验系统

1.5 小结

(1) 射电望远镜是射电天文学的主要探测工具。FAST 工程是具有我国自主知识产权、世界最大单口径、最灵敏的射电望远镜,被誉为“中国天眼”。

(2) FAST 在结构上采用了主动反射面技术、索驱动和刚性并联机构组成的宏微机器人系统,实现了长时间连续的高精度观测。工程建设中充分利用了独特的喀斯特地貌,降低了工程开挖量,避免了积水问题。

(3) 生活中常见的工业机器人大多采用串联机构,类似于人体的手臂,基座和终端之间只存在一条由关节和构件组成的运动链,为开环机构,所有关节均为主动关节。并联机构的主要外观特征是并联多环结构,为闭环机构,且存在大量的被动关节。并联机器人在高精度、高速以及重载方面优势显著,具有广阔的应用前景。

(4) 索驱动并联机构通过使用绳索代替刚性杆件进行驱动,既具有并联机构高负载能力的优点,又具有绳索驱动机构质量小、惯量小、工作空间大、易于重构的特点。保证绳索张紧是索并联机构工作的前提条件,也是索并联机构设计的重要考虑因素。悬挂式索驱动并联机构利用动平台和负载的重力保持绳索张紧,一般应用于大工作空间或重载场合。

参考文献

[1] MARR J M, SNELL R L, KURTZ S E. Fundamentals of radio astronomy: observational methods [M]. Boca Roton: CRC Press, 2015: 21-24.

[2] TANG X Q, SHAO Z F. Trajectory generation and tracking control of a multi-level hybrid support manipulator in FAST[J]. Mechatronics, 2013, 23(8): 1113-1122.

[3] JIANG P, YUE Y L, HENG Q G, et al. Commissioning progress of the FAST[J]. Science China (Physics, Mechanics & Astronomy), 2019, 62(05): 7-28.

[4] GWINNETT J E. Amusement device: US1789680[P]. 1931-01-20.

[5] ROSELUND H A. Means for moving spray guns or other devices through predetermined paths: US2344108[P]. 1944-03-14.

[6] ABDELLATIF H, HEIMANN B. Advanced model-based control of a 6-DOF hexapod robot: A case study[J]. IEEE/ASME Transactions on Mechatronics, 2010, 15(2): 269-279.

[7] SHAO Z F, TANG X Q, CHEN X, et al. Optimum design of 3-3 Stewart platform considering inertia property[J]. Advances in Mechanical Engineering, 2013, 5: 1405-1413.

[8] HUNT K H. Kinematic geometry of mechanisms[M]. Oxford: Oxford University Press, 1978.

[9] EARL C F, Rooney J. Some kinematics structures for robot manipulator designs[J]. Journal of Mechanisms, Transmissions and Automation in Design, 1983, 105(1): 15-22.

[10] FICHTER E F, McDowell E D. A novel design for a robot arm[C]//Proceedings of International Computer Technical Conference, San Francisco, 1980: 250-255.

[11] LEE K M, SHAH D K. Kinematic analysis of a three-degree-of-freedom in-parallel actuated manipulator[J]. IEEE Journal of Robotics and Automation, 1988, 4(3): 354-360.

[12] YANG J, GENG Z J. Closed form forward kinematics solution to a class of hexapod robots[J]. IEEE Transactions on Robotics and Automation, 1998, 14(3): 503-508.

[13] DUFFY J. Statics and kinematics with applications to robotics[M]. New York: Cambridge University Press, 1996.

[14] 黄真，赵永生，赵铁石. 高等空间机构学[M]. 北京：高等教育出版社，2006.

[15] HUANG Z, CAO Y. Property identification of the singularity loci of a class of Gough-Stewart manipulators[J]. The International Journal of Robotics Research, 2005, 24(8): 675-685.

[16] HUANG Z, LI S H, ZUO R G. Feasible instantaneous motions and kinematic characteristics of a special 3-DOF 3-UPU parallel manipulator[J]. Mechanism and Machine Theory, 2004, 39(9): 957-970.

[17] 汪劲松，关立文，王立平，等. 并联机器人机构构型创新设计研究[J]. 机械工程学报，2004，40(11)：7-12.

[18] HUANG T, CHETWYND D G, MEI J P. Tolerance design of a 2-DOF over-constrained translational parallel robot[J]. IEEE Transactions on Robotics, 2006, 22(1): 167-172.

[19] 汪劲松，黄田. 并联机床——机床行业面临的机遇与挑战[J]. 中国机械工程，1999，10(10)：1103-1107.

[20] 杨建新，郁鼎文，王立平，等. 并联机床研究现状与展望[J]. 机械设计与制造工程，2002，(3)：10-141.

[21] 言川宣. 机床结构的重大创新——VARIAX机床问世[J]. 世界制造技术与装备市场，1995，(1)：16-17.

[22] 张曙，HEISEL U. 并联运动机床[M]. 北京：机械工业出版社，2003.

[23] 李金泉，丁洪生，付铁，等. 并联机床的历史、现状及展望[J]. 机床与液压，2003(3)：3-8.

[24] KONG, X, GOSSELIN C. Type synthesis of parallel mechanisms[M]. Berlin: Springer, 2007.

[25] LIU, X J, WANG, J S, GAO F, et al. Mechanism design of a simplified 6-DOF 6-RUS parallel manipulator[J]. Robotica, 2002(01): 81-91.

[26] SHAO Z F, MO J, TANG X Q, et al. Transmission index research of parallel manipulators based on matrix orthogonal degree[J]. Chinese Journal of Mechanical Engineering, 2017, 30(6),

1396-1405.

[27] WANG L P, ZHANG Z, SHAO Z F, et al. Analysis and optimization of a novel planar 5R parallel mechanism with variable actuation modes[J]. Robotics and Computer-Integrated Manufacturing, 2019, 56: 178-190.

[28] ZHANG Z, WANG L P, SHAO Z F. Improving the kinematic performance of a planar 3-RRR parallel manipulator through actuation mode conversion[J]. Mechanism and Machine Theory, 2018, 130: 86-108.

[29] STARRAG 企业官网. Ecospeed 与轴加工中心[EB/OL]. (2017-03-10)[2020-03-27]. https://www.strarrag.com/2n-cn/machine/ecospeed-f-1xxx/131.

[30] 158 机床网. 瑞士 starrag 斯达拉格 5 轴加工中心 ECOSPEED FHT2[EB/OL]. (2018-09-04)[2020-03-27]. http://www.158jixie.com/news-detail/279/279921.html.

[31] 唐国宝，黄田. Delta 并联机构精度标定方法研究[J]. 机械工程学报，2003(8)：59-64.

[32] 梅江平，吴孟丽，王攀峰，等. Diamond600 机器人控制系统硬件设计与界面开发[C]//中国机械工程学会机械设计分会学术年会，2004：61-63.

[33] PIERROT F, MARQUET F, COMPANY O, et al. H4 parallel robot: modeling, design and preliminary experiments[C]//Proceedings 2001 ICRA. IEEE International Conference on Robotics and Automation. IEEE, 2001, 4: 3256-3261.

[34] NABAT V, RODRIGUEZ M D L O, COMPANY O, et al. Par4: Very High Speed Parallel Robot for Pick-and-Place[C]// 2005 IEEE/RSJ International conference on intelligent robots and systems. IEEE, 2005: 553-558.

[35] MO J, SHAO Z F, GUAN L, et al. Dynamic performance analysis of the X4 high-speed pick-and-place parallel robot[J]. Robotics and Computer-Integrated Manufacturing, 2017, 46, 48-57.

[36] STAICU S, SHAO Z F, ZHANG Z, et al. Kinematic analysis of the X4 translational-rotational parallel robot[J]. International Journal of Advanced Robotic Systems, 2008, 15(5), 1729881418803849.

[37] 郑亚青，刘雄伟. 绳牵引并联机构的研究概况与发展趋势[J]. 中国机械工程，2003，14(9)：808-810.

[38] BARRETTE, GUILLAUME, GOSSELIN, et al. Determination of the dynamic workspace of cable-driven planar parallel mechanisms[J]. Journal of Mechanical Design, 2005, 127(2): 242.

[39] LANDSBERGER S E. Design and construction of a cable-controller, parallel link manipulator[J]. Massachusetts Institute of Technology, 1984(22): 2317.

[40] LANDSBERGER S E, SHERIDAN T B. A minimal linkage: the tension-compression parallel link manipulator[J]. In: Toshi Takampri and K. Tsuchiya, editors. Robotics, Mechatronics and Manufacturing System, Elseriver, Newyork, USA, 1993: 81-88.

[41] ALBUS J S, BOSTELMAN, R V, DAGALAKIS, N G. The NIST robocrane[J]. Journal of Robotics System, 1993, 10(5): 709-724.

[42] ALBUS J, BOSTELMAN R, DAGALAKIS N. The NIST spider, a robot crane[J]. Journal of Research of the National Institute of Standards and Technology, 1992, 97(3): 373-385.

[43] BOSTELMAN R, JACOFF A, PROCTOR F M, et al. Cable-based reconfigurable machines for large scale manufacturing[C]//Proceding of 2000 Japan-USA Symposium on Flexible Automation-International Conference on New Technological Innovation For the 21st Century, Ann Arbor, MI, 2000.

[44] PUSEY J, FATTAH A, AQRAWAL S, et al, Design and workspace analysis of a 6-6 cable suspended parallel robot[J]. Mechanism and Machine Theory, 2004, 139(7): 761-778.

[45] TANAKA M, SEGUCHI Y, SHIMADA S. Kineto-statics of skycam-type wire transport system [C]//Proceedings of USA-Japan Symposium on Flexible Automation, Crossing Bridges: Advances

in Flexible Automation and Robotics Minneapolis, Minnesota, ASME, 1988: 689-694.

[46] A Rajnoha CableEndy juggler-cable-driven parallel robot[EB/OL]. (2017-10-22)[2020-04-17] https://www.youtube.com/watch? v=7HNAL8ZKdyM&t=13s.

[47] KAWAMURA S, CHOE W, TANAKA S, et al. Development of an ultrahigh speed robot FALCON using wire drive system [C]// IEEE International Conference on Robotics and Automation. IEEE, 1993.

[48] GU W, EISENHAUER G, KRAEMER E, et al. Falcon: on-line monitoring and steering of large-scale parallel programs[C]//Proceedings Frontiers'95. The Fifth Symposium on the Frontiers of Massively Parallel Computation. IEEE, 1995: 422-429.

[49] MIERMEISTER P, LACHELE M, BOSS R, et al. The CableRobot simulator large scale motion platform based on cable robot technology [C]//2016 IEEE/RSJ International Conference on Intelligent Robots and Systems (IROS). IEEE, 2016.

[50] MIKELSONS L, BRUCKMANN T, HILLER M, et al. A real-time capable force calculation algorithm for redundant tendon-based parallel manipulators[C]//2008 IEEE International Conference on Robotics and Automation. IEEE, 2008: 3869-3874.

[51] POTT A, MUTHERICH H, KRAUS W, et al. Cable-driven parallel robots for industrial applications: The IPAnema system family [C]// Robotics (ISR), 2013 44th International Symposium on IEEE, 2013.

[52] ZHANG Z R, SHAO Z F, WANG L P. Optimization and implementation of a high-speed 3-DOFs translational cable-driven parallel robot[J]. Mechanism and Machine Theory, 2020, 145, 1-20.

[53] 郑亚青，林麒，刘雄伟，等. 用于低速风洞飞行器气动导数实验的绳牵引并联支撑系统[J]. 航空学报，2009，30(8)：1549-1554.

第2章

大跨度索并联机构的综合建模方法

FAST 馈源支撑系统包括一级支撑系统和二级精调系统。其中，一级支撑系统（馈源一级支撑系统）为 6 根钢索驱动的悬挂式索并联机构，跨度达到 600m，为典型的大跨度索并联机构，索自身质量以及弹性变形将影响机构的精确运动学建模。因此，在对大跨度索并联机构进行运动学建模时，需要考虑绳索弹性和质量的影响。大跨度索并联机构的运动学与静力学建模是相互关联的，需要兼顾考虑。本章将重点讨论大跨度索并联机构的运动学及静力学综合建模方法。

目前大跨度索并联机构的建模通常基于建筑领域中的桥梁单索模型。单索模型可分为 3 种，即精确悬链线模型、抛物线模型与直线模型。精确悬链线模型可以引入弹性变形因素，但建模方程高度非线性，需要迭代计算，求解复杂，速度慢，难以用于机构的实时控制。简化悬链线模型，即抛物线与直线模型虽然求解便捷，速度快，但是其精度不理想。

针对该问题本章首先对当前大跨度索并联机构的研究进行了简要分析；2.2 节阐述了 3 种单索模型的建模方法，并在此基础上形成了大跨度索并联机构的建模及解算方法；2.3 节分析了基于简化悬链线模型的大跨度索并联机构建模误差，提出了一种采用高阶多项式进行误差补偿的方法；2.4 节则以 FAST 馈源一级支撑系统的 6 索并联机构为例，完成了其建模、误差分析及误差补偿，得到满足设计精度要求的误差补偿多项式。

本章将讨论大跨度索并联机构的运动学及静力学综合建模，引入考虑索自重与弹性变形的 3 种单索模型，完成大跨度索并联机构的完整建模，重点对简化模型的建模误差进行分析，研究建模误差的补偿方法，为简化模型应用于高精度实时控制提供理论基础。

本章主要内容：

(1) 大跨度索并联机构研究概况；

(2) 单索模型及大跨度索并联机构建模；

(3) 模型简化及误差分析与补偿；

(4) FAST 馈源一级支撑系统建模实例。

2.1 大跨度索并联机构研究概况

为了充分发挥索并联机构工作空间大的优势，大跨度索并联机构受到越来越多的关注。大跨度索并联机构理论及实验研究均取得了显著的进展，已有研究涉及机构的精确建模、运动性分析、静力学研究、动力学分析、刚度及振动分析等方面[1-5]。值得注意的是，索并联机构的索长与索拉力直接相关，因此索并联机构的静力学建模与运动学建模具有相关性。郑亚青[6]在她的博士论文中提到，当索长超过 10m 之后，索的自重是不能忽略的。因此这类索并联机器人也被称为大跨度索并联机器人。

大跨度索并联机构中索自身质量以及弹性变形将对索并联机构的精确建模产生影响。因此，越来越多的学者在对大跨度索并联机构进行建模中将这两个因素考虑在内，建模中一般引入建筑和桥梁领域中的索建模方法进行研究。K. Prem[7]在单根索建模中引入索的自身质量，给出单根索的悬链线（catenary）精确建模方法，并推导出悬链线建模的抛物线及直线建模表达式；Irivne 等[8]在单根索的建模中加入弹性变形，给出单根索的悬链线精确建模方法；K. Kozak[9]提出将弹性变形引入索并联机构建模中，为达到较高的建模精度采用 Irivne 的悬链线建模方法，建立了完全约束机构的静平衡方程。

大跨度索并联机构可控空间大、质量轻、成本低等特点，使其进入了天文学家的视野。如图 2-1 所示，加拿大 McGill 大学[10-11]于 1998 年开始研究的一种采用 8 绳索并联机构控制馈源姿态的大型射电望远镜，反射面口径达到 200m，反射面为一平面，馈源接收器安装在一个气球上，然后通过多根绳索来实现馈源接收器运动和调整姿态。Hamid D. Taghirad 等[12-13]对该 8 索并联机构进行运动学、奇异分析、动力学及轨迹规划等方面的研究，并进行实验控制研究。K. Kozak 等[9]将索的悬链线建模方法引入大跨度索并联机构的运动学建模中，提高了建模精度，并对大跨度索并联机构的刚度进行研究。

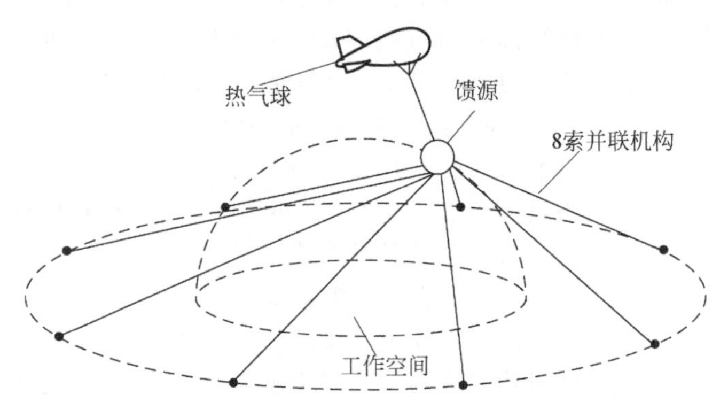

图 2-1 加拿大射电望远镜中的大跨度索并联机构

国内学者针对 FAST 望远镜中索驱动馈源支撑系统进行了大量研究，在这个过程中出现了不同的方案。针对这些方案，有理论研究，也有实验验证。

理论研究方面，段宝岩等[14-15]将 K. Prem 的单索悬链线建模引入索并联机构的建模，完成索并联机构的静平衡方程，并完成了求解；屈林等[16]分析了大跨度索并联机构中弹性变形对机构建模误差的影响，提出需要将弹性变形引入建模以求达到较高的建模精度，并给出了弹性变形误差补偿表达式。李辉等[17]从有限元的角度对 FAST 的索并联机构静力学展开了研究。

对于像 FAST 这样的大跨度索并联机器人，难以建立同尺寸的实验模型，因此，FAST 的实验验证均使用相似缩尺模型。清华大学的路英杰等[18-19]针对早期的 FAST 概念模型展开研究，完成了 4 索并联机构的运动学和静力学分析，并搭建模型样机，展开实验研究(见图 2-2(a))。西安电子科技大学的魏强等[20-24]对大跨度 6 索并联机构(见图 2-2(b))的建模、静力学和刚度进行研究，提出了一种索并联机构的抑振控制算法。

(a)

(b)

图 2-2 50m 大跨度索并联机构

(a) 清华大学 4 索并联机构；(b) 西安电子科技大学 6 索并联机构

本章的研究内容即是针对大跨度索并联机构静力学建模中的共性问题，探讨弹性变形量及索自重对模型精度的影响，并给出公式推导和求解流程。最重要的是，本章探讨如何通过建模误差补偿的方式来达到求解速度与精度的平衡。

2.2 单索模型及大跨度索并联机构建模

单索模型可以分为 3 种：精确悬链线模型、抛物线模型和直线模型。本节主要是基于上述 3 种模型，兼顾索弹性变形因素，推导并完善 3 种模型的表达式。

2.2.1 单索精确悬链线建模方程

单索的精确悬链线模型如图 2-3 所示。在索固定点 B 处建立坐标 BXZ，在建立单索的精确悬链线模型时，定义以下参数：

l_0 是原始索长，即索未发生弹性变形时的长度；Δl 为索弹性变形量；T 为索固定端的索拉力；ρ 是索的线密度(初始无弹性变形)；E 为索弹性模量；A_0 是索的无弹性变形横截面积；V 为索拉力 T 的垂直分量；H 为索拉力 T 的水平分量；L 为单索模型的水平跨度；h 为两个索连接点(端点 A 和 B)的高度差。

如图 2-3 所示，根据上述的符号与坐标，建立单索的精确悬链线方程。首先单索需要满

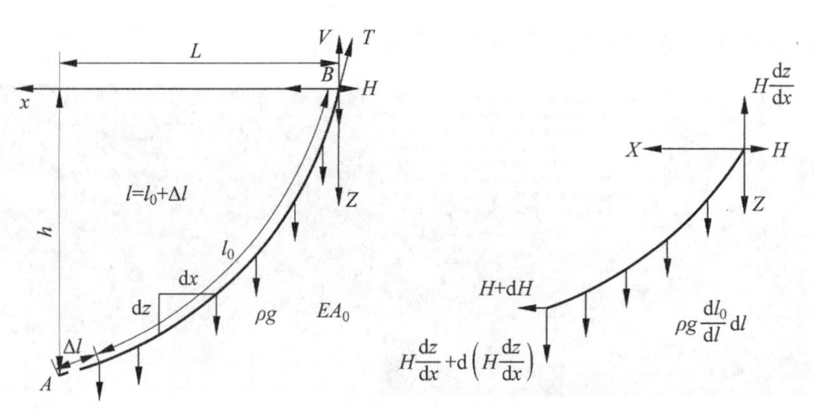

图 2-3 单索精确悬链线模型

足以下平衡条件：

$$\sum x=0,\quad H+\mathrm{d}H-H=0 \tag{2-1}$$

$$\sum z=0,\quad H\left(\frac{\mathrm{d}z}{\mathrm{d}x}\right)+\mathrm{d}\left(H\frac{\mathrm{d}z}{\mathrm{d}x}\right)+\rho g\,\mathrm{d}l_0-H\left(\frac{\mathrm{d}z}{\mathrm{d}x}\right)=0 \tag{2-2}$$

其中，

$$\frac{\mathrm{d}l}{\mathrm{d}l_0}=\frac{T}{EA_0}+1 \tag{2-3}$$

$$T=H\sqrt{1+\left(\frac{\mathrm{d}z}{\mathrm{d}x}\right)^2} \tag{2-4}$$

由 $\mathrm{d}l=\mathrm{d}x\sqrt{1+\left(\frac{\mathrm{d}z}{\mathrm{d}x}\right)^2}$，式(2-2) 可以表示为

$$\mathrm{d}\left(H\frac{\mathrm{d}z}{\mathrm{d}x}\right)+\rho g\frac{EA_0}{T+EA_0}\mathrm{d}l=0 \tag{2-5}$$

$$\frac{\mathrm{d}^2z}{\mathrm{d}x^2}+\frac{\rho gEA_0}{H}\frac{\sqrt{1+\left(\frac{\mathrm{d}z}{\mathrm{d}x}\right)^2}}{H\sqrt{1+\left(\frac{\mathrm{d}z}{\mathrm{d}x}\right)^2}+EA_0}=0 \tag{2-6}$$

将$\frac{\mathrm{d}z}{\mathrm{d}x}$替换为 p，式(2-6) 可以写为

$$\frac{\mathrm{d}p}{\mathrm{d}x}+\frac{\rho gEA_0}{H}\frac{\sqrt{1+p^2}}{H\sqrt{1+p^2}+EA_0}=0 \tag{2-7}$$

由此可得

$$\frac{\mathrm{d}x}{\mathrm{d}p}=-\frac{H^2}{\rho gEA_0}-\frac{H}{\rho g\sqrt{1+p^2}} \tag{2-8}$$

因此，

$$x=-\frac{H}{\rho g}\mathrm{sh}^{-1}\left(\frac{\mathrm{d}z}{\mathrm{d}x}\right)-\frac{H^2}{\rho gEA_0}\frac{\mathrm{d}z}{\mathrm{d}x}+c \tag{2-9}$$

其中，

$$\mathrm{sh}^{-1}(x)=\ln(x+\sqrt{1+x^2}),\quad x\in(-\infty,+\infty) \tag{2-10}$$

$$x=-\frac{H}{\rho g}\ln\left(\frac{\mathrm{d}z}{\mathrm{d}x}+\sqrt{1+\left(\frac{\mathrm{d}z}{\mathrm{d}x}\right)^{2}}\right)-\frac{H^{2}}{\rho gEA_{0}}\frac{\mathrm{d}z}{\mathrm{d}x}+c \tag{2-11}$$

根据图中所示，索的边界条件为

$$x=0,\quad z=0$$
$$x=L,\quad z=h$$

索的长度可以表示为 $l=l_0+\Delta l$。其求解方程为

$$l=\int_{0}^{L}\sqrt{1+\left(\frac{\mathrm{d}z}{\mathrm{d}x}\right)^{2}}\mathrm{d}x \tag{2-12}$$

$$l_{0}=\int_{l}\frac{1}{\dfrac{T}{EA_{0}}+1}\mathrm{d}l \tag{2-13}$$

求解方法可以采用流程图表示，如图 2-4 所示。

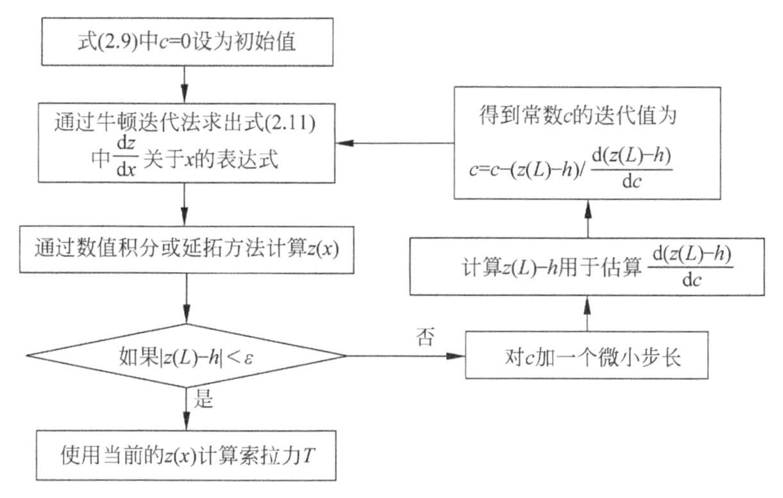

图 2-4　精确悬链线模型求解流程图

2.2.2　单索抛物线建模方程

当索的垂度与跨度比较小时，索的精确悬链线方程将近似为一个抛物线方程。因此，在满足建模精度要求的基础上，可以采用抛物线方程近似，加快求解速度。

单索抛物线模型如图 2-5 所示，考虑索的自重及弹性变形，由式(2-6)可知，单索平衡公式可以表达为

$$H\frac{\mathrm{d}^{2}z}{\mathrm{d}x^{2}}+\rho g\frac{EA_{0}\sqrt{1+\left(\frac{\mathrm{d}z}{\mathrm{d}x}\right)^{2}}}{H\sqrt{1+\left(\frac{\mathrm{d}z}{\mathrm{d}x}\right)^{2}}+EA_{0}}=0 \tag{2-14}$$

由于垂度与跨度比较小，将式中 $\frac{\mathrm{d}z}{\mathrm{d}x}$ 忽略[1]，则式(2-14)可以写成

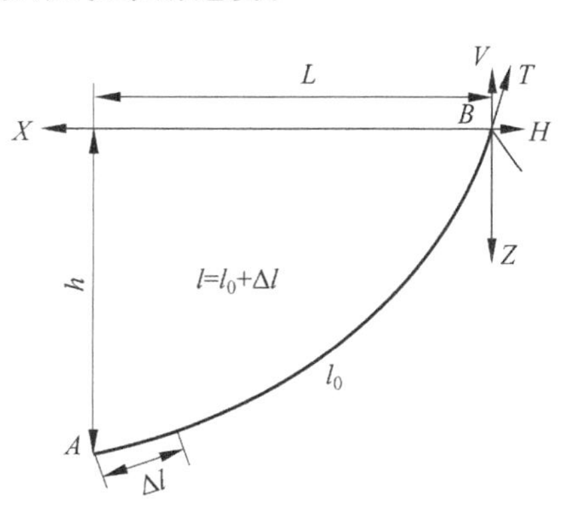

图 2-5　单索抛物线模型

$$\frac{\mathrm{d}^2 z}{\mathrm{d}x^2}+\frac{\rho g E A_0}{H}\frac{1}{H+EA_0}=0 \tag{2-15}$$

通过对式(2-15)进行两次积分，索的边界条件为

$$x=0,\quad z=0$$
$$x=L,\quad z=h$$

可以得到

$$z=\frac{\rho g E A_0 x}{2H(H+EA_0)}(L-x)+\frac{h}{L}x \tag{2-16}$$

由式(2-12)可知索的长度可以写为

$$l=\int_0^L \sqrt{1+\left(\frac{\mathrm{d}z}{\mathrm{d}x}\right)^2}\,\mathrm{d}x \tag{2-17}$$

将式(2-16)中的 z 代入式(2-17)中，将 $\sqrt{1+\left(\frac{\mathrm{d}z}{\mathrm{d}x}\right)^2}$ 泰勒展开，对其进行积分，得到单索长度表达式：

$$l=L\left(1+\frac{(c_0 L)^2}{6}+\frac{h^2}{2L^2}\right) \tag{2-18}$$

其中，

$$c_0=\frac{\rho g E A_0}{2H(H+EA_0)}$$

由文献[1]可知，索拉力 T 与其垂直分量 V 可分别表示为

$$V=\frac{\rho g l}{2}+H\frac{h}{L} \tag{2-19}$$

$$T=(V^2+H^2)^{\frac{1}{2}} \tag{2-20}$$

2.2.3 单索直线建模方程

单索直线模型相对建模较为简单，如图 2-6 所示。一般来说，大跨度索在其自身质量和弹性变形的影响下很难保持直线。但是，如果索两端拉力远大于索自重，则该单索模型可以简化为直线。因此，在满足建模精度要求的基础上，可以采用直线方程近似悬链线，加快求解速度。

根据图 2-6，基于弹性变形的单索直线方程可以推导如下：

$$l=(h^2+L^2)^{\frac{1}{2}} \tag{2-21}$$

$$T=(V^2+H^2)^{\frac{1}{2}} \tag{2-22}$$

$$L=l\frac{H}{T} \tag{2-23}$$

$$h=l\frac{V}{T} \tag{2-24}$$

$$\Delta l=\frac{Tl}{EA_0} \tag{2-25}$$

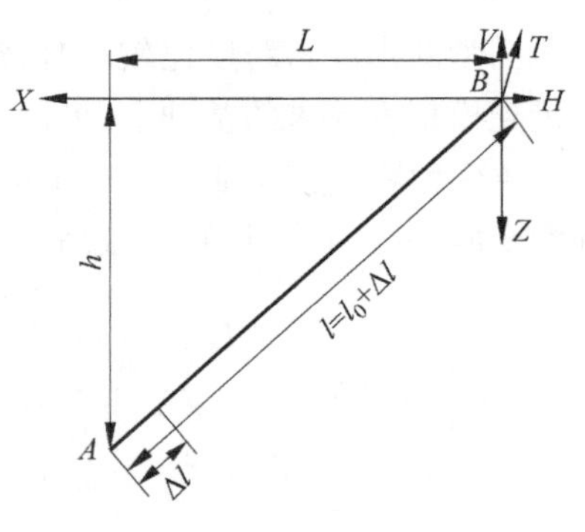

图 2-6 单索直线模型

2.2.4 大跨度索并联机构的建模求解方法

理想情况下，索并联机构的运动学与静力学建模与刚性并联机构相似。但考虑索自重及

弹性变形后，索拉力与长度的耦合性就决定了大跨度索并联机构运动学建模的复杂性，运动学与静力学建模密切关联。本节介绍采用3种单索模型的大跨度并联机构完整建模及求解方法。

图2-7所示为一个n自由度的大跨度索并联机构，在该机构上建立两个坐标系：惯性坐标系$\mathcal{R}$：O-XYZ，原点位于索并联机构静平台中心位置，Z轴向上；动坐标系$\mathcal{R}'$：O'-$X'Y'Z'$，原点位于索并联机构动平台中心位置，Z'轴沿动平台法线向上。机构中$B_i(i=1,2,\cdots,m)$为静平台的索连接点，$A_i(i=1,2,\cdots,m)$为动平台的索连接点。

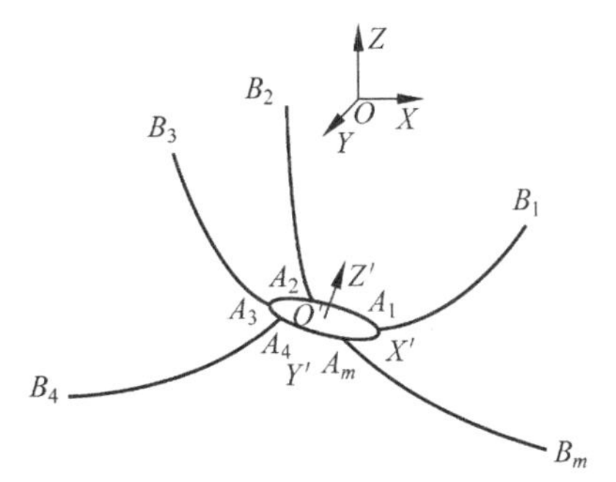

图2-7　m索n自由度大跨度索并联机构

索并联机构建模过程中涉及的符号定义如下：$\boldsymbol{O}'^{\mathcal{R}}$为动坐标系原点$O'$在惯性坐标系下的向量表示；$\boldsymbol{B}_i^{\mathcal{R}}$为$B_i$在惯性坐标系下的向量表示；$\boldsymbol{A}_i^{\mathcal{R}}$为$A_i$在惯性坐标系下的向量表示；$\boldsymbol{A}_i^{\mathcal{R}'}$为$A_i$在动坐标系下的向量表示；下标$i$表示第$i$根索。

根据图2-7，索向量可以表示为

$$\boldsymbol{A}_i^{\mathcal{R}}=\boldsymbol{R}\boldsymbol{A}_i^{\mathcal{R}'}+\boldsymbol{O}'^{\mathcal{R}} \tag{2-26}$$

其中，$\boldsymbol{R}$为动坐标系相对于惯性坐标系的旋转矩阵。

根据索并联机构运动学一般建模方法可以得到

$$\boldsymbol{l}_i=\boldsymbol{B}_i^{\mathcal{R}}\boldsymbol{A}_i^{\mathcal{R}} \tag{2-27}$$

$$\boldsymbol{u}_i=\frac{\boldsymbol{l}_i}{\|\boldsymbol{l}_i\|} \tag{2-28}$$

$$\boldsymbol{r}_i=\boldsymbol{u}_i^{\mathcal{R}}-\boldsymbol{O}'^{\mathcal{R}}=\boldsymbol{R}\boldsymbol{A}_i^{\mathcal{R}'} \tag{2-29}$$

其中，$\boldsymbol{u}$为$\boldsymbol{l}_i$的单位向量；$\boldsymbol{r}_i$为向量代表$\boldsymbol{A}_i$点的位置。

该索并联机构的静力平衡方程可以表示为

$$\boldsymbol{F}=\boldsymbol{J}_0^{\mathrm{T}}\boldsymbol{\sigma}_0 \tag{2-30}$$

其中，$\boldsymbol{\sigma}_0$为索拉力向量，其中第i个分量对应第i根索的索拉力大小；$\boldsymbol{J}_0^{\mathrm{T}}$为索并联机构的力传递矩阵；$\boldsymbol{F}\in R^n$为动平台中心位置的外力旋量。$\boldsymbol{\sigma}_0$与$\boldsymbol{J}_0^{\mathrm{T}}$可以表示为

$$\boldsymbol{\sigma}_0=[\sigma_1,\sigma_2,\cdots,\sigma_m]^{\mathrm{T}} \tag{2-31}$$

$$\boldsymbol{J}_0^{\mathrm{T}}=\begin{bmatrix} u_1 & \cdots & u_m \\ r_1\times u_1 & \cdots & r_m\times u_m \end{bmatrix}_{n\times m} \tag{2-32}$$

式(2-26)～式(2-32)所描述的是理想条件下的索并联机构的运动学与静力学模型，在建模中忽略了索自重和弹性变形(索为理想的直线)。此时，索拉力求解方法仅与索并联机构的构型有关：

(1) IPRMs机构($m=n$)，式(2-30)有唯一解；

(2) CPRMs机构($m=n+1$)及PPRMs机构($m>n+1$)，式(2-30)中未知数个数大于方程个数，有多解，可通过最小范数等索拉力优化目标，将直接求解变为优化问题。

为了得到精确运动学和静力学模型，大跨度索并联机构的建模中将引入前面介绍的3种单索模型。在建模过程中，可以利用理想模型的求解结果作为迭代初始值，得到当前点的基于3种单索模型的新静力平衡方程：

$$\boldsymbol{F}=\boldsymbol{J}^{\mathrm{T}}\boldsymbol{\sigma} \tag{2-33}$$

其中，$\boldsymbol{J}^{\mathrm{T}}$ 为根据当前索拉力方向建立的力传递矩阵；$\boldsymbol{\sigma}$ 为当前索并联机构的索拉力，其中第 i 个分量对应第 i 根索的索拉力大小。

为使索并联机构动平台受到的索拉力大小与方向同时满足力平衡方程(2-33)和单根索的力平衡方程，大跨度索并联机构静力平衡方程的具体求解方法如图 2-8 所示。

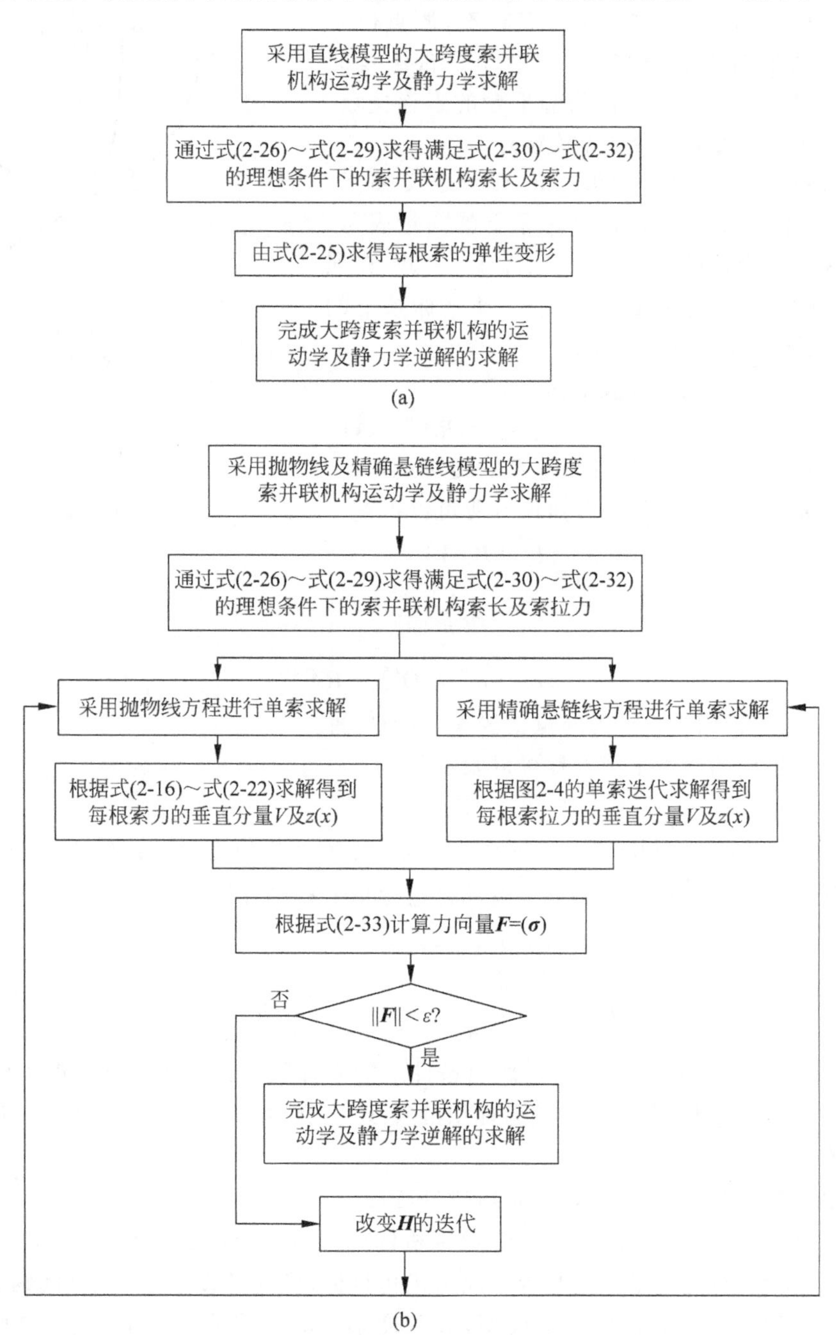

图 2-8 大跨度索并联机构的建模求解方法

(a) 基于直线模型的大跨度索并联机构的建模求解方法；
(b) 基于抛物线及悬链线模型的大跨度索并联机构的建模求解方法

2.3 模型简化及误差分析与补偿

简化悬链线模型较精确悬链线模型具有求解简单、速度快的优势，但是也存在建模误差较大的不足。在机构精度要求较高时，这种简化模型就显得不太适用。若想将简化模型用于实际控制，需要分析其建模误差，完成建模误差的补偿，实现精度与效率的统一。

本节首先就简化模型的单索误差，以及单索误差造成的索并联机构末端误差进行分析，再提出一种误差补偿多项式，采用遗传算法对该多项式系数进行优化，保证补偿后的索并联机构末端建模误差在全工作空间内满足设计要求。

2.3.1 单索建模误差分析

图 2-9 为精确悬链线、抛物线及直线的模型示意图。

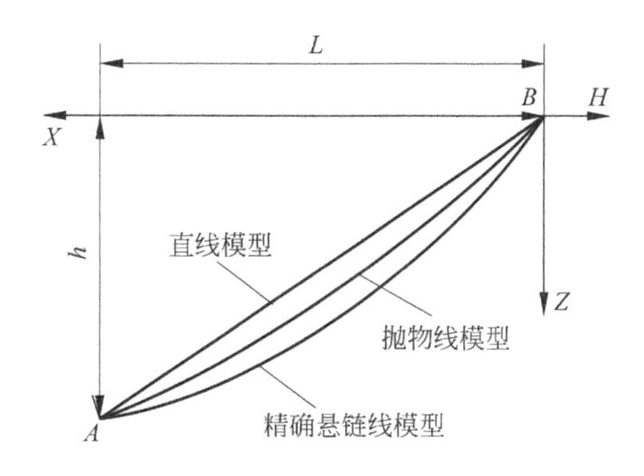

图 2-9 3 种单索模型示意图

一般来说，精确悬链线模型得到的索长为精确值，抛物线与直线模型求解的索长与精确悬链线方程求解的索长之差是单索建模的误差值。抛物线与直线的单索建模误差如下：

$$\varepsilon_{l_p}=l_p-l_c,\quad \varepsilon_{l_l}=l_l-l_c \tag{2-34}$$

其中，l_c、l_p、l_l 分别表示通过精确悬链线、抛物线与直线方程求解出的索长值。

2.3.2 大跨度索并联机构建模误差分析与补偿

假设大跨度索并联机构的末端位置为 $\boldsymbol{O}'=[x,y,z,\alpha,\beta,\gamma]^{\mathrm{T}}$，可以通过 2.2 节中的索并联机构建模方法得到机构逆解表达式：

$$\boldsymbol{l}=\mathcal{F}(\boldsymbol{O}') \tag{2-35}$$

其中，$\boldsymbol{l}=(l_1,l_2,\cdots,l_m)$为索并联机构索长向量。

由此得知，基于精确悬链线、抛物线与直线的大跨度索并联机构的逆解方程分别表示为

$$\boldsymbol{l}_c=\mathcal{F}_c(\boldsymbol{O}'),\quad \boldsymbol{l}_p=\mathcal{F}_p(\boldsymbol{O}'),\quad \boldsymbol{l}_l=\mathcal{F}_l(\boldsymbol{O}') \tag{2-36}$$

其中，具有下标 c、p、l 的表达式分别表示大跨度索并联机构基于精确悬链线、抛物线与直线的逆解方程。

使用拟牛顿迭代方法，可以得到基于 3 种单索模型下的大跨度索并联机构正解方程：

$$\mathcal{G}_c(\boldsymbol{l}_c)=\boldsymbol{O}', \quad \mathcal{G}_p(\boldsymbol{l}_p)=\boldsymbol{O}', \quad \mathcal{G}_l(\boldsymbol{l}_l)=\boldsymbol{O}' \tag{2-37}$$

以大跨度索并联机构基于精确悬链线的建模求解结果为真值，将大跨度索并联机构的末端建模误差表示为

$$\boldsymbol{\varepsilon}_p=\mathcal{G}_c(\boldsymbol{l}_p)-\boldsymbol{O}' \tag{2-38}$$

$$\boldsymbol{\varepsilon}_l=\mathcal{G}_c(\boldsymbol{l}_l)-\boldsymbol{O}' \tag{2-39}$$

其中$\boldsymbol{\varepsilon}_p=[\varepsilon_{x_p},\varepsilon_{y_p},\varepsilon_{z_p},\varepsilon_{\alpha_p},\varepsilon_{\beta_p},\varepsilon_{\gamma_p}]^T$，$\boldsymbol{\varepsilon}_l=[\varepsilon_{x_l},\varepsilon_{y_l},\varepsilon_{z_l},\varepsilon_{\alpha_l},\varepsilon_{\beta_l},\varepsilon_{\gamma_l}]^T$ 分别是抛物线和直线模型误差造成的索并联机构末端建模误差。

根据单索与索并联机构的建模可以知道，索长只与索拉力、位置与自重有关。因此，本书提出采用高阶多项式作为 ε_{l_p} 与 ε_{l_l} 在全工作空间内的误差补偿表达式，可以表示为

$$\varepsilon_{l_p i}=f_1(L,H,h,\rho,A_0), \quad \varepsilon_{l_l i}=f_2(L,H,h,\rho,A_0) \quad (i=1,2,\cdots,m) \tag{2-40}$$

高阶多项式 $f_*(L,H,h,\rho,A_0)$的次数取决于机构的建模精度要求。

对于一个大跨度索并联机构来说，其索线密度 ρ 与索截面积 A_0 是不变的，式(2-40)可以简化为

$$\varepsilon_{l_p i}=f_1(L,H,h), \quad \varepsilon_{l_l i}=f_2(L,H,h) \quad (i=1,2,\cdots,m) \tag{2-41}$$

误差补偿多项式可以表示为

$$f_*(L,H,h)=a_1L^n+b_1h^n+c_1H^n+\cdots+a_nL+b_nh+c_nH+d \quad (n=1,2,\cdots) \tag{2-42}$$

为使索并联机构简化模型末端误差在最大允许误差$[\varepsilon_0,\varepsilon_{\text{angle}}]^T$以内，下面给出大跨度索并联机构的误差补偿目标：

$$\begin{cases} \text{抛物线：}\min\left(\sqrt{\dfrac{\sum_{t=1}^{t_0}(\varepsilon_{x_{pa}}^2+\varepsilon_{y_{pa}}^2+\varepsilon_{z_{pa}}^2)}{t}}\right) \\ \text{直线：}\min\left(\sqrt{\dfrac{\sum_{t=1}^{t_0}(\varepsilon_{x_{line}}^2+\varepsilon_{y_{line}}^2+\varepsilon_{z_{line}}^2)}{t}}\right) \end{cases} \quad (t=1,2,\cdots) \tag{2-43}$$

其中，t 为大跨度索并联机构需求工作空间内的样本点；t_0 为样本点总和。

误差补偿条件为

$$\begin{cases} \sqrt{\varepsilon_{x_{pa}}^2+\varepsilon_{y_{pa}}^2+\varepsilon_{z_{pa}}^2}<\varepsilon_0 \\ \sqrt{\varepsilon_{x_{line}}^2+\varepsilon_{y_{line}}^2+\varepsilon_{z_{line}}^2}<\varepsilon_0 \end{cases} \tag{2-44}$$

$$\begin{cases} |\varepsilon_{\alpha_{pa}}|<\varepsilon_{\text{angle}}, \quad |\varepsilon_{\beta_{pa}}|<\varepsilon_{\text{angle}}, \quad |\varepsilon_{\gamma_{pa}}|<\varepsilon_{\text{angle}} \\ |\varepsilon_{\alpha_{line}}|<\varepsilon_{\text{angle}}, \quad |\varepsilon_{\beta_{line}}|<\varepsilon_{\text{angle}}, \quad |\varepsilon_{\gamma_{line}}|<\varepsilon_{\text{angle}} \end{cases} \tag{2-45}$$

其中，

$$\boldsymbol{\varepsilon}_{pa}=\mathcal{G}_c(\boldsymbol{l}_p+\varepsilon\boldsymbol{l}_p)-\boldsymbol{O}', \quad \boldsymbol{l}_p=\mathcal{F}_p(\boldsymbol{O}') \tag{2-46}$$

$$\boldsymbol{\varepsilon}_{line}=\mathcal{G}_c(\boldsymbol{l}_l+\varepsilon\boldsymbol{l}_l)-\boldsymbol{O}', \quad \boldsymbol{l}_l=\mathcal{F}_l(\boldsymbol{O}') \tag{2-47}$$

$$\boldsymbol{\varepsilon}_{pa}=[\varepsilon_{x_{pa}},\varepsilon_{y_{pa}},\varepsilon_{z_{pa}},\varepsilon_{\alpha_{pa}},\varepsilon_{\beta_{pa}},\varepsilon_{\gamma_{pa}}]^T \tag{2-48}$$

$$\boldsymbol{\varepsilon}_{line}=[\varepsilon_{x_{line}},\varepsilon_{y_{line}},\varepsilon_{z_{line}},\varepsilon_{\alpha_{line}},\varepsilon_{\beta_{line}},\varepsilon_{\gamma_{line}}]^T \tag{2-49}$$

误差补偿式可以通过以上优化目标与优化条件，采用遗传算法进行优化，求解出误差补

偿式的各项系数。但是在求解中，基于精确悬链线的大跨度索并联机构正解求解复杂，耗时久，使得误差补偿式的优化系数求解难度增加。为此，采用替代方法，利用基于直线模型的大跨度索并联机构的正解算法求解快的特点，对高阶补偿多项式进行优化系数求解。

首先，基于抛物线与直线的索并联机构建模误差表达为

$$\boldsymbol{\varepsilon}_{\mathrm{p}} = \mathcal{G}_{\mathrm{l}}(\boldsymbol{l}_{\mathrm{p}}) - \mathcal{G}_{\mathrm{l}}(\boldsymbol{l}_{\mathrm{c}}) \tag{2-50}$$

$$\boldsymbol{\varepsilon}_{\mathrm{l}} = \mathcal{G}_{\mathrm{l}}(\boldsymbol{l}_{\mathrm{l}}) - \mathcal{G}_{\mathrm{l}}(\boldsymbol{l}_{\mathrm{c}}) \tag{2-51}$$

与式(2-38)和式(2-39)相比，这里的索并联机构的精确末端位置不再是 $\boldsymbol{O}'$，而是替换成 $\mathcal{G}_{\mathrm{l}}(\boldsymbol{l}_{\mathrm{c}})$。上文中的优化算法中是补偿抛物线与直线的索长用于逼近精确末端位置 $\boldsymbol{O}'$，为了更快地进行解算，这里采用补偿抛物线与直线的索长用于逼近精确末端位置 $\mathcal{G}_{\mathrm{l}}(\boldsymbol{l}_{\mathrm{c}})$。

由此可知，补偿多项式的优化算法中式(2-46)和式(2-47)可以表示为

$$\boldsymbol{\varepsilon}_{\mathrm{pa}} = \mathcal{G}_{\mathrm{l}}(\boldsymbol{l}_{\mathrm{p}} + \varepsilon \boldsymbol{l}_{\mathrm{p}}) - \mathcal{G}_{\mathrm{l}}(\boldsymbol{l}_{\mathrm{c}}), \quad \boldsymbol{l}_{\mathrm{p}} = \mathcal{F}_{\mathrm{p}}(\boldsymbol{O}') \tag{2-52}$$

$$\boldsymbol{\varepsilon}_{\mathrm{line}} = \mathcal{G}_{\mathrm{l}}(\boldsymbol{l}_{\mathrm{l}} + \varepsilon \boldsymbol{l}_{\mathrm{l}}) - \mathcal{G}_{\mathrm{l}}(\boldsymbol{l}_{\mathrm{c}}), \quad \boldsymbol{l}_{\mathrm{l}} = \mathcal{F}_{\mathrm{l}}(\boldsymbol{O}') \tag{2-53}$$

同样采用上文中的优化算法可以优化求解补偿多项式的各项系数，用于补偿抛物线与直线模型造成的索并联机构的末端误差。

2.4 FAST 馈源一级支撑系统建模实例

本节将对 FAST 中的馈源一级支撑系统即 6 索并联机构进行建模。图 2-10 是 FAST 中的 6 索并联机构。首先建立坐标系。惯性坐标系 $\mathcal{R}$：O-XYZ，原点位于索并联机构静平台中心位置，Z 轴竖直向上；动坐标系 $\mathcal{R}'$：O'-$X'Y'Z'$，原点位于索并联机构动平台中心位置，Z' 轴沿动平台法线向上。机构中 $B_i(i=1,2,\cdots,6)$ 为静平台的索连接点，$A_j(j=1,2,3)$ 为动平台的索连接点。

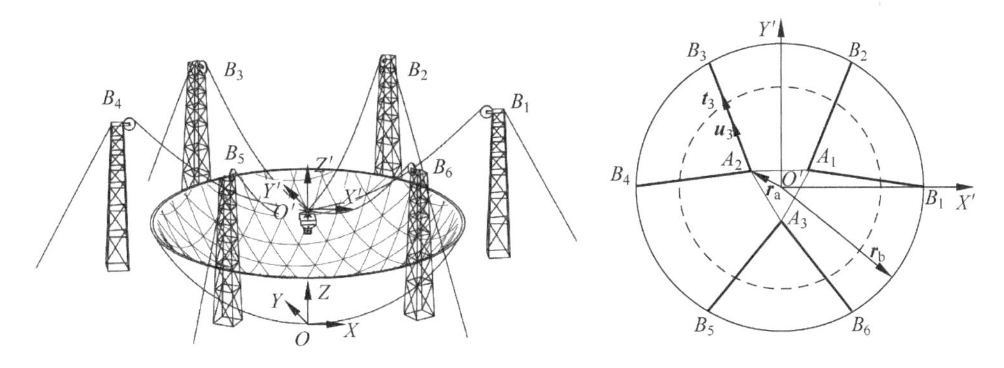

图 2-10　6 索并联机构模型

为了对该 6 索并联机构进行建模，符号定义如下：$\boldsymbol{O}'^{\mathcal{R}}$ 为动坐标系原点 O' 在惯性坐标系下的向量表示；$\boldsymbol{B}_i^{\mathcal{R}}$ 为 B_i 在惯性坐标系下的向量表示；$\boldsymbol{A}_j^{\mathcal{R}}$ 为 A_j 在惯性坐标系下的向量表示；$\boldsymbol{A}_j^{\mathcal{R}'}$ 为 A_j 在动坐标系下的向量表示；r_{b} 是机构静平台半径，即索塔分布圆半径；r_{a} 为机构动平台半径；h 为索塔高度；

根据图 2-10，绳索的向量表示如下：

$$\boldsymbol{B}_i^{\mathcal{R}} = [r_b\cos(i-1)60°, r_b\sin(i-1)60°, h]^{\mathrm{T}} \quad (i=1,2,\cdots,6) \tag{2-54}$$

$$\boldsymbol{A}_j^{\mathcal{R}'} = [r_a\cos(4j-3)30°, r_a\sin(4j-3)30°, 0]^{\mathrm{T}} \quad (j=1,2,3) \tag{2-55}$$

$$\boldsymbol{A}_j^{\mathcal{R}} = \boldsymbol{R}\boldsymbol{A}_j^{\mathcal{R}'} + \boldsymbol{O}'^{\mathcal{R}} \tag{2-56}$$

其中，$\boldsymbol{R}$ 为动坐标系向惯性坐标系的转换矩阵。

FAST 馈源支撑系统中，索并联机构的需求姿态角为馈源跟踪角度，使用传统的基于欧拉角的运动学建模不能将绳索并联机构的姿态角度直接映射到跟踪角度方向。所以，需要找到一种可以直接辨识出馈源跟踪角度方向上的姿态转角分量的运动学建模方法。

Gosselin C M 等提出了一种基于 T&T(tilt-and-torsion)角的坐标转换方式。在这种坐标转换方式中也存在 3 个转角：方位角 ϕ、倾斜角 θ 和扭转角 ψ。

$$\boldsymbol{R} = \begin{bmatrix} c\phi & -s\phi & 0 \\ s\phi & c\phi & 0 \\ 0 & 0 & 1 \end{bmatrix} \begin{bmatrix} c\theta & 0 & s\theta \\ 0 & 1 & 0 \\ -s\theta & 0 & c\theta \end{bmatrix} \begin{bmatrix} c\phi & s\phi & 0 \\ -s\phi & c\phi & 0 \\ 0 & 0 & 1 \end{bmatrix} \begin{bmatrix} c\psi & -s\psi & 0 \\ s\psi & c\psi & 0 \\ 0 & 0 & 1 \end{bmatrix}$$
$$= \begin{bmatrix} c\phi c\theta c(\psi-\phi) - s\phi s(\psi-\phi) & -c\phi c\theta s(\psi-\phi) - s\phi c(\psi-\phi) & c\phi s\theta \\ s\phi c\theta c(\psi-\phi) + c\phi s(\psi-\phi) & -s\phi c\theta s(\psi-\phi) + c\phi c(\psi-\phi) & s\phi s\theta \\ -s\theta c(\psi-\phi) & s\theta c(\psi-\phi) & c\theta \end{bmatrix} \tag{2-57}$$

其中，$c\phi$ 表示 $\cos\phi$，$s\phi$ 表示 $\sin\phi$，以此类推。

针对大跨度索并联机构的坐标转换矩阵 $\boldsymbol{R}$ 采用 T&T 角坐标转换方式。方位角 ϕ 与扭转角 ψ 可以表达为索并联机构的跟踪方位，而倾斜角 θ 则是索并联机构在跟踪角度方向上的俯仰角度。

2.4.1 FAST 相似模型中的 6 索并联机构

为了研究不同跨度的大跨度索并联机构的建模及误差补偿方法，首先对 40m 模型 6 索并联机构的建模进行研究。

表 2-1 给出了国家天文台北京密云站建立的 FAST 40m 运动学相似模型中的 6 索并联机构尺寸。

表 2-1 FAST 中索并联机构的运动学相似模型尺寸

符　号	参　数	数　值
r_a	动平台半径	0.5m
r_b	索塔分布圆半径	20m
h_{tower}	索塔高度	18m
d	索直径	8mm
ρ	索线密度	0.259kg/m
E	索弹性模量	1.6×10^{11} Pa
m_0	动平台质量	300kg
$[\varepsilon_0, \varepsilon_{angle}]^{\mathrm{T}}$	建模最大允许误差绝对值	[1mm, 0.5°]

图 2-11 为该 40m 模型 6 索并联机构的工作空间示意图，其馈源的工作空间为一个半径为 9.6m 的球冠面，最大观测角度为 0°～40°，索并联机构的观测俯仰角度为 0°～16°，线性分布。

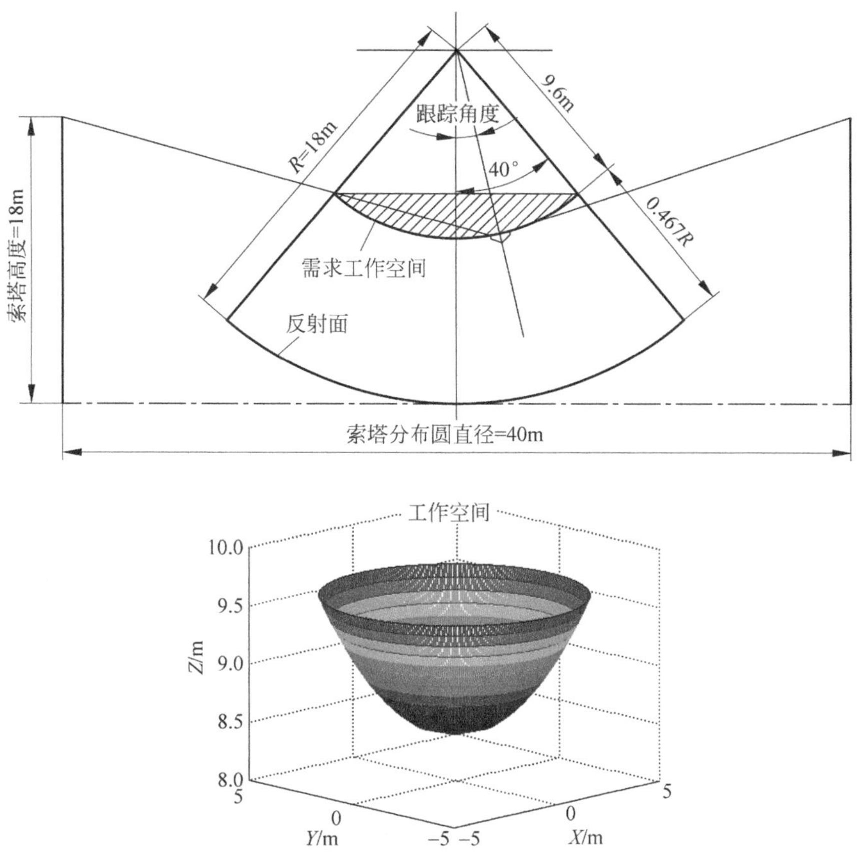

图 2-11　6 索并联机构 40m 模型中的工作空间示意图

如图 2-12 所示，根据 2.2 节中的大跨度索并联机构的建模误差分析方法，由式(2-48)及式(2-49)可得基于抛物线与直线模型的 6 索并联机构在全工作空间内的末端建模误差。

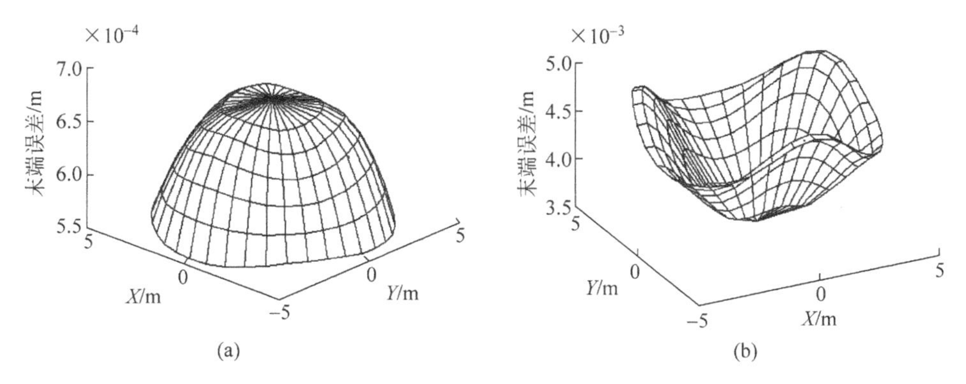

图 2-12　基于简化模型的索并联机构的末端误差

(a) 基于抛物线模型的索并联机构末端误差；(b) 基于直线模型的索并联机构末端误差

通过对图 2-12(a)的分析可以看到，在 40m 相似模型中基于抛物线建模的大跨度索并联机构末端建模误差小于 1mm。也就是说，在这个情况下抛物线是可以逼近精确悬链线模型的，这时可以直接采用基于抛物线的建模方法对机构进行控制。

但是，由于抛物线的求解过程也需要1次迭代，为了使大跨度索并联机构的求解速度加快，进一步分析基于直线模型的大跨度索并联机构建模。由图2-12(b)可知，采用直线模型进行建模时，其全工作空间内的末端误差均大于1mm，不满足设计精度要求。

抛物线为一个二次曲线，满足了逼近悬链线的要求，因此本节尝试采用二次曲线作为直线建模的误差补偿多项式。设直线误差补偿多项式为

$$\begin{aligned}\varepsilon_{l_1} &= f_2(L, H, h_{\text{tower}}) \\ &= a_1L^2 + a_2L + b_1h_{\text{tower}}^2 + b_2h_{\text{tower}} + c_1H^2 + c_2H + d\end{aligned} \tag{2-58}$$

如图2-13所示，基于式(2-43)～式(2-53)的误差补偿优化算法，采用遗传算法对式(2-58)的系数进行优化，可以得到误差补偿式的各项系数，得到基于直线模型的6索并联机构建模误差补偿多项式为

$$\begin{aligned}\varepsilon_{l_1} &= f_2(L, H, h_{\text{tower}}) \\ &= (8.3721\times L^2 - 3.5328\times L - 9.8747\times h_{\text{tower}}^2 - 7.1498\times h_{\text{tower}} - \\ &\quad 5.0527\times 10^{-4}\times H^2 + 0.0894\times 10^{-2}\times H - 3.2483)\times 10^{-6}\end{aligned}$$

其中，长度单位为m，索拉力单位为N。

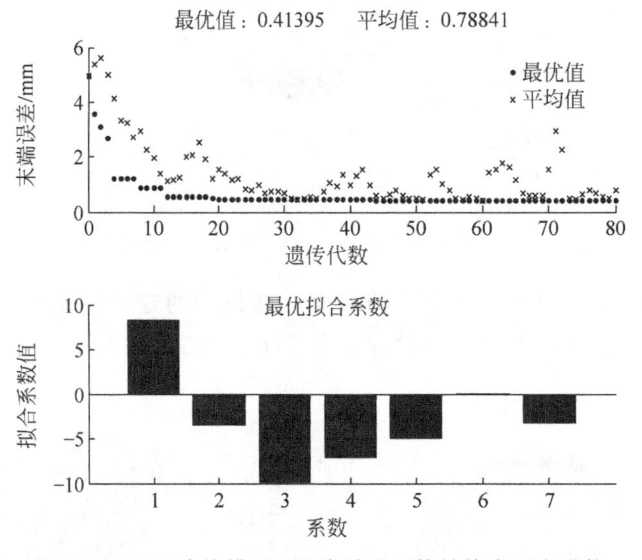

图2-13 基于直线模型的6索并联机构补偿多项式系数

将上式代入基于直线模型的索并联机构建模中，得到其工作空间中的机构末端建模误差如图2-14所示。

由图2-14可知，利用二次直线建模误差补偿式，最终使得6索并联机构基于直线模型的末端建模误差小于1mm，有效提高了基于直线模型的建模精度。

通过对40m模型6索并联机构的建模分析及建模误差补偿的研究，可以将基于直线模型的索并联机构建模及建模误差补偿方法应用于实际控制中。下面以40m实验模型中一条直线轨迹为例，研究上述直线建模及建模补偿方法在实际控制下的末端误差。

给定一条直线实验轨迹如图2-15所示，该轨迹两端坐标为$G_1=(0,0,8.4\text{m})$和$G_2=$

(0,0,10m),索并联机构的实际控制精度要求为均方根误差 10mm,即 RMS10mm,实验速度 $v=15.3\text{mm/s}$。

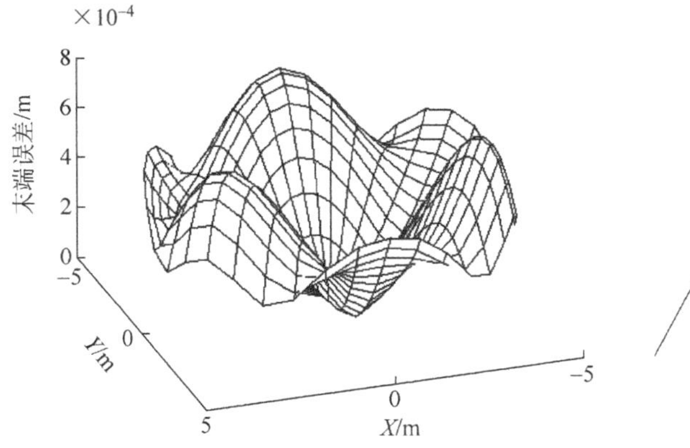

图 2-14 误差补偿后基于直线模型的6索并联机构末端误差

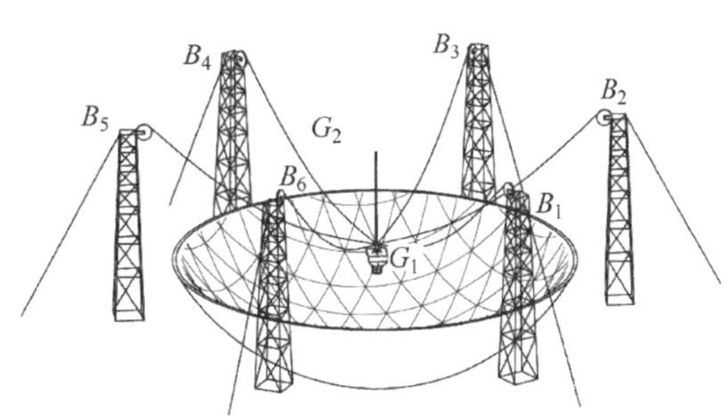

图 2-15 6 索并联机构中一条直线轨迹

得到 6 索并联机构终端在 3 个平动方向上的误差如图 2-16 所示。

由图 2-16 可知,在该实验轨迹下,除了刚开始运动时机构误差较大,6 索并联机构在运动轨迹上的位置误差比较均衡,单方向上的误差一般不超过 3mm。对机构在该轨迹下的均方根误差进行分析发现,机构的末端误差为 RMS3.69mm,完全满足实际控制精度要求。这也说明,本章中的基于简化模型建模及建模误差补偿方法完全可以应用于实际运动控制中,满足给定的精度要求。

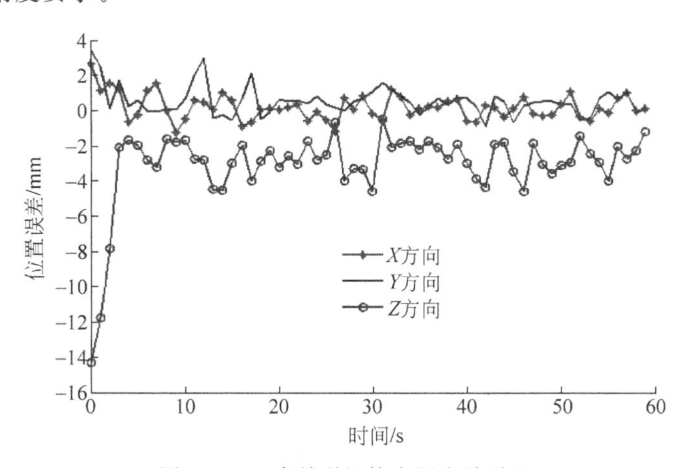

图 2-16 6 索并联机构实际末端误差

2.4.2 FAST 原型中的 6 索并联机构

对于同一构型的索并联机构,其跨度与末端精度要求等具体参数不同时,其建模方法与补偿多项式也将变化。本节对 FAST 原型中的 6 索并联机构进行建模分析与误差补偿研究。

表 2-2 为 FAST 原型设计时使用的尺寸。[25]

表 2-2 FAST 中索并联机构尺寸

符　号	参　数	数　值
r_a	动平台半径	7.5m
r_b	索塔分布圆半径	300m
h_{tower}	索塔高度	275m
d	索直径	40mm
ρ	索线密度	576kg/m
E	索弹性模量	1.6×10^{11}Pa
m_0	动平台质量	300000kg
$[\epsilon_0,\epsilon_{angle}]^T$	建模最大允许误差绝对值	[10mm,0.5°]

图 2-17 为该 6 索并联机构的工作空间示意图,其工作空间为一个半径为 160m 的球冠面,索并联机构的观测俯仰角度为±16°,线性分布。

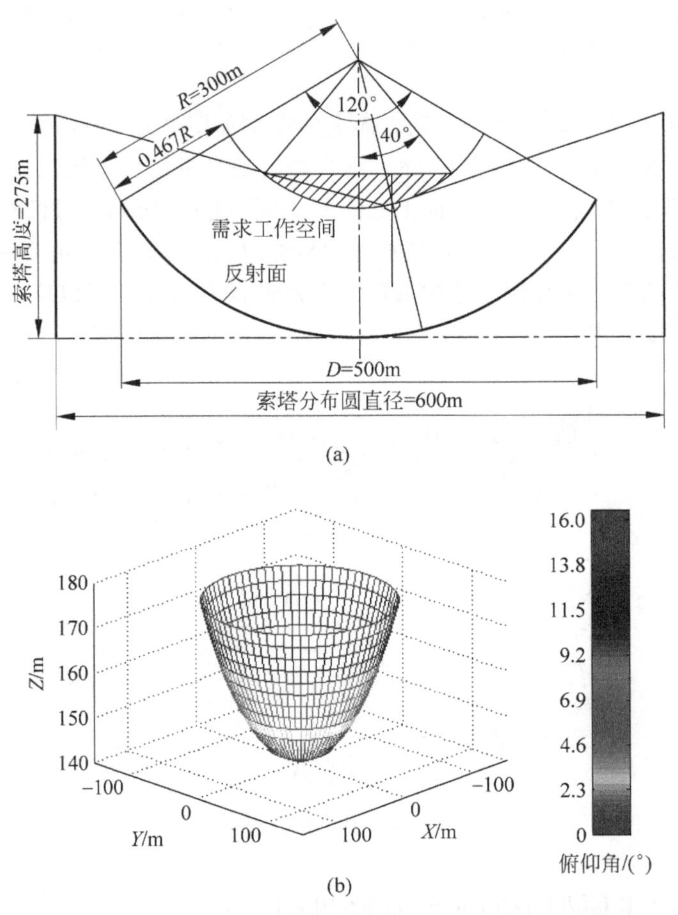

图 2-17 FAST 原型中 6 索并联机构的工作空间示意图(见文前彩图)

(a) 6 索并联机构的基本尺寸;(b) 6 索并联机构工作空间及跟踪俯仰角度图

图 2-18 为 FAST 原型机 6 索并联机构在全工作空间内基于抛物线与直线建模的末端建模误差。由图可知,基于抛物线模型与基于直线模型的大跨度索并联机构建模结果均无法满足建模要求,而抛物线模型的建模精度更为接近要求的精度,在这一情况下基于抛物线

建模误差补偿能更快地将建模误差收敛至要求范围内。

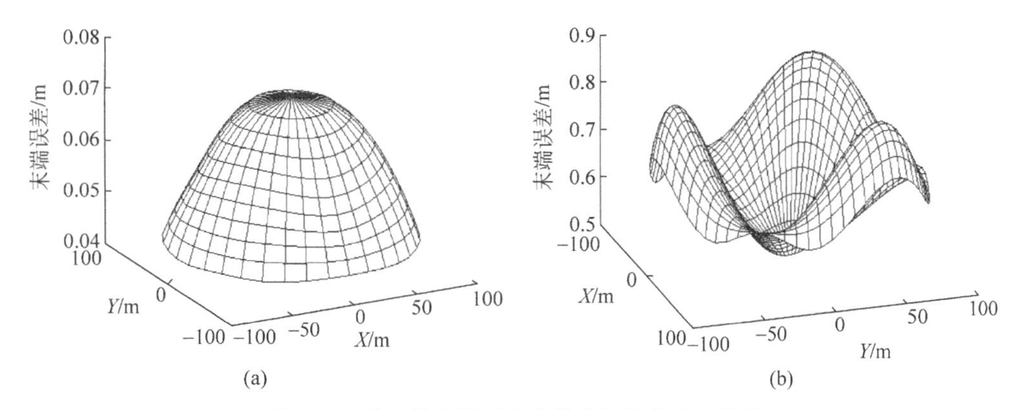

图 2-18 基于简化模型的索并联机构的末端误差

(a) 基于抛物线模型的索并联机构末端误差；(b) 基于直线模型的索并联机构末端误差

建立基于抛物线建模的建模误差二次补偿多项式：

$$\begin{aligned}\varepsilon_{l_p} &= f_1(L, H, h_{\text{tower}}) \\ &= a_1 L^2 + a_2 L + b_1 h_{\text{tower}}^2 + b_2 h_{\text{tower}} + c_1 H^2 + c_2 H + d \end{aligned} \tag{2-59}$$

如图 2-19 所示，采用遗传算法对式(2-59)的系数进行优化，可以得到建模误差补偿式的各项系数。基于抛物线模型的 6 索并联机构建模误差补偿多项式可以写成：

$$\begin{aligned}\varepsilon_{l_p} &= f_1(L, H, h_{\text{tower}}) \\ &= (0.1683 \times L^2 + 1.8275 \times L + 1.4596 \times h_{\text{tower}}^2 - 3.558 \times h_{\text{tower}} - 0.4594 \times \\ &\quad H^2 - 8.9449 \times H - 0.9931 \times 10^2) \times 10^{-6}\end{aligned}$$

其中，长度的单位为 m，索拉力的单位为 kN。

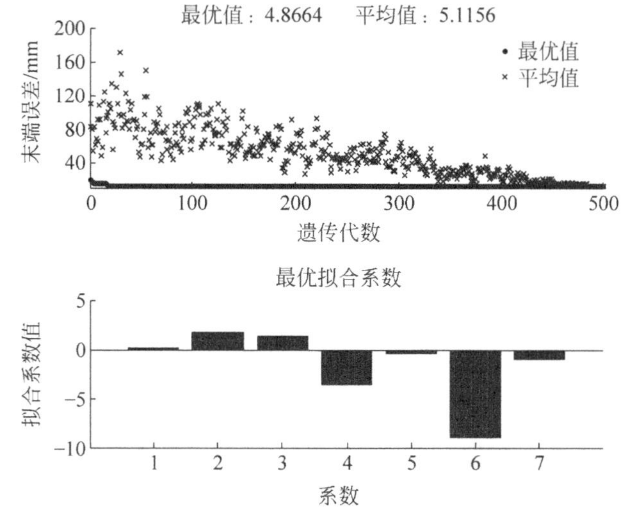

图 2-19 基于抛物线模型的 6 索并联机构补偿多项式系数

将上式代入基于抛物线模型的索并联机构建模中，得到其工作空间中的机构末端建模误差如图 2-20 所示。

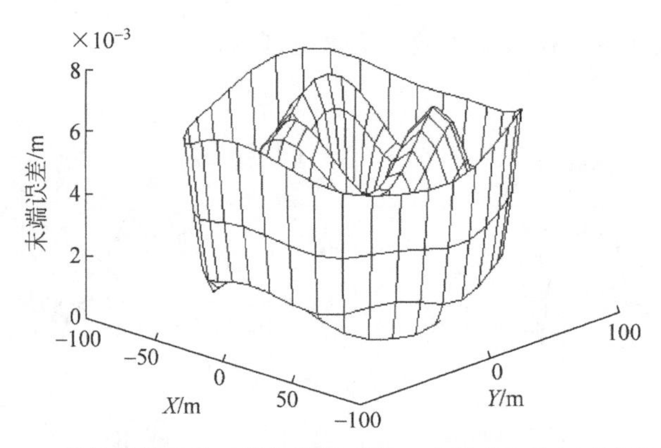

图 2-20 误差补偿后基于抛物线模型的 6 索并联机构原型末端误差

由于抛物线建模需要二次曲线进行误差补偿，说明仅由直线建模通过一个二次多项式进行误差补偿不能够满足精度要求，只能将建模精度降至抛物线建模的精度水平。下面进一步验证这一结论。

根据对 6 索并联机构及其相似模型的参数相似比分析，给定基于直线建模的建模误差二次补偿多项式：

$$\begin{aligned}\varepsilon_{l_1} &= f_2(L, H, h_{\text{tower}}) \\ &= a_1 L^2 + a_2 L + b_1 h_{\text{tower}}^2 + b_2 h_{\text{tower}} + c_1 H^2 + c_2 H + d \end{aligned} \tag{2-60}$$

图 2-21 所示是式(2-43)～式(2-53)的误差补偿式优化算法，采用遗传算法对式(2-60)的系数进行优化，可以得到建模误差补偿式的各项系数。基于直线模型的 6 索并联机构建模误差补偿多项式可以写成：

$$\begin{aligned}\varepsilon_{l_1} &= f_2(L, H, h_{\text{tower}}) \\ &= (7.1718 \times L^2 - 6.1115 \times 10^2 \times L - 3.5668 \times h_{\text{tower}}^2 - 4.3521 \times 10^2 \times \\ &\quad h_{\text{tower}} - 2.0202 \times H^2 - 9.3496 \times 10^2 \times H + 2.3152 \times 10^4) \times 10^{-6}\end{aligned}$$

其中，长度的单位为 m，索拉力的单位为 kN。

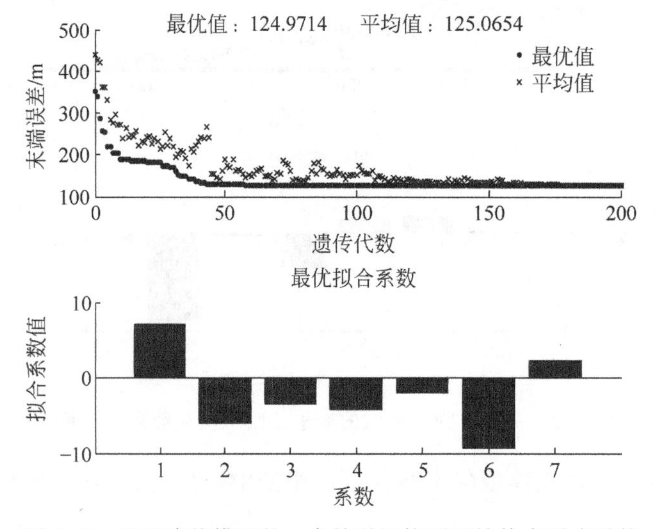

图 2-21 基于直线模型的 6 索并联机构原型补偿多项式系数

将上式代入基于直线模型的索并联机构建模中，得到其工作空间中的机构末端建模误差如图 2-22 所示，发现直线模型如果只采用二次建模误差补偿多项式，无法降至要求的误差范围内，只能将直线建模精度最高提至抛物线建模精度水平。

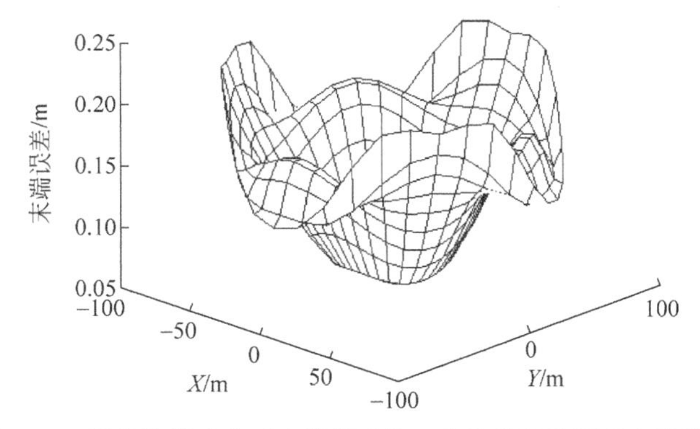

图 2-22 误差补偿后基于直线模型的 6 索并联机构原型末端误差

2.5 小结

（1）索并联机构可以在低成本基础上实现超大运动范围，大跨度索并联机构可以充分发挥超大工作空间的优势，已经开始应用于大工作空间的吊装和定位工况。

（2）面对大跨度工况，典型单索模型包括直线模型、抛物线模型和精确悬链线模型。大跨度索机构整体建模可以首先利用理想模型（不考虑绳索弹性和质量）的求解结果作为初始迭代值，然后利用机构和单索拉力平衡方程完成迭代求解。

（3）为实现大跨度索并联机构求解的高效和高精度，提出了一种误差补偿多项式，采用遗传算法对该多项式系数进行优化，实现了全工作空间内的误差补偿。

（4）完成了 FAST 馈源一级支撑系统——6 索并联机构的建模，给出了一种采用直线建模并使用误差补偿多项式进行补偿的控制算法，该算法在保证精度满足要求的前提下能够有效降低运算量，可配合闭环控制协调实现 FAST 控制精度的要求。

参考文献

[1] GOUTTEFARDE M, COLLARD J F, RIEHL N, et al. Simplified static analysis of large-dimension parallel cable-driven robots[C]//2012 IEEE International Conference on Robotics and Automation. IEEE, 2012: 2299-2305.

[2] NGUYEN D Q, GOUTTEFARDE M, COMPANY O, et al. On the analysis of large-dimension reconfigurable suspended cable-driven parallel robots[C]//2014 IEEE international conference on robotics and automation (ICRA). IEEE, 2014: 5728-5735.

[3] IZARD J B, DUBOR A, HERVE P E, et al. Large-scale 3D printing with cable-driven parallel robots[J]. Construction Robotics, 2017,1: 69-74.

[4] VASKO F J, LANDQUIST E, KRESGE G, et al. A simple and efficient strategy for solving very

large-scale generalized cable-trench problems[J]. Networks, 2015,67(3): 199-208.

[5] KARCHER H J, LI H, SUN J, et al. Proposed design concepts of the FAST focus cabin suspension [C]. 2008 Proceedings of the International Society for Optical Engineering,SPIE,2008,701239: 1-9.

[6] 郑亚青. 绳牵引并联机构若干关键理论问题及其在风洞支撑系统中的应用研究[D]. 泉州: 华侨大学, 2004.

[7] KRISHNA P. Cable-suspended roofs[M]. New York: McGraw-Hill, 1978: 27-65.

[8] IRIVNE H M. CABLE STRUCTURES[M]. MA: MIT Press, 1981: 16-20.

[9] KOZAK K, ZHOU Q, WANG J. Static analysis of cable-driven manipulators with non-negligible cable mass[J]. IEEE Transactions on robotics, 2006, 22(3): 425-433.

[10] LAMBERT C, NAHON M, CHALMERS D. Implementation of an aerostat positioning system with cable control[J]. IEEE/ASME Transactions on Mechatronics, 2007, 12(2): 32-40.

[11] NAHON M, GILARDI G, LAMBERT C. Dynamics and control of a radio telescope reciver supported by a tethered aerostat[J]. Journal of Guidance, Control, and Dynamics, 2002, 25(6): 1107-1115.

[12] TAGHIRAD H D, NAHON M. Kinematic analysis of a macro-micro redundantly actuated parallel manipulator[J]. Advanced Robotics, 2008, 22(6-7): 657-687.

[13] TAGHIRAD H D, NAHON M A. Dynamic analysis of a macro-micro redundantly actuated parallel manipulator[J]. Advanced Robotics, 2008, 22(9): 949-981.

[14] SU Y X, DUAN B Y, NAN R D, et al. Development of a large parallel-cable manipulator for the feed-supporting system of a next-generation large radio telescope[J]. Journal of Robotic Systems, 2001,18(11): 633-643.

[15] 魏强,仇原鹰,段宝岩,等. 八根索系大型射电望远镜馈源舱运动轨迹规划[J]. 中国机械工程, 2002,12(23): 2036-2039.

[16] 屈林, 唐晓强, 姚蕊, 等. 40 米口径射电望远镜索支撑系统误差分析与补偿[J]. 高技术通信, 2010, 20(03): 303-308.

[17] 李辉, 朱文白, 潘高峰. 基于索拉力优化的 FAST 柔索牵引并联机构的静力学分析[J]. 工程力学, 2011, 28(4): 185-193+207.

[18] LU Y J, ZHU W B, REN G X. Feedback control of a cable-driven Gough-Stewart platform[J]. IEEE Transaction on Robotics, 2006, 22(1): 198-202.

[19] 路英杰, 朱文白, 朱丽春. 基于频率分析的实时滤波器研究[J]. 科学技术与工程, 2007, 7(11): 2476-2483.

[20] 仇原鹰, 段宝岩, 盛英, 等. 大型射电望远镜舱索结构变形模型与原型的相似性[J]. 西安电子科技大学学报, 2004, 31(4): 493-500.

[21] 魏强, 仇原鹰, 段宝岩. LT50m 缩比模型悬索舱体系统的风振分析[J]. 应用力学学报, 2003, 20(1): 59-63.

[22] ZI B,DUAN B Y, DU J L, et al. Dynamic modeling and active control of a cable-suspended parallel robot[J]. Mechatronics, 2008, 18(1): 1-12.

[23] SU Y X, DUAN B Y, NAN R D. Mechatronics design of stiffness enhancement of the feed supporting system for the square-kilometer array[J]. IEEE/ASME Transactions on Mechatronics, 2003,8(4): 425-430.

[24] 段学超, 仇原鹰, 段宝岩, 等. 宏微并联机器人系统自适应交互 PID 监督控制[J]. 机械工程学报, 2010, 46(1): 10-17.

[25] 南仁东, 等. 500 米口径球面射电望远镜(FAST)项目初步设计(馈源支撑分册)[M]. 中国科学院国家天文台, 2008.

第3章

大跨度索并联机构的静力学特性分析

索并联机构中的绳索只能承受拉力，不能承受压力，索的单向承力特性将对索机构的运动与稳定性产生影响。因此必须对索并联机构的索拉力进行分析，静力学特性是大跨度索并联机构优化设计中的一个重要方面。本书第 2 章完成了基于索自重及弹性变形的大跨度索并联机构的完整静力学建模及求解。在此基础上，本章将基于精确静力学模型求解结果，对大跨度索并联机构进行静力学特性分析。

为了保证大跨度索并联机构具有好的可控性，要求索拉力满足一定条件，但是仍然需要对描述索拉力特性的指标进行探讨。本章提出局部及全局索拉力特性指标，描述大跨度索并联机构在工作空间内的索拉力特性。

大跨度索并联机构本身尺度巨大，建造与控制难度高，机构末端误差难以避免。本章将在第 2 章的基础上进一步分析大跨度索并联机构的终端误差对索拉力的影响，并建立相应指标，用于量化终端许可误差对大跨度索并联机构的索拉力特性影响。

本章首先介绍大跨度索并联机构的静力学特性和索拉力指标研究；随后，3.2 节建立大跨度索并联机构的误差模型，并完成大跨度索并联机构终端误差空间内的索拉力特性分析，提出许可误差空间内的索拉力特性指标；3.3 节以 FAST 馈源一级支撑系统中 6 索并联机构为例，研究其全局索拉力特性及许可误差空间内的索拉力特性，验证本章所述力特性指标的可行性，为大跨度索并联机构的力控制提供理论基础。

本章主要内容：

(1) 大跨度索并联机构的索拉力特性指标；

(2) 终端误差与索拉力特性；

(3) FAST 馈源一级支撑系统相似模型的力特性分析。

3.1 大跨度索并联机构的索拉力特性指标

索并联机构中某根索拉力接近零或者相比其他索拉力的差值较大时，索并联机构将出现可控性不佳或运动不稳定的情况，被称作大跨度索并联机构的不稳定或虚牵现象。为了防止大跨度索并联机构在运动过程中出现不稳定现象，在对机构进行设计时会定义一个拉力条件，建立有效的索拉力特性指标，通过工作空间内的姿态分析，避免不稳定或虚牵。因此索拉力特性是衡量索并联机构性能的一个重要指标。

在索拉力指标方面，早期的研究主要关注在索拉力的最小值、索拉力的最大最小值比值等方面，主要是为了体现索拉力的均衡性，而这类索拉力指标主要用于索并联机器人的设计。[1-3]比如，Takeda 等[4]利用简化的等价伸缩杆对 n 自由度索机构的力特性进行分析，引入力传递系数 TI_w，TI_w 由机构雅可比矩阵得到，取决于机构的几何条件，该指标一般用于衡量索到动平台的力传递性能；Takeda 还和 Funabashi[5]提出了一种由 7 根索牵引的 6 自由度索并联机构，并首次对该类对拉式索并联机构进行力传递性能分析和优化设计。郑亚青[6]在 Takeda 提出的力传递性能系数的基础上，详细分析了该指标的求解过程，并利用该指标对一种新型 6 自由度索并联机构的工作空间进行了分析。

在对大跨度索并联机构进行运动控制时，为了保证运动过程中每根索保持张紧，使得机构稳定运行，在工作空间内的某一姿态下，采用索的最大最小拉力之间的关系来衡量和评价机构的力特性。通常采用两种指标来表示大跨度索并联机构的索拉力特性：最大与最小索拉力差值；最大与最小索拉力比值。并分别建立局部力特性及全局力特性指标表达式，量化机构的力学性能。

3.1.1 大跨度索并联机构的局部索拉力性能指标

当大跨度索并联机构末端位于工作空间某一姿态下，定义最大与最小索拉力差值、最大与最小索拉力比值两个索拉力特性指标 TCI 来衡量机构索拉力特性。

最大与最小索拉力差值 TCI_{max}：

$$TCI_{max}=\max(\sigma_i-\sigma_j)\quad(i=1,2,\cdots,m;\ j=1,2,\cdots,m;\ i\neq j)\tag{3-1}$$

为了使机构稳定运行，TCI_{max} 越小，说明机构的索拉力变化越小，机构越趋于平稳运动。因此，对于同一机构下的某一姿态，TCI_{max} 越小越好。

在某些姿态，各索拉力本身都不大，但是有可能出现索拉力相差倍数的情况，因此需要另一个索拉力衡量指标——最大与最小索拉力比值 TCI_{rmax}：

$$TCI_{rmax}=\max\left(\frac{\sigma_i}{\sigma_j}\right)\quad(i=1,2,\cdots,m;\ j=1,2,\cdots,m;\ i\neq j)\tag{3-2}$$

$TCI_{rmax}\geqslant 1$，该指标越小越好。

拉力约束条件：

$$\begin{cases}\boldsymbol{\sigma}\geqslant[\sigma_{min},\cdots,\sigma_{min}]^{T}\\ \boldsymbol{\sigma}\leqslant[\sigma_{max},\cdots,\sigma_{max}]^{T}\end{cases}\tag{3-3}$$

其中，σ_{min} 和 σ_{max} 分别表示索并联机构中索拉力的许可最小值与最大值。

以上两个索拉力指标旨在衡量同一机构在某一特定姿态下的拉力特性，也可以认为是评价机构在该姿态下避免虚牵的能力。

3.1.2 大跨度索并联机构的工作空间内全局索拉力性能指标

下面基于 3.1.1 节提出的两个力特性指标建立全局指标。采用均方根的形式描述全局力特性 GTCI。

全局最大与最小索拉力差值 $GTCI_{max}$：

$$GTCI_{max}=\sqrt{\frac{\sum_{t=0}^{t_0}(\max(\sigma_i(t)-\sigma_j(t)))^2}{t_0}}\quad(i=1,2,\cdots,m;\ j=1,2,\cdots,m;\ i\neq j)\tag{3-4}$$

全局最大与最小索拉力比值 $GTCI_{rmax}$：

$$GTCI_{rmax}=\sqrt{\frac{\sum_{t=0}^{t_0}\left(\max\left(\frac{\sigma_i(t)}{\sigma_j(t)}\right)\right)^2}{t_0}}\quad(i=1,2,\cdots,m;\ j=1,2,\cdots,m;\ i\neq j)\tag{3-5}$$

其中，t 为大跨度索并联机构工作空间内的样本点；t_0 为样本点总和。

以上指标在机构存在特别差的拉力位置的时候不适用，因此给出拉力约束条件：

$$\begin{cases}\boldsymbol{\sigma}\geqslant[\sigma_{\min},\cdots,\sigma_{\min}]^{\mathrm{T}}\\\boldsymbol{\sigma}\leqslant[\sigma_{\max},\cdots,\sigma_{\max}]^{\mathrm{T}}\end{cases}$$

本节中的两个全局拉力性能指标旨在对同一类大跨度索并联机构的力特性进行分析，得到全工作空间的全局力学性能，也可以认为是评价索机构在全工作空间内避免虚牵和保证可靠运动的能力。

3.2　终端误差与力特性分析

大跨度索并联机构的结构尺寸大，索为柔性体，相对于刚性机构，索并联机构的末端误差较大。在之前对大跨度索并联机构的静力学或是动力学研究中，一般只对索并联机构工作空间内的索拉力特性进行分析，往往忽略了终端误差对索拉力特性的影响。

当机构的需求工作空间处于可控工作空间边界时，虽然该姿态下索拉力特性可以满足设计要求，但是由于机构不可避免地存在控制误差，难以保证机构在其许可终端误差空间内的力学特性。当机构末端处于许可误差空间内索拉力特性较差的姿态点上时，机构的力学性能将变差，这将不利于机构的精度与稳定控制。因此，如何评价和保证索并联机构在某一姿态的许可终端误差空间内也满足力特性设计要求，是一个很重要的命题。

在本节中，将基于建模误差补偿方法建立大跨度索并联机构的误差模型，并提出机构许可终端误差空间内索拉力特性的评价指标。

3.2.1　大跨度索并联机构的误差分析

大跨度索并联机构的精度是重要的性能指标，且机构的力学性能相互影响。索并联机构的终端控制误差受到许多因素影响，如驱动单元误差、安装误差、制造公差和间隙、结构设计等。对于并联机构，误差源的数量超过 100 个，为了简化计算，一般文献中只考虑铰链点和支链长度的误差作为误差源，对终端误差进行估计。

针对一个完全约束的大跨度索并联机构，机构的单支链误差示意图如图 3-1 所示。使用向量封闭环来描述误差模型，坐标系$\mathcal{R}$：$O\text{-}XYZ$ 为静平台上的坐标系，坐标系$\mathcal{R}'$：$O'\text{-}X'Y'Z'$

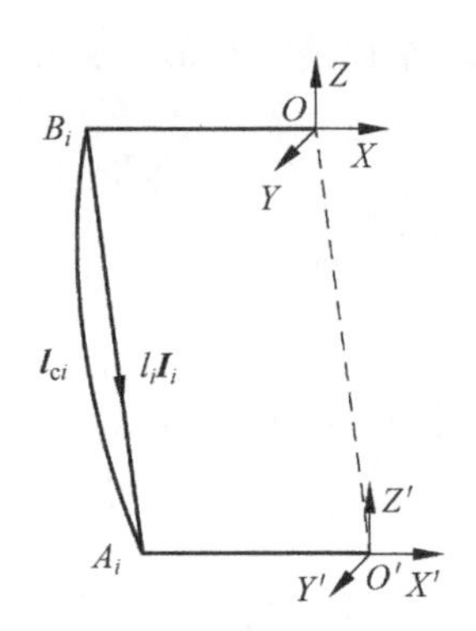

图 3-1 大跨度索并联机构单支链误差模型

为动平台上末端执行器的坐标系。机构中 $B_i(i=1,2,\cdots,m)$为索与静平台的连接点，$A_i(i=1,2,\cdots,m)$为索与动平台的连接点。

索并联机构误差包括索支链长度误差 $\delta l_{ci}(i=1,2,\cdots,m)$ 和上下平台的索连接点位置误差 $\delta\boldsymbol{O'A}_i$ 和 $\delta\boldsymbol{OB}_i$，索并联机构的输出误差，即索并联机构动平台末端误差为 $\delta\boldsymbol{X}=[\delta\boldsymbol{OO'}^{\mathrm{T}},\delta\boldsymbol{\Omega}^{\mathrm{T}}]^{\mathrm{T}}$，其中 $\delta\boldsymbol{OO'}=[\delta x,\delta y,\delta z]^{\mathrm{T}}$ 为位置误差，$\delta\boldsymbol{\Omega}=[\delta\omega_x,\delta\omega_y,\delta\omega_z]^{\mathrm{T}}$ 为姿态误差。

根据图 3-1 所示的大跨度索并联机构单支链误差模型，由第 2 章可知该支链的运动学方程为

$$\boldsymbol{l}_i=\boldsymbol{RO'A}_i+\boldsymbol{OO'}-\boldsymbol{OB}_i\quad(i=1,2,\cdots,m)\tag{3-6}$$

上式可以表述为

$$l_i\boldsymbol{I}_i=\boldsymbol{RO'A}_i+\boldsymbol{OO'}-\boldsymbol{OB}_i\tag{3-7}$$

上式为索直线模型下的运动学逆解方程。为了得到精确建模下的索并联机构单支链模型，可以根据第 2 章提出的误差建模补偿方法进行运动学建模，将上式写成

$$(l_{ci}-\varepsilon_{\mathrm{line}i})\boldsymbol{I}_i=\boldsymbol{RO'A}_i+\boldsymbol{OO'}-\boldsymbol{OB}_i\quad(i=1,2,\cdots,m)\tag{3-8}$$

其中，l_{ci} 为基于精确悬链线建模的大跨度索并联机构第 i 根索的索长；$\varepsilon_{\mathrm{line}i}$ 为基于直线建模的大跨度索并联机构的第 i 根索的索长误差补偿项；$\boldsymbol{R}$ 为坐标旋转矩阵。

对式(3-8)进行微分得到

$$\delta(l_{ci}-\varepsilon_{\mathrm{line}i})\boldsymbol{I}_i+(l_{ci}-\varepsilon_{\mathrm{line}i})\delta\boldsymbol{I}_i=\delta\boldsymbol{RO'A}_i+\boldsymbol{R}\delta\boldsymbol{O'A}_i+\delta\boldsymbol{OO'}-\delta\boldsymbol{OB}_i\tag{3-9}$$

其中，

$$\delta\boldsymbol{R}=\boldsymbol{R}_{\Omega}\boldsymbol{R}=\begin{bmatrix}0&-\delta\omega_z&\delta\omega_y\\\delta\omega_z&0&-\delta\omega_x\\-\delta\omega_y&-\delta\omega_x&0\end{bmatrix}\boldsymbol{R}\tag{3-10}$$

将式(3-10)代入式(3-9)中，得到

$$\begin{aligned}\delta(l_{ci}-\varepsilon_{\mathrm{line}i})\boldsymbol{I}_i+(l_{ci}-\varepsilon_{\mathrm{line}i})\delta\boldsymbol{I}_i&=\delta\boldsymbol{OO'}+\delta\boldsymbol{RO'A}_i+\boldsymbol{R}\delta\boldsymbol{O'A}_i-\delta\boldsymbol{OB}_i\\&=\delta\boldsymbol{OO'}+\boldsymbol{R}_{\Omega}\boldsymbol{RO'A}_i+\boldsymbol{R}\delta\boldsymbol{O'A}_i-\delta\boldsymbol{OB}_i\\&=\delta\boldsymbol{OO'}+\delta\boldsymbol{\Omega}\times(\boldsymbol{RO'A}_i)+\boldsymbol{R}\delta\boldsymbol{O'A}_i-\delta\boldsymbol{OB}_i\end{aligned}\tag{3-11}$$

其中，$\delta\boldsymbol{\Omega}=[\delta\omega_x,\delta\omega_y,\delta\omega_z]^{\mathrm{T}}$。

由于 $\boldsymbol{I}_i^{\mathrm{T}}$ 是支链的单位向量，由 $\boldsymbol{I}_i^{\mathrm{T}}\boldsymbol{I}_i=1,\boldsymbol{I}_i^{\mathrm{T}}\delta\boldsymbol{I}_i=0$ 可知，式(3-11)中包含了支链向量方向随时间的变化。

方程两边同时点乘支链单位向量 $\boldsymbol{I}_i^{\mathrm{T}}$，可从中将支链长度的变化分离出来：

$$\delta(l_{ci}-\varepsilon_{\mathrm{line}i})=\boldsymbol{I}_i^{\mathrm{T}}\delta\boldsymbol{OO'}+\boldsymbol{I}_i^{\mathrm{T}}\delta\boldsymbol{\Omega}\times(\boldsymbol{RO'A}_i)+\boldsymbol{I}_i^{\mathrm{T}}\boldsymbol{R}\delta\boldsymbol{O'A}_i-\boldsymbol{I}_i^{\mathrm{T}}\delta\boldsymbol{OB}_i\tag{3-12}$$

经过对上述单支链误差模型进行分析，大跨度索并联机构的机构运动学误差模型可以表示成

$$\boldsymbol{J}\delta\boldsymbol{X}=\delta\boldsymbol{L}+\delta\boldsymbol{\varepsilon}+\boldsymbol{D}_1\delta\boldsymbol{O'A}_i+\boldsymbol{D}_2\delta\boldsymbol{OB}_i\tag{3-13}$$

其中，

$$\delta\boldsymbol{X}=[\delta\boldsymbol{OO}'^{\mathrm{T}},\delta\boldsymbol{\Omega}^{\mathrm{T}}]^{\mathrm{T}},\quad \delta\boldsymbol{L}=\begin{bmatrix}\delta l_{c1}\\ \vdots\\ \delta l_{cm}\end{bmatrix},\quad \delta\boldsymbol{\varepsilon}=\begin{bmatrix}-\delta\varepsilon_{\mathrm{line1}}\\ \vdots\\ -\delta\varepsilon_{\mathrm{line}m}\end{bmatrix}$$

$$\boldsymbol{J}=\begin{bmatrix}\boldsymbol{I}_1^{\mathrm{T}} & \boldsymbol{I}_1^{\mathrm{T}}\times(\boldsymbol{R}\cdot\boldsymbol{O}'\boldsymbol{A}_1)\\ \vdots & \vdots\\ \boldsymbol{I}_m^{\mathrm{T}} & \boldsymbol{I}_m^{\mathrm{T}}\times(\boldsymbol{R}\cdot\boldsymbol{O}'\boldsymbol{A}_m)\end{bmatrix},\quad \boldsymbol{D}_1=\begin{bmatrix}-\boldsymbol{I}_1^{\mathrm{T}}\cdot\boldsymbol{R} & \cdots & 0\\ \vdots & \ddots & \vdots\\ 0 & \cdots & -\boldsymbol{I}_m^{\mathrm{T}}\cdot\boldsymbol{R}\end{bmatrix},\quad \boldsymbol{D}_2=\begin{bmatrix}\boldsymbol{I}_1^{\mathrm{T}} & \cdots & 0\\ \vdots & \ddots & \vdots\\ 0 & \cdots & \boldsymbol{I}_m^{\mathrm{T}}\end{bmatrix}$$

式中，$\delta\boldsymbol{X}$ 为索并联机构末端的位置误差与姿态误差；$\delta\boldsymbol{L}$ 为索长度误差；$\delta\boldsymbol{\varepsilon}$ 为采用直线模型及其建模误差补偿后的索长建模误差；$\delta\boldsymbol{O}'\boldsymbol{A}_i$ 为动平台的索连接点误差向量；$\delta\boldsymbol{OB}_i$ 为静平台的索连接点误差向量。

如果雅可比矩阵 $\boldsymbol{J}$ 是可逆的，即 $\boldsymbol{J}^{-1}$ 存在，则式(3-13)可以表示为

$$\delta\boldsymbol{X}=\boldsymbol{J}^{-1}\delta\boldsymbol{L}+\boldsymbol{J}^{-1}\delta\boldsymbol{\varepsilon}+\boldsymbol{J}^{-1}\boldsymbol{D}_1\delta\boldsymbol{O}'\boldsymbol{A}_i+\boldsymbol{J}^{-1}\boldsymbol{D}_2\delta\boldsymbol{OB}_i \tag{3-14}$$

最终，大跨度索并联机构的运动学误差方程可以表示为

$$\delta\boldsymbol{X}=\boldsymbol{E}\delta\boldsymbol{\eta} \tag{3-15}$$

其中，

$$\boldsymbol{E}=[\boldsymbol{J}^{-1},\boldsymbol{J}^{-1},\boldsymbol{J}^{-1}\boldsymbol{D}_1,\boldsymbol{J}^{-1}\boldsymbol{D}_2]$$

$$\delta\boldsymbol{\eta}=[\delta\boldsymbol{L}^{\mathrm{T}},\delta\boldsymbol{\varepsilon}^{\mathrm{T}},\delta\boldsymbol{O}'\boldsymbol{A}_i^{\mathrm{T}},\delta\boldsymbol{OB}_i^{\mathrm{T}}]^{\mathrm{T}}$$

$\boldsymbol{E}$ 称为大跨度索并联机构的误差传递矩阵，其中考虑了索并联机构的几个主要几何构型因素，这样通过矩阵 $\boldsymbol{E}$，所有误差源均可传递至索并联机构的末端。

3.2.2 误差空间内的力学特性研究

为了保证索并联机构的稳定性，一般要求在工作空间内索的拉力满足一定条件。但是，由于加工、安装、控制等影响，机构实际工作中都存在误差，当索并联机构运动至工作空间边界处时，机构的终端误差可能使得机构的力学性能急剧下降。

在之前的索并联机构设计中，往往只考虑工作空间内机构具有较好力特性即可，忽略了机构终端许可误差对索拉力性能的影响，在实际应用中机构可能出现虚牵现象，影响机构稳定性。因此，为了衡量大跨度索并联机构在某一姿态下的误差空间内力特性好坏，定义一个可控体积指标 TCGVI 量化表示机构在该姿态下的力特性。

假定大跨度索并联机构的终端姿态为$[x_0,y_0,z_0,\alpha_0,\beta_0,\gamma_0]^{\mathrm{T}}$，设定其在该姿态下的许可误差为$[\varepsilon_x,\varepsilon_y,\varepsilon_z,\varepsilon_\alpha,\varepsilon_\beta,\varepsilon_\gamma]^{\mathrm{T}}$：

$$\varepsilon_x\in(-x_r,x_r),\quad \varepsilon_y\in(-y_r,y_r),\quad \varepsilon_z\in(-z_r,z_r)$$

$$\varepsilon_\alpha\in(-\alpha_r,\alpha_r),\quad \varepsilon_\beta\in(-\beta_r,\beta_r),\quad \varepsilon_\gamma\in(-\gamma_r,\gamma_r)$$

则在该姿态下的许可误差空间为 $\forall_{\mathrm{err}}$：

$$\forall_{\mathrm{err}}=\left\{x,y,z,\alpha,\beta,\gamma\ \middle|\ \begin{array}{l}x\in(-x_r+x_0,x_r+x_0)\\ y\in(-y_r+y_0,y_r+y_0)\\ z\in(-z_r+z_0,z_r+z_0)\\ \alpha\in(-\alpha_r+\alpha_0,\alpha_r+\alpha_0)\\ \beta\in(-\beta_r+\beta_0,\beta_r+\beta_0)\\ \gamma\in(-\gamma_r+\gamma_0,\gamma_r+\gamma_0)\end{array}\right\} \tag{3-16}$$

误差空间 $\forall_{err}$ 的广义体积 $V_{\forall_{err}}$ 可以表示为

$$V_{\forall_{err}} = \iiint\iiint_{\forall_{err}} dx\,dy\,dz\,d\alpha\,d\beta\,d\gamma \tag{3-17}$$

为了保证索并联机构的稳定性，需要索拉力满足一定的条件，一般要求索拉力 $\sigma_{max} \geqslant \sigma_i \geqslant \sigma_{min}$，其中 σ_{min} 为索许可最小拉力值，σ_{max} 为索许可最大拉力值。为了描述大跨度索并联机构某一姿态的许可误差空间内的力特性，定义可控空间 $\forall_{control}$ 为机构在某一姿态的许可误差空间内满足拉力条件的姿态的集合，即

$$\forall_{control} = \{x_c, y_c, z_c, \alpha_c, \beta_c, \gamma_c \mid \sigma_{max} \geqslant \sigma_i \geqslant \sigma_{min}, \quad i = 1, 2, \cdots, m\} \tag{3-18}$$

$$\forall_{control} \in \forall_{err}$$

因此，可以得到大跨度索并联机构某一特定姿态下误差空间内的可控空间广义体积 $V_{\forall_{control}}$ 为

$$V_{\forall_{control}} = \iiint\iiint_{\forall_{control}} dx\,dy\,dz\,d\alpha\,d\beta\,d\gamma \tag{3-19}$$

大跨度索并联机构某一姿态下的许可误差空间与可控空间的关系可用图 3-2 表示。

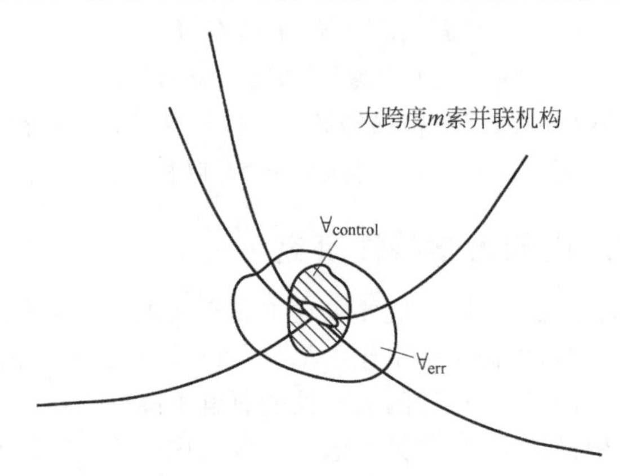

图 3-2 大跨度索并联机构某一姿态下的许可误差空间与可控空间

为了量化分析大跨度索并联机构在某一姿态误差空间内的力特性，采用一个索拉力可控广义体积 $\Theta_\forall$(tension controllability generalized volume index，TCGVI)来表示：

$$\Theta_\forall = \frac{V_{\forall_{control}}}{V_{\forall_{err}}} \quad (\Theta_\forall \in (0, 1]) \tag{3-20}$$

$\Theta_\forall$ 为误差空间内的可控空间 $\forall_{control}$ 的广义体积 $V_{\forall_{control}}$ 与许可误差空间 $\forall_{err}$ 的广义体积 $V_{\forall_{err}}$ 之比。

$\Theta_\forall$ 可以量化表示机构在该姿态下的可控性。当 $\Theta_\forall$ 趋近 1 时，表示机构在该姿态下力特性较好，出现虚牵现象的几率很小。同理，当 $\Theta_\forall$ 趋近 0 时，表示机构在该姿态下力特性较差，极可能出现虚牵现象。在对机构进行基于力特性的优化设计中应尽量使 $\Theta_\forall$ 为 1。

为了分析全工作空间内各个姿态的误差空间内的索拉力特性，同样提出采用均方根的形式表示全局力特性 GTCGVI，定义为

$$\text{GTCGVI} = \sqrt{\frac{\sum_{t=0}^{t_0} (\Theta_\forall(t))^2}{t_0}} \quad (t = 1, 2, \cdots, t_0) \tag{3-21}$$

其中，t 为大跨度索并联机构工作空间内的样本点；t_0 为样本点总和。

本节讨论了大跨度索并联机构特定姿态下误差空间内的力特性指标与全工作空间内的全局力特性指标，旨在分析机构各个姿态点许可误差空间在全工作空间内的力学性能，也可以认为是评价机构在全工作空间内避免虚牵的能力。

3.3　FAST 馈源一级支撑系统相似模型的力特性分析

第 2 章中已经对 FAST 中 6 索并联机构及其相似模型基本建模方法进行了研究，本节将采用第 2 章相似模型给定的两条运行轨迹进行力特性研究，包括力特性及姿态关系分析、误差分析及其在许可误差空间内的力特性分析。

3.3.1　两条特定轨迹下的力特性及姿态研究

图 3-3 为 40m 模型 6 索并联机构的工作空间示意图。其动平台的工作空间为一个半径为 9.6m 的球冠面，最大观测角度为±40°。

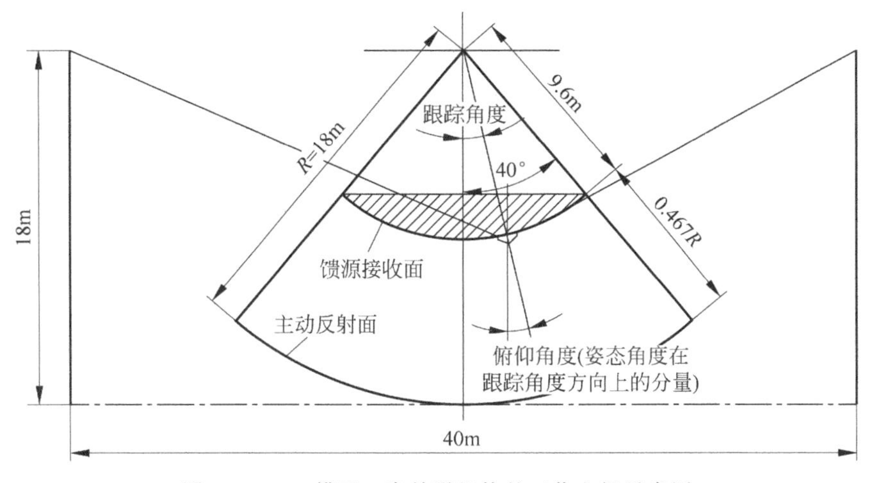

图 3-3　40m 模型 6 索并联机构的工作空间示意图

选取工作空间的两条边界轨迹作为研究对象，两条轨迹如图 3-4 所示。图 3-4(a)为轨迹 1，该轨迹为 6 索并联机构工作空间最高处形成的一个圆，其半径为 6.17m，离地面高度为 10.6m，要求索并联机构的姿态角度为 40°俯仰角；图 3-4(b)所示为轨迹 2，该轨迹为 6 索并联机构工作空间表面上的一条轮廓线。

为防止控制中出现绳索虚牵并导致机构不可控的现象，给定索并联机构的最小预紧力 $\sigma_{\min}$ 和最大拉力 $\sigma_{\max}$。设馈源在某位置下要求轨迹跟踪俯仰角度为 α，而绳索并联机构可达到轨迹俯仰角度为 β。基于拉力约束的索并联机构的轨迹姿态角度解算可以表达为

目标函数：

$$\text{尽量逼近跟踪角度}\ \min|\alpha-\beta|$$

约束函数：

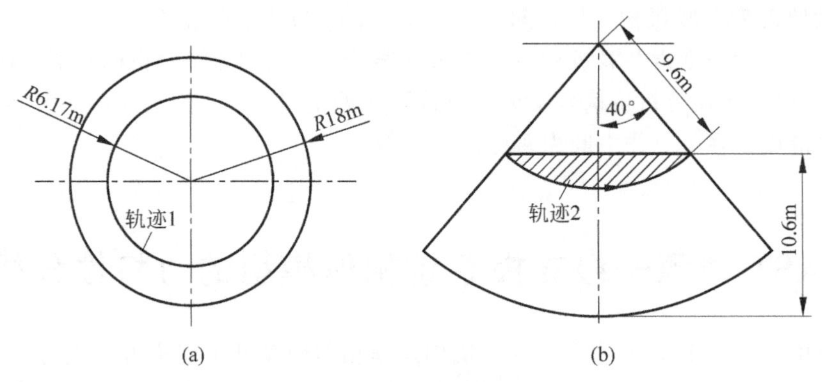

图 3-4 6索并联机构工作空间中两条运动轨迹

(a) 轨迹 1；(b) 轨迹 2

$$\begin{cases}\boldsymbol{\sigma} \geqslant [\sigma_{\min}, \cdots, \sigma_{\min}]^{\mathrm{T}} \\ \boldsymbol{\sigma} \leqslant [\sigma_{\max}, \cdots, \sigma_{\max}]^{\mathrm{T}}\end{cases}$$

$$\sigma_{\min} = 500\mathrm{N}, \quad \sigma_{\max} = 3000\mathrm{N}$$

在某一位置下最逼近跟踪角度的索并联机构的轨迹俯仰角度记为 $\beta_{\to\alpha}$，同时可以得到一组基于 $\beta_{\to\alpha}$ 的绳索并联机构索拉力变化曲线，用于研究该索并联机构的力特性。

下面对两条运动轨迹上的索拉力与姿态角度关系进行分析。

图 3-5(a)所示为轨迹 1 的轨迹俯仰角度 $\beta_{\to\alpha}$ 值。轨迹 1 的 $\beta_{\to\alpha}$ 值分布对称但有角度跳动，均无法满足最大观测角度要求。轨迹 1 的索拉力变化曲线如图 3-5(b)所示，通过拉力约束函数使其满足索拉力要求，但是由于姿态角度出现跳动，索拉力曲线变化也不平稳。

为了保证索拉力的连续性，需要取 β^{opt} 的变化曲线为一条连续曲线，轨迹 1 为工作空间边界处，要求姿态角度较大，因此取 β^{opt} 为 $\beta_{\to\alpha}$ 的内切线，如图 3-5(c)所示，得到 6 绳索并联机构在该处的最大俯仰角度为 16.9°，并得到优化索拉力优化曲线如图 3-5(d)所示。

同理，也可以得到轨迹 2 的 $\beta_{\to\alpha}$ 变化曲线与要求俯仰角度对比图。如图 3-6(a)所示，6 索并联机构的俯仰角度在 $x=[-6.17\mathrm{m}, -1.85\mathrm{m}] \cup [1.85\mathrm{m}, 6.17\mathrm{m}]$处，不能满足要求。

轨迹 2 的索拉力变化曲线如图 3-6(b)所示，通过拉力约束函数可以满足索拉力要求，但是索拉力曲线连续性并不理想，在一些运动时刻出现索拉力接近索拉力条件边界。为使索拉力变化均匀，变化率变小，对轨迹 2 的索拉力进行优化。

由于索拉力随时间的变化情况会直接影响控制系统的实时性能，为使机构在达到较大姿态角度的同时可以有较好的力学特性，采用全局最大与最小索拉力差值 $\mathrm{GTCI}_{\max}$ 作为姿态优化指标。

$$\mathrm{GTCI}_{\max} = \sqrt{\frac{\sum_{t=0}^{t_0} (\max(\sigma_i(t) - \sigma_j(t)))^2}{t_0}} \quad (i=1,2,\cdots,m;\ j=1,2,\cdots,m;\ i \neq j)$$

如图 3-7 所示，给出 7 条二次曲线逼近 $\beta_{\to\alpha}$，得到一组俯仰角度 β 优化曲线函数：

$$\beta_k^{\mathrm{opt}} = \begin{cases} a_k x + b_k & x = [-6.17, 0] \\ a_k x - b_k & x = [0, 6.17] \end{cases} \quad (k=1,2,\cdots,7)$$

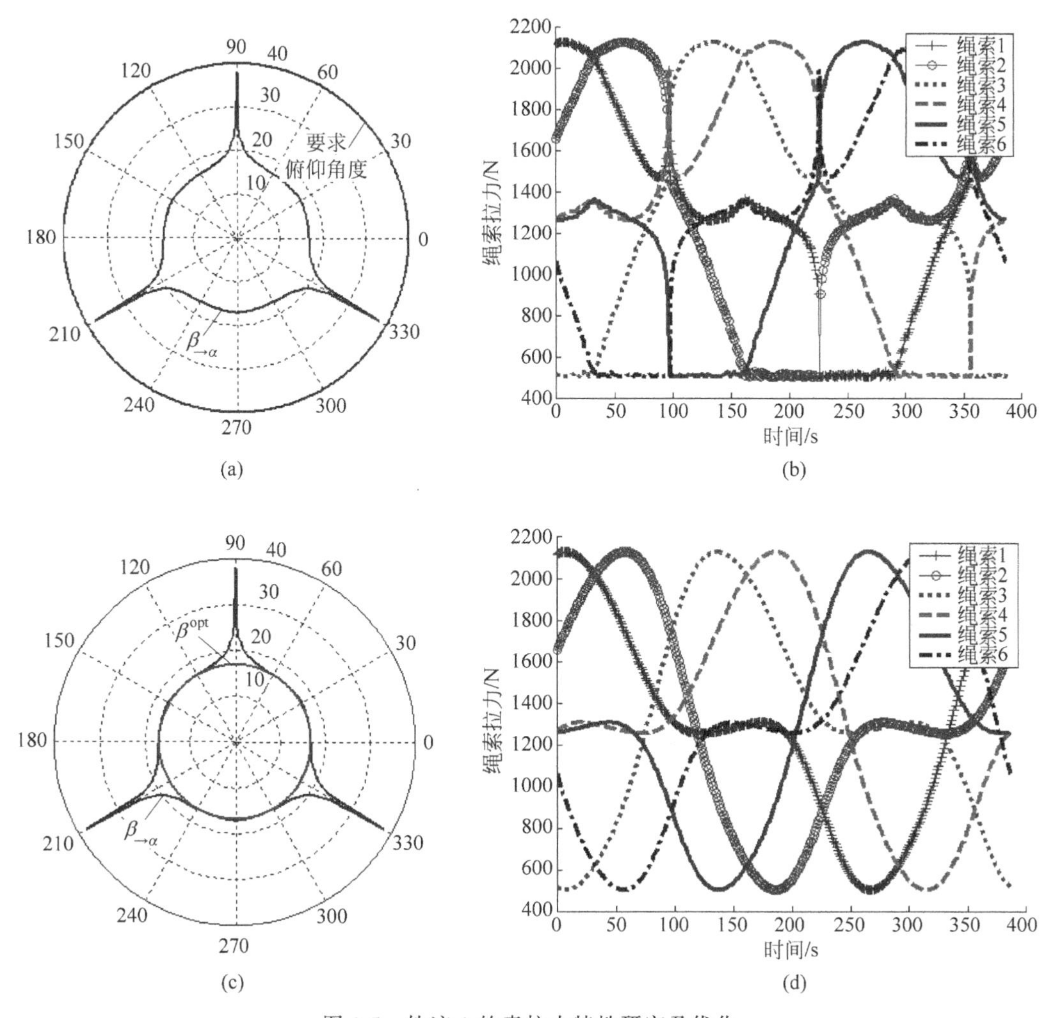

图 3-5　轨迹 1 的索拉力特性研究及优化

(a) 轨迹 1 的 $\beta_{\to\alpha}$ 值；(b) 轨迹 1 的索拉力变化曲线；(c) 轨迹 1 的 β^{opt} 值；(d) 轨迹 1 的索拉力优化曲线

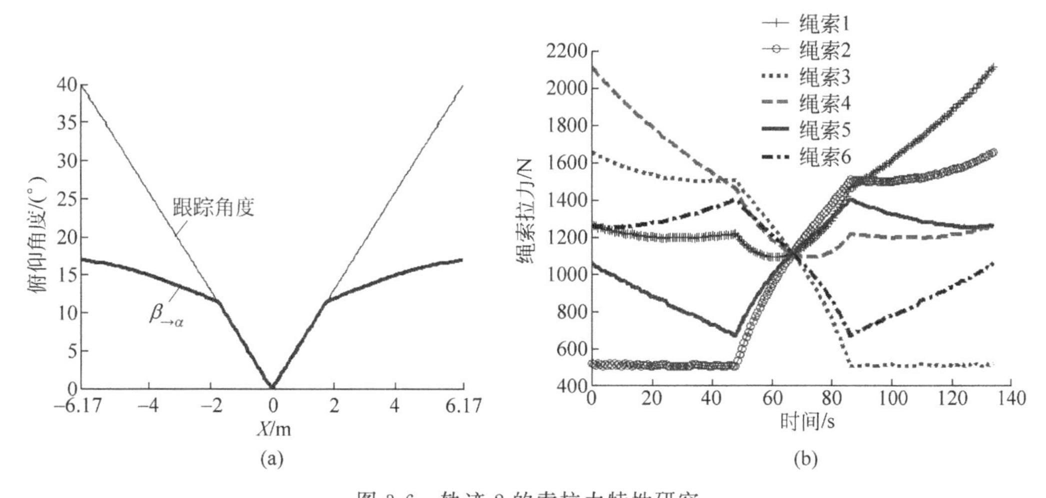

图 3-6　轨迹 2 的索拉力特性研究

(a) 6 绳索并联机构的需求跟踪角度和 $\beta_{\to\alpha}$ 角度；(b) 轨迹 2 的索拉力变化曲线

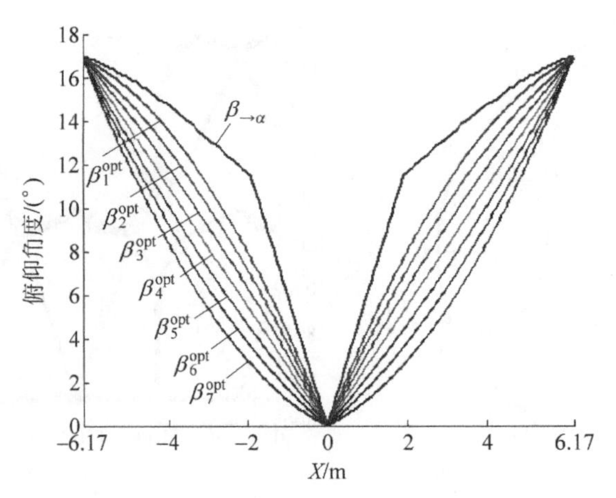

图 3-7　7 条 $\beta_{\to\alpha}$ 二次逼近曲线

俯仰角度 β 优化曲线函数系数如表 3-1 所示。

表 3-1　俯仰角度 β 优化曲线函数系数

系数	$k=1$	$k=2$	$k=3$	$k=4$	$k=5$	$k=6$	$k=7$
a_k	−0.3	−0.2	−0.1	−2.74	0.1	0.2	0.3
b_k	−4.59	−3.97	−3.36	0	−2.12	−1.51	−0.89

通过对上述 7 条俯仰角度优化曲线的全局最大与最小索拉力差值进行分析，得到 $GTCI_{max}$ 随俯仰角度曲线变化时的变化值，如图 3-8 所示。

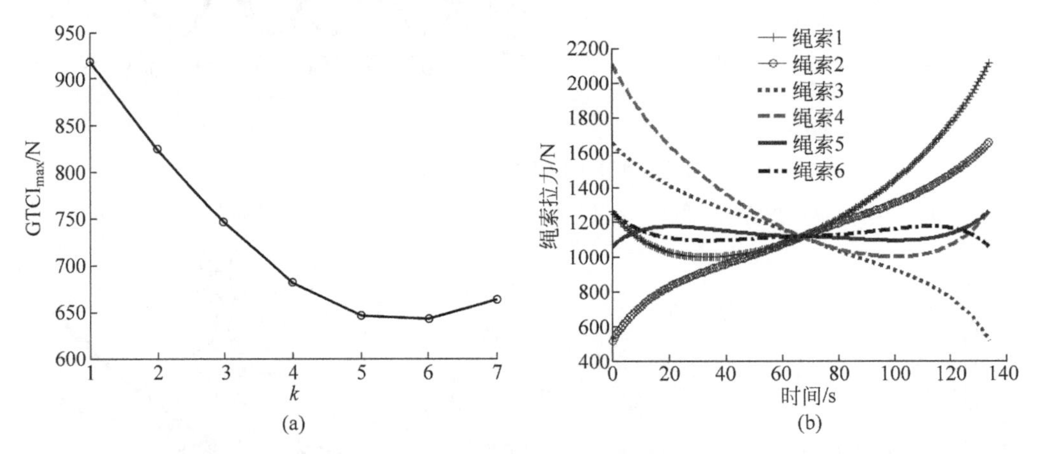

图 3-8　轨迹 2 的优化曲线

(a) $GTCI_{max}$ 曲线；(b) 轨迹 2 的索拉力优化变化曲线

通过上述分析可以知道，随着姿态角度优化曲线与 $\beta_{\to\alpha}$ 越来越远，$GTCI_{max}$ 曲线呈现先降后增的趋势。可以看出，$\beta_k^{opt}(k=4,5,6)$俯仰角度优化曲线可以具有较好的力学特性，保证索并联机构拉力均匀变化。为了得到较大的轨迹姿态角度，这里选择 β_5^{opt} 作为该轨迹上的俯仰角度变化曲线，用于进一步研究。图 3-8(b)给出了在该轨迹上基于 β_5^{opt} 的俯仰角度曲线上的索拉力变化图，与图 3-6(b)相比，机构的索拉力分布明显更均匀，索拉力特性更好。

3.3.2 两条特定轨迹下的误差研究

根据3.2节中关于大跨度索并联机构的误差建模，引入3个误差源：索长误差、动平台铰链点误差、静平台铰链点误差。其中，索长误差为根据第2章中基于直线建模误差补偿后的索长误差 $\varepsilon_{l_{\text{ine}}}$，动平台铰链点误差 $\boldsymbol{\varepsilon}_{OB}$ 与静平台铰链点误差 $\boldsymbol{\varepsilon}_{O'A}$ 定义为

$$|\varepsilon_{l_{\text{ine}}}|_{\max}=2\text{mm}$$

$$\|\boldsymbol{\varepsilon}_{OB}\|_{\max}=0.8\text{mm}$$

$$\|\boldsymbol{\varepsilon}_{O'A}\|_{\max}=0.8\text{mm}$$

以图3-4中的两条运动轨迹为研究对象，研究6索并联机构在这两条轨迹下的最大位置误差与姿态误差。

图3-9为基于上述误差源得到的轨迹1和轨迹2的末端最大位置误差量，由图可以发现大跨度索并联机构的终端误差对称分布，最大位置误差不超过7mm。

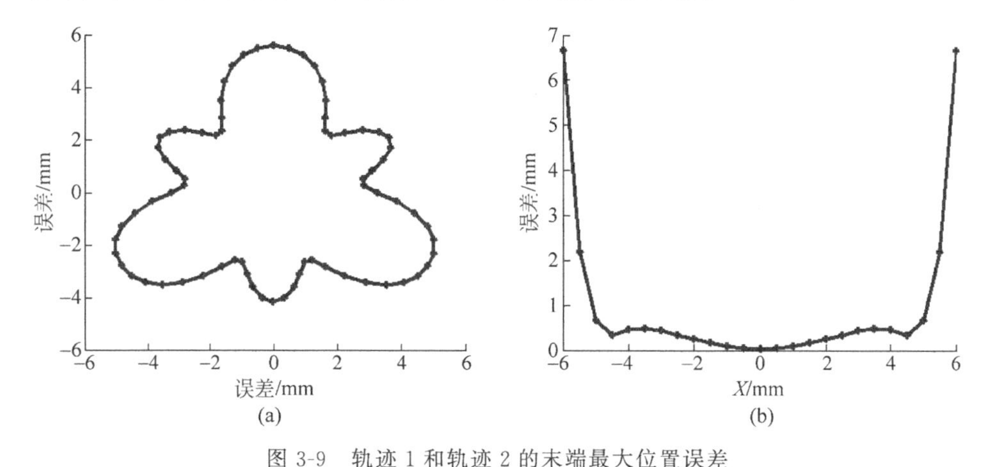

图3-9　轨迹1和轨迹2的末端最大位置误差

(a) 轨迹1的末端最大位置误差；(b) 轨迹2的末端最大位置误差

同理，可以得到基于上述误差源得到的轨迹1和轨迹2的末端最大姿态误差量，如图3-10所示。可以发现6索并联机构的姿态误差也是成对称分布的，最大姿态误差不超过0.5°。

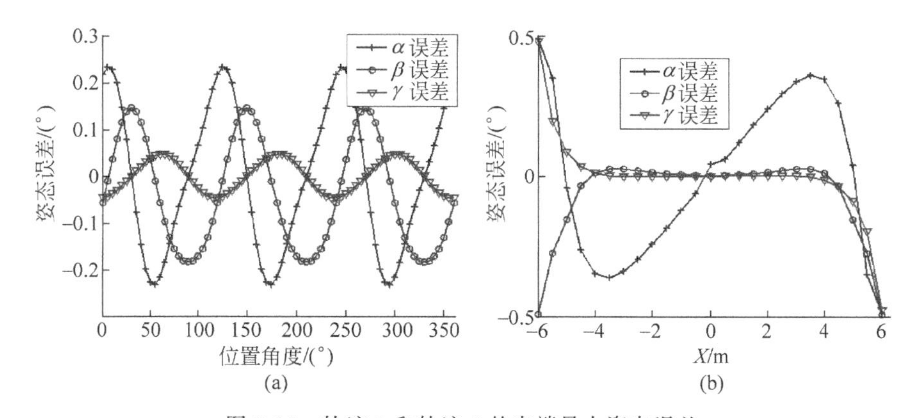

图3-10　轨迹1和轨迹2的末端最大姿态误差

(a) 轨迹1的末端最大姿态误差；(b) 轨迹2的末端最大姿态误差

3.3.3 两条特定轨迹下的误差空间内力特性研究

为了验证本章提出的用索拉力可控广义体积指标 Θ_V，即 TCGVI 来量化表示大跨度索并联机构在某一姿态误差空间内的索拉力特性的有效性，对 FAST 中的 6 索并联机构的相似模型的两条运动轨迹进行仿真分析。

3.3.1 节中给出了该 6 索并联机构中两条运动轨迹的姿态角度与力特性关系，也得到了两条轨迹上 6 索拉力的变化曲线。为了研究这两条运动轨迹在其误差空间内的力特性，首先给定最大误差：

$$\sqrt{x_r^2+y_r^2+z_r^2}=6\text{mm}$$

$$\alpha_r=\pm 0.5°,\quad \beta_r=\pm 0.5°,\quad \gamma_r=\pm 0.5°$$

同样，其索拉力条件需要满足：

$$\begin{cases}\boldsymbol{\sigma}\geqslant[\sigma_{\min},\cdots,\sigma_{\min}]^{\mathrm{T}}\\ \boldsymbol{\sigma}\leqslant[\sigma_{\max},\cdots,\sigma_{\max}]^{\mathrm{T}}\end{cases}$$

$$\sigma_{\min}=500\text{N},\quad \sigma_{\max}=3000\text{N}$$

首先对轨迹 1 的误差空间内的力特性进行分析。

图 3-11(a)中给出了轨迹 1 的索拉力变化曲线。可以看出，虽然 6 根索的索拉力均满足索拉力条件，但是在某些时刻索拉力值接近边界。

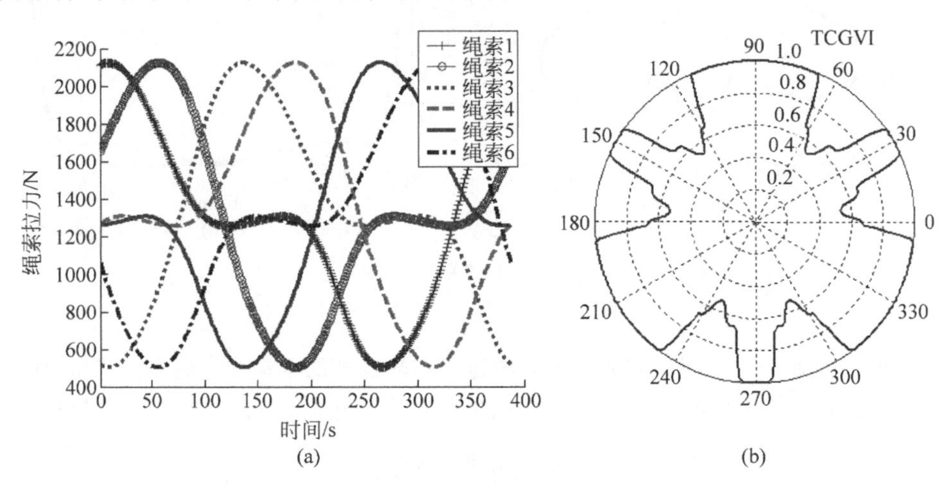

图 3-11 轨迹 1 在其误差空间内的力特性

(a) 轨迹 1 的索拉力优化变化曲线；(b) TCGVI 曲线

通过对图 3-11(b)中轨迹 1 的误差空间内的力特性 TCGVI 进行分析可以看出，在某些姿态下，机构在其许可误差内将出现索拉力超限情况(TCGVI<1 时)，从而容易造成虚牵。根据 TCGVI 的数值判断，在索拉力接近索拉力条件边界处的位置上，机构在许可误差空间内出现虚牵的几率是索拉力均匀处的 2 倍以上，这些位置下机构的末端误差会严重影响机构的运动稳定性。与图 3-11(a)进行对比发现，力特性指标曲线的变化与索拉力的均匀程度变化一致，说明力特性指标 TCGVI 可以量化表示机构索拉力特性的好坏程度。

同理，可以对轨迹 2 的误差空间内的力学特性进行研究。

图 3-12(a)中给出了轨迹 2 的索拉力变化曲线。可以看出，除了运动轨迹两端上索拉力

接近索拉力条件边界外，其他时刻索拉力分布较为均匀。

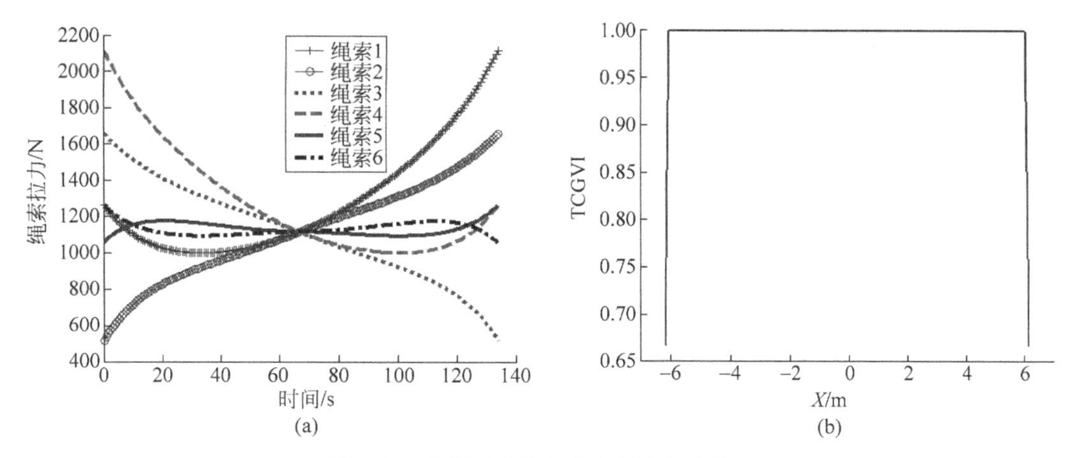

图 3-12 轨迹 2 在其误差空间内的力特性

(a) 轨迹 2 的索拉力优化变化曲线；(b) TCGVI 曲线

因此，由图 3-12(b)可以看出，除了运动轨迹两端容易受到末端位置误差影响外，其他姿态下该 6 索并联机构的误差空间内力特性 TCGVI 值均为 1。与图 3-12(a)进行对比发现，力特性指标曲线的变化与索拉力的均匀程度变化一致，说明力特性指标 TCGVI 可以量化表示机构索拉力特性的好坏程度。

基于本节的仿真研究可以看出，大跨度索并联机构误差空间内力特性指标 TCGVI 值可以有效地量化表示出机构在其工作空间内的力学特性好坏程度，可以用于大跨度索并联机构的优化设计及控制策略研究。

3.4 小结

(1) 在索并联机构力学特性分析时，常采用两种索拉力指标：最大与最小索拉力差值、最大与最小索拉力比值。在局部指标的基础上可以采用均方根的形式建立全局力学特性指标。

(2) 基于大跨度索并联机器人工作空间内的误差传递关系和误差空间内的力学特性，提出了索拉力可控广义体积指标，同样采用均方根的形式建立全局索拉力可控广义体积指标。

(3) 对 FAST 40m 相似模型的馈源一级支撑系统在工作空间内的力特性和误差特性进行了仿真。结果表明，馈源一级支撑系统的工作空间需要考虑索拉力特性以及许可误差空间内的索拉力特性。同时，馈源一级支撑系统难以直接实现 FAST 要求的俯仰角，需要增加转角机构，降低索并联机构的转角要求，提高索机构的精度和可靠性。

参考文献

[1] LANDSBERGER S E, SHERIDAN T B. A Minimal, Minimal Linkage: the tension-compression parallel link manipulator[J]. Robotics Mechatronics and Manufacturing System, 1993: 81-88.

[2] 孙欣. 大射电望远镜悬索式馈源支撑系统的非线性静力学、运动学和动力学理论及方法的研究[D]. 西安：西安科技大学，2001.

[3] SU Y X, DUAN B Y. The mechanical design and kinematics accuracy analysis of a fine tuning stable platform for the large spherical radio telescope[J]. Mechatronics, 2000,10(7): 819-834.

[4] TAKEDA Y, FUNABASHI H. A transmission index for in-parallel wire-driven mechanism[J]. Jsme International Journal,2001,44(1): 180-187.

[5] TAKEDA Y, FUNABASHI H. Kinematic synthesis of spatial in-parallel wire-driven mechanism with six-degrees of freedom with high force transmissibility [C]//Proceedings of the ASME International Design Engineering Technical Conference. 2000: 1-9.

[6] 郑亚青. 绳牵引并联机构若干关键理论问题及其在风洞支撑系统中的应用研究[D]. 泉州：华侨大学，2004.

第4章

大跨度索并联机构的静刚度分析

由于大跨度索并联机构大多安装于室外露天环境，会受到风力的扰动，因此需要具备足够的刚度，以保证外力作用下的精度及稳定性。其中，静刚度特性是评价大跨度索并联机构性能的重要指标之一。

大跨度索并联机构的静刚度与索拉力、索长等因素有关。目前大跨度索并联机构的静刚度研究主要采用两种方法：第一种方法是理论研究，主要是建立静刚度矩阵，因为机构驱动器的屈服性、索与索轮的摩擦、索与动平台的摩擦等因素难以确定，一般忽略以上因素，只对机构的总体静刚度性能进行近似估算；第二种方法是样机实验，通过实验研究得到机构准确的静刚度数值，但是大跨度索并联机构的原型样机建造费用昂贵，不易实现。

针对该问题，本章将理论分析和实验研究有机结合。首先，基于第2章大跨度索并联机构的运动学与静力学建模求得的索拉力、索长，建立静刚度矩阵，并采用建模误差补偿方法简化静刚度矩阵，得到机构的理论静刚度值；然后，采用相似理论建立大跨度索并联机构的静刚度相似物理模型；最后，通过相似模型上的刚度实验结果验证理论结果，并分析计算原型的静刚度。

本章中，4.1节探讨大跨度索并联机构的静刚度理论分析方法，建立静刚度矩阵并给出全工作空间内的静刚度特性指标，为大跨度索并联机构的尺度综合设计提出理论依据；4.2节研究基于相似理论的大跨度索并联机构的静刚度相似方法；4.3节针对FAST馈源一级支撑系统参选方案(4索大跨度索并联机构)，完成刚度相似模型的建模和实验，计算机构原型的静刚度，验证理论分析和相似模型相结合的方法在大跨度索并联机构优化设计中的可行性。

本章主要内容：

(1) 大跨度索并联机构的简化静刚度分析；

(2) 大跨度索并联机构的静刚度相似方法；

(3) FAST馈源参选4索方案刚度相似模型的建模和实验。

4.1 大跨度索并联机构的简化静刚度分析

索并联机构由机架(静平台)、索及动平台组成，由于机架的刚度一般比索的刚度高两个数量级，而索与索轮摩擦等因素难以确定，因此对大跨度索并联机构静刚度的理论研究中，只能近似求解索并联机构的刚度,若要得到较为准确的刚度值,需要结合物理实验。

在理论研究过程中,H. Kino 等[1]将索并联机构的刚度分为沿索拉力方向的内力引起的刚度和沿垂直索拉力方向的内力引起的刚度,并证实了冗余机构中冗余索可以增加机构的刚度。Verhoeven[2]研究了索的预紧力引起的机构动平台刚度变化情况,并推导出具有刚度条件的工作空间的条件。郑亚青等[3]在 Verhoeven 的基础上,与 Lafourcade 一起提出了研究动平台静刚度的方法,包括齐次刚度矩阵、齐次刚度矩阵条件数和齐次刚度矩阵的几何平均刚度等。Saeed 等[4]忽略了索与滑轮等连接处的摩擦影响,以平面索并联机构为例,简化求解得到索并联机构的静刚度值。

本章旨在将静刚度的理论分析作为建立相似模型刚度分析的理论基础,因此采用简化静刚度的方法进行理论研究。在对大跨度索并联机构简化静刚度的理论研究中,首先假设索并联机构满足以下条件:

(1) 索自重及弹性变形不能忽略,索在其弹性变形区内;

(2) 索只能承受拉力,不能承受压力;

(3) 索与索轮的摩擦,索与机架、动平台连接处的摩擦等因素忽略不计。

其次,定义绳索刚度如下:

k_0 为大跨度索并联机构中索的单位刚度:

$$k_0 = EA \tag{4-1}$$

其中,E 为索的弹性模量;A 为索的公称横截面积。进而可以得到索并联机构中单根索的刚度:

$$k_i = \frac{k_0}{l_{ci}} \quad (i = 1, 2, \cdots, m) \tag{4-2}$$

其中,l_{ci} 为基于索自重及弹性变形的精确索并联机构模型所求得的第 i 根索的长度。

在一个索并联机构中一般采用同一种索,因此可以得到大跨度索并联机构的刚度矩阵 $\boldsymbol{K}$:

$$\boldsymbol{K} = k_0 \boldsymbol{J}_{c}^{T} \mathrm{diag}\left(\frac{1}{l_1}, \frac{1}{l_2}, \cdots, \frac{1}{l_m}\right) \boldsymbol{J}_{c} \tag{4-3}$$

其中,$\boldsymbol{J}_{c}^{T}$ 为大跨度索并联机构基于精确悬链线建模时机构末端的力传递矩阵,l_i 为拉力下的索的实际长度,

$$l_i = l_{ci} - \Delta l_{ci} \tag{4-4}$$

其中,Δl_{ci} 为索的弹性变形量。

之前的刚度建模研究中一般针对小跨度的索并联机构,常常忽略索弹性变形的影响,在本节的刚度矩阵建立中将根据 2.2 节中关于索的弹性变形的建模,将索的实际长度表示为

$$l_i = \int_{l} \frac{1}{\frac{\sigma_i}{EA} + 1} \mathrm{d}l \tag{4-5}$$

其中,σ_i 为第 i 根索拉力。

基于精确悬链线模型的刚度矩阵建立方法求解机构刚度值较为复杂,可采用第 2 章建模误差补偿方法建立简化刚度矩阵 $\widetilde{\boldsymbol{K}}$。

首先将索实际长度写成

$$\tilde{l}_i = l_{1i} + \varepsilon_{l_{1i}} - \Delta l_{1i} \tag{4-6}$$

其中，l_{1i} 为基于直线模型求解出的索长；$\varepsilon_{l_{1i}}$ 为直线建模的建模误差补偿值；Δl_{1i} 为索的弹性变形量，可以表示成

$$\Delta l_{1i} = \frac{\sigma_i (l_{1i} + \varepsilon_{l_{1i}})}{EA} \tag{4-7}$$

可以得到简化刚度矩阵 $\tilde{\boldsymbol{K}}$：

$$\tilde{\boldsymbol{K}} = k_0 \boldsymbol{J}^{\mathrm{T}} \mathrm{diag}\left(\frac{1}{\tilde{l}_1}, \frac{1}{\tilde{l}_2}, \cdots, \frac{1}{\tilde{l}_m}\right) \boldsymbol{J} = \boldsymbol{J}^{\mathrm{T}} \begin{bmatrix} \frac{k_0}{\tilde{l}_1} & 0 & 0 \\ 0 & \ddots & 0 \\ 0 & 0 & \frac{k_0}{\tilde{l}_m} \end{bmatrix} \boldsymbol{J} \tag{4-8}$$

式中，$\boldsymbol{J}^{\mathrm{T}}$ 为直线建模时的索并联机构力传递矩阵，可参照式(2-32)。

建立好大跨度索并联机构的刚度矩阵 $\tilde{\boldsymbol{K}}$ 之后，可得到机构的刚度方程：

$$\boldsymbol{F} = \tilde{\boldsymbol{K}} \Delta \tag{4-9}$$

其中，Δ 为机构的刚度测试点的弹性位移；$\boldsymbol{F}$ 为刚度测试点的力激励。

根据求得的简化刚度矩阵 $\tilde{\boldsymbol{K}}$，通过在机构的动平台上的刚度测试点上做实验，可得到机构任意姿态下的 3 个平动方向上的刚度及 3 个转动方向上的刚度，表达为

平动刚度：　　k_x, k_y, k_z

转动刚度：　　$k_\alpha, k_\beta, k_\gamma$

与刚性机构相比，索并联机构的刚度较小，这将影响机构的稳定性与控制精度。为了得到较高的控制精度及稳定性，尺度综合设计中需要考虑机构的刚度特性。

为了有效评价机构刚度特性，给出如下两个刚度指标。

1. 全工作空间内单方向上刚度指标 $\boldsymbol{S}_{\mathrm{G}}$

对于单一姿态下，

$$\boldsymbol{S} = [S_x, S_y, S_z, S_\alpha, S_\beta, S_\gamma] \tag{4-10}$$

$$S_x = k_x \tag{4-11}$$

同理可以表示出 S_y、S_z、S_α、S_β、S_γ。

对于全工作空间内的单方向刚度指标，采用刚度均方根表示：

$$\boldsymbol{S}_{\mathrm{G}} = [S_{\mathrm{G}x}, S_{\mathrm{G}y}, S_{\mathrm{G}z}, S_{\mathrm{G}\alpha}, S_{\mathrm{G}\beta}, S_{\mathrm{G}\gamma}] \tag{4-12}$$

$$S_{\mathrm{G}x} = \sqrt{\frac{\sum_{t=0}^{t_0} (k_x(t))^2}{t_0}} \quad (t = 1, 2, \cdots, t_0) \tag{4-13}$$

同理可以表示出 $S_{\mathrm{G}y}$、$S_{\mathrm{G}z}$、$S_{\mathrm{G}\alpha}$、$S_{\mathrm{G}\beta}$、$S_{\mathrm{G}\gamma}$，t 为大跨度索并联机构工作空间内的样本点，t_0 为样本点总和。

全局静刚度指标 $\boldsymbol{S}_{\mathrm{G}}$ 不能表示出机构工作空间内可能出现的刚度极小值，因此需要给出静刚度最小条件：

$$\begin{cases} k_x \geqslant k_{x\min} & k_y \geqslant k_{y\min} & k_z \geqslant k_{z\min} \\ k_\alpha \geqslant k_{\alpha\min} & k_\beta \geqslant k_{\beta\min} & k_\gamma \geqslant k_{\gamma\min} \end{cases} \tag{4-14}$$

全工作空间内单方向上刚度指标旨在对同一类大跨度索并联机构的刚度特性进行分析，得到全工作空间的全局刚度性能。

2. 全工作空间内单方向上刚度变化率指标 $\boldsymbol{S}_\delta$

对于单一姿态下，

$$\boldsymbol{S}_\delta=[S_{\delta x},S_{\delta y},S_{\delta z},S_{\delta\alpha},S_{\delta\beta},S_{\delta\gamma}] \tag{4-15}$$

$$S_{\delta x}(t-1)=\left|\frac{k_x(t)-k_x(t-1)}{k_x(t)}\right|\times 100\% \quad (t=2,\cdots,t_0) \tag{4-16}$$

同理可以表示出 $S_{\delta y}$、$S_{\delta z}$、$S_{\delta\alpha}$、$S_{\delta\beta}$、$S_{\delta\gamma}$。

对于全工作空间内的刚度变化率指标，可以采用均方根表示：

$$\boldsymbol{S}_{G\delta}=[S_{G\delta x},S_{G\delta y},S_{G\delta z},S_{G\delta\alpha},S_{G\delta\beta},S_{G\delta\gamma}] \tag{4-17}$$

$$S_{G\delta x}=\sqrt{\frac{\sum_{t=0}^{t_0}(S_{\delta x}(t))^2}{t_0}} \quad (t=1,2,\cdots,t_0) \tag{4-18}$$

同理可以表示出 $S_{G\delta y}$、$S_{G\delta z}$、$S_{G\delta\alpha}$、$S_{G\delta\beta}$、$S_{G\delta\gamma}$，t 为大跨度索并联机构需求工作空间内的样本点，t_0 为样本点总和。

给出静刚度条件：

$$\begin{cases} k_x \geqslant k_{x\min} & k_y \geqslant k_{y\min} & k_z \geqslant k_{z\min} \\ k_\alpha \geqslant k_{\alpha\min} & k_\beta \geqslant k_{\beta\min} & k_\gamma \geqslant k_{\gamma\min} \end{cases} \tag{4-19}$$

全工作空间内单方向上刚度变化率指标旨在对同一类大跨度索并联机构的刚度特性进行分析，得到全工作空间的刚度的全局变化情况。

4.2 基于相似理论的静刚度相似方法

大跨度索并联机构的静刚度理论研究只能得到机构的近似静刚度数值结果。虽然通过实验可以得到机构的精确静刚度值，但是建立大跨度索并联机构实验样机的费用十分昂贵。因此本章提出通过建立刚度相似物理模型的方法，研究机构的刚度特性。具体研究目的有两个：

第一，验证静刚度相似模型的可行性，通过实验可以反映实际静刚度的量级及变化规律。基于这一结果，才可以采用静刚度理论建模方法研究设计参数与刚度性能之间的关系，为机构的尺寸设计提供理论基础。

第二，提出适用于大跨度索并联机构的精确静刚度实验方法，研究相似理论在索并联机构中的应用，建立低成本的大跨度索并联机构静刚度实验方法。

相似理论虽然已经在地质和建筑等领域得到广泛应用，但是在复杂机构中运用相似理论仍然充满挑战。[5]索并联机构相对刚性并联机构来说，结构简单，尺寸参数少，具备采用相似理论进行静刚度特性研究的可能。

4.2.1 相似基本方法描述

目前常用的相似理论一般基于两种：Buckingham Π 定理[6-7]和微分方程法[8-10]。

Buckingham Π(因次分析法)定理采用的是无量纲法。这个方法将机构的所有物理量采用无量纲关联,形成一组无量纲相似准则,得到相似模型的所有参数值,可以对任何系统进行描述,但是需要对系统所有特征量进行考察分析,否则会直接影响结果的准确性,导致建立的相似模型可能没有物理意义。

微分方程法是运用已知的支配系统特性规律和描述特征的物理方程,求解相似指标和相似准则的方法。这个方法需要明确机构中所有物理量之间的关系,然后对各物理表达式进行相似分析,得到相似模型的尺寸,这种方法可以得到更真实的对应关系,但是对于复杂系统,建立完整的方程式不是一个容易的事。

本章将结合这两种方法建立大跨度索并联机构的刚度相似模型。通过量纲分析,结合物理量之间的关系,得到机构的相似比。具体过程为:

(1) 决定影响系统模型的物理参数;

(2) 确定模型的基本量纲并选取相同数量的基本物理量;

(3) 用基本物理量将其他物理量无量纲化,得到相应的无量纲表达式;

(4) 根据无量纲物理量的相似准则必须为 1 及其他机构限定条件,得到物理量之间的相似关系,得到相似模型与原型中相关物理量的相似比。

一般来说,如果系统的物理量为 m 个,基本物理量为 n 个,则能建立的相似准则为 $m-n$ 个[11-12]。

4.2.2 大跨度索并联机构的静刚度相似模型建立方法

对于一个大跨度索并联机构,基于 4.1 节中对于其静刚度的理论研究,可以知道其基本尺寸参数。选定 3 个基础量纲为:长度量纲 L、质量量纲 M 和时间量纲 T,其他参数的量纲可以根据基本量纲进行表示。

表 4-1 中给出了相关参数及其量纲表示。[13]

表 4-1　索并联机构尺寸参数及其量纲

符　　号	参　　数	量　　纲
l	长度	L
m	质量	M
ρ	线密度	ML^{-1}
ρ_v	体密度	ML^{-3}
σ	力	MLT^{-2}
E	弹性模量	$ML^{-1}T^{-2}$
g	重力加速度	LT^{-2}

根据表中的参数的量纲,可以将其关系写成量纲矩阵形式:

	m	l	ρ	ρ_v	σ	g	E
M	1	0	1	1	1	0	1
L	0	1	−1	−3	1	1	−1
T	0	0	0	0	−2	−2	−2

在对量纲矩阵进行变换的时候，我们希望能够存在一个或几个参数是可以作为基础参数将其他参数无量纲化的。通过对上面的量纲矩阵进行分析发现，只通过 m 和 l 不能将其他参数无量纲化，因此给出一个新的基础参数 $\sqrt{ml/\sigma}$，得到其他参数的无量纲表示为

	m	l	$\sqrt{ml/\sigma}$	$\rho l/m$	$\rho_v l^3/m$	mg/σ	El^2/σ
M	1	0	0	0	0	0	0
L	0	1	0	0	0	0	0
T	0	0	1	0	0	0	0

根据上述的量纲矩阵，得到大跨度索并联机构的相似准则：

$$\dim \pi_1 = \dim \frac{\rho l}{m} = \frac{\mathrm{ML^{-1}L}}{\mathrm{M}} = 1 \tag{4-20}$$

$$\dim \pi_2 = \dim \frac{\rho_v l^3}{m} = \frac{\mathrm{ML^{-3}L^3}}{\mathrm{M}} = 1 \tag{4-21}$$

$$\dim \pi_3 = \dim \frac{mg}{\sigma} = \frac{\mathrm{MLT^{-2}}}{\mathrm{MLT^{-2}}} = 1 \tag{4-22}$$

$$\dim \pi_4 = \dim \frac{EA}{\sigma} = \dim \frac{El^2}{\sigma} = \frac{\mathrm{ML^{-1}T^{-2}L^2}}{\mathrm{MLT^{-2}}} = 1 \tag{4-23}$$

其中，π_4 中的 A 为索的横截面积。

根据上述的大跨度索并联机构的相似准则，可以得到机构相似模型与原型之间的相似比 λ（下标表示相似比的物理量）。

设 λ_g 为重力加速度相似比；λ_l 为长度相似比；λ_d 为直径相似比；λ_A 为面积相似比；λ_m 为质量相似比；λ_ρ 为线密度相似比；λ_{ρ_v} 为体密度相似比；λ_σ 为力相似比；λ_E 为弹性模量相似比；λ_K 为索并联机构的刚度相似比。参数含有下标 μ 的为机构相似模型参数，下标含有 p 的为机构原型参数。因此可以得到机构相似比为

$$\lambda_g = \frac{g_\mu}{g_\mathrm{p}} = 1 \tag{4-24}$$

$$\lambda_l = \frac{l_\mu}{l_\mathrm{p}}, \quad \lambda_\mathrm{d} = \frac{d_\mu}{d_\mathrm{p}} \tag{4-25}$$

$$\lambda_A = \frac{A_\mu}{A_\mathrm{p}} = \lambda_d^2 \tag{4-26}$$

$$\lambda_m = \frac{m_\mu}{m_\mathrm{p}} = \lambda_\rho \lambda_l \tag{4-27}$$

$$\lambda_\rho = \frac{\rho_\mu}{\rho_\mathrm{p}} = \lambda_{\rho_v} \lambda_A \tag{4-28}$$

$$\lambda_{\rho_v} = \frac{\rho_{v\mu}}{\rho_{v\mathrm{p}}} \tag{4-29}$$

$$\lambda_\sigma = \frac{\sigma_\mu}{\sigma_\mathrm{p}} = \lambda_E \lambda_A = \lambda_\rho \lambda_l \tag{4-30}$$

$$\lambda_E=\frac{E_\mu}{E_\mathrm{p}} \tag{4-31}$$

$$\lambda_K=\frac{K_\mu}{K_\mathrm{p}}=\frac{\lambda_E\lambda_A}{\lambda_l}=\frac{\lambda_E\lambda_d^2}{\lambda_l} \tag{4-32}$$

在对上述相似比进行分析时发现一个问题：索的弹性模量与密度是相关量，因此在建立相似模型时难以找到同时满足弹性模量相似比与密度相似比的相似索。[14-15] 为了解决这一问题，可采用配重索方案进行相似模型的建立：

首先，采用与原型相同的索以保证索弹性模量相似比 $\lambda_E=1$，这样就可以得到索线密度的相似比；

其次，选择一个合适的配重索，与相似索共同满足索线密度的相似比。

在这种配重索方案中出现了两种索：相似索与配重索。相似索是根据直径相似比得到的相似模型的索；配重索则仅仅是为了满足线密度相似比而采用的，不承受拉力。

定义配重索的直径为 d_c，相似模型采用与原型同样的索，这样就可以得到索弹性模量与索体密度的相似比：

$$\lambda_E=1,\quad \lambda_{\rho_\mathrm{v}}=1 \tag{4-33}$$

相似索的相似比为

$$\lambda_d=\sqrt{\lambda_\rho\lambda_l} \tag{4-34}$$

配重索的相似比为

$$\lambda_{d_\mathrm{c}}=\sqrt{\lambda_\rho(1-\lambda_l)} \tag{4-35}$$

索线密度相似比为

$$\lambda_\rho=\lambda_{\rho_\mathrm{v}}(\lambda_d^2+\lambda_{d_\mathrm{c}}^2)=\lambda_d^2+\lambda_{d_\mathrm{c}}^2 \tag{4-36}$$

因此，大跨度索并联机构的刚度相似比就可以表示为

$$\lambda_K=\frac{\lambda_E\lambda_d^2}{\lambda_l}=\frac{\lambda_d^2}{\lambda_l} \tag{4-37}$$

这里表示的刚度相似比是根据式(4-8)得到的机构动平台测试点的静刚度相似比。

4.3 FAST 馈源参选 4 索方案刚度相似模型实验

为了验证大跨度索并联机构的静刚度建模及其相似实验方法，本节利用一个 3 平动自由度索并联机构进行算例验证和实验研究。

图 4-1 中的 4 索并联机构，为 FAST 馈源支撑机构一级支撑系统的早期参选方案，具有 3 个平动自由度。该 4 索并联机构的建模如下：

首先建立坐标系。惯性坐标系$\mathcal{R}$：O-XYZ，原点位于索并联机构静平台中心位置，Z 轴竖直向上；动坐标系$\mathcal{R}'$：$O'-X'Y'Z'$，原点位于索并联机构动平台中心位置，Z'轴沿动平台法线向上。机构中 $B_i(i=1,2,\cdots,4)$为静平台的索连接点，A 为动平台的索连接点。

然后对该 4 索并联机构进行建模。定义符号如下：$\boldsymbol{O}'^{\mathcal{R}}$为动坐标系原点 O' 在惯性坐标系下的向量表示；$\boldsymbol{B}_i^{\mathcal{R}}$ 为 B_i 在惯性坐标系下的向量表示；$\boldsymbol{A}^{\mathcal{R}}$ 为 A 在惯性坐标系下的向量表示；$\boldsymbol{A}^{\mathcal{R}'}$为 A 在动坐标系下的向量表示；r_b 是机构静平台半径，即索塔分布圆半径；h 为

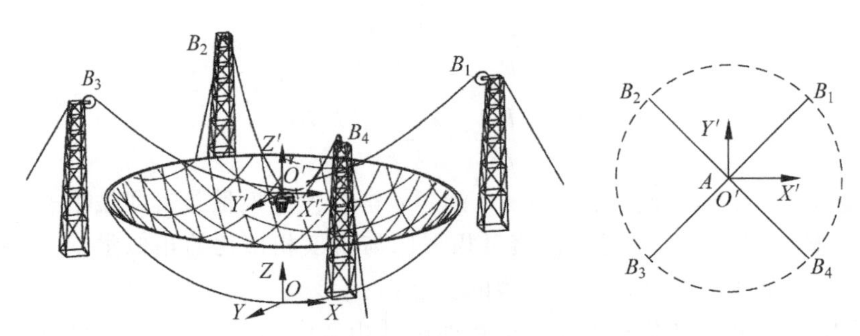

图 4-1 FAST 4 索并联机构方案示意图

索塔高度。

根据图 4-1 所示,绳索的向量表示如下:

$$\boldsymbol{B}_i^{\mathcal{R}}=[r_{\mathrm{b}}\cos(2i-1)45°,r_{\mathrm{b}}\sin(2i-1)45°,h]^{\mathrm{T}}\quad(i=1,2,3,4)\tag{4-38}$$

$$\boldsymbol{A}^{\mathcal{R}'}=[0,0,0]^{\mathrm{T}}\tag{4-39}$$

$$\boldsymbol{A}^{\mathcal{R}}=\boldsymbol{R}\boldsymbol{A}^{\mathcal{R}'}+\boldsymbol{O}'^{\mathcal{R}}\tag{4-40}$$

其中,$\boldsymbol{R}$ 为动坐标系向惯性坐标系的转换矩阵。

4.3.1 大跨度索并联机构静刚度相似模型

根据大跨度索并联机构静刚度特性相似模型的建立方法,可以得到该 4 索并联机构的 1∶400 尺寸相似的参数相似比,如表 4-2 所示。

表 4-2 4 索并联机构尺寸参数及其相似模型参数

符号	参　数	相　似　比	原 型 尺 寸	相似模型尺寸
r_{b}	索塔分布圆半径	$\lambda_l=1:400$	600m	1.5m
h	索塔高	$\lambda_l=1:400$	265m	0.6625m
ρ	索线密度	$\lambda_\rho=1:400$	7.716kg/m	0.024723kg/m
d	索直径	$\lambda_d=1:400$	40mm	0.1mm
d_{c}	配重索直径	$\lambda_{d_{\mathrm{c}}}=1:20$	0m	2m
m_0	馈源质量	$\lambda_m=1:160000$	30000kg	0.1875kg
E	弹性模量	$\lambda_E=1$	1.6×10^{11} Pa	1.6×10^{11} Pa

根据表 4-2 得到的相似模型尺寸参数,建立的相似实验模型如图 4-2 所示。

该实验模型采用了双轮机构与配重机构,保证索的张紧,同时出索轮下方设计有轴承,保证出索轮的方向与索方向保持一致,减少机构出索误差。上述配重和双轮机构后续用于 FAST 40m 相似模型的建造中。

4.3.2 大跨度索并联机构静刚度相似实验

机构通过基本标定之后,进行静刚度实验。首先选择一条轨迹作为实验轨迹:原型中 Z 方向上由 140m 处到 220m 处的一条直线轨迹,如图 4-3 所示。

首先根据 4.1 节的刚度建模方法可以得到在该轨迹上原型的静刚度值,再根据 4.2 节的静刚度相似方法可以得到相似模型中的静刚度值。对这条实验轨迹上的 Z 向静刚度进行仿真,选取 9 个测试点($A\sim I$),表 4-3 给出了其原型与相似模型的静刚度理论值。

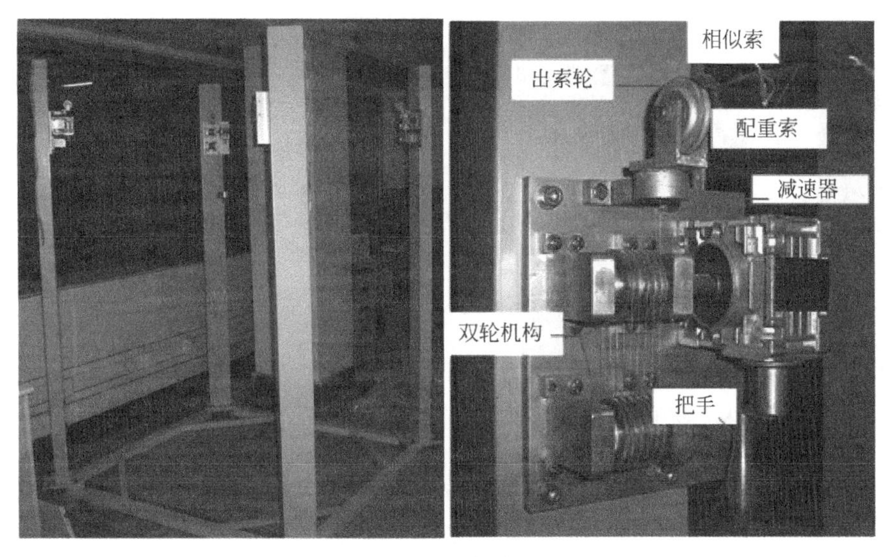

图 4-2　相似模型

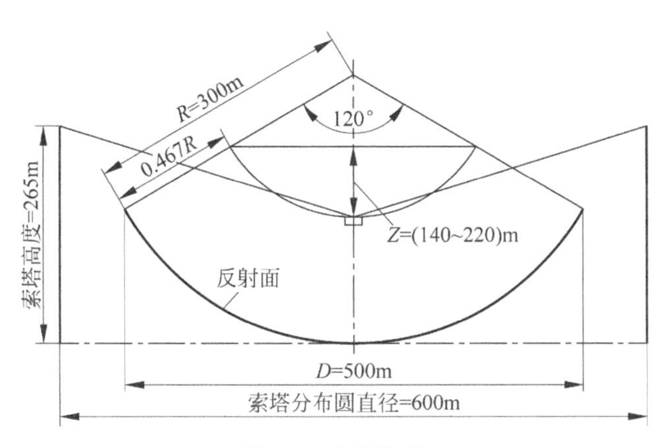

图 4-3　实验轨迹

表 4-3　4 索并联机构 Z 向静刚度理论值与相似值

变　　量	A	B	C	D	E	F	G	H	I
Z 方向高度值/m	140	150	160	170	180	190	200	210	220
理论静刚度值/(10^5 N/m)	4.7872	4.1929	3.6172	3.0529	2.5134	2.0067	1.5414	1.1252	0.7656
相似静刚度值/(N/m)	1196.6	1049.3	904.2	763.2	628.4	501.7	385.3	281.3	191.4

如图 4-4 所示，对 4 索并联机构的 Z 向静刚度进行实验，采用千分表进行测量，每个测试点都测试两次，取其平均值作为该测试点的实验静刚度值。

以 C 点为例，在机构的动平台上测试机构静刚度，得到其载荷-变形曲线如图 4-5 所示。

实验点 C 点的实验测定刚度值为

$$K_C = \frac{709.46 + 674.8}{2}\text{N/m} = 692.13\text{N/m}$$

图 4-4 4 索并联机构的 Z 向静刚度实验

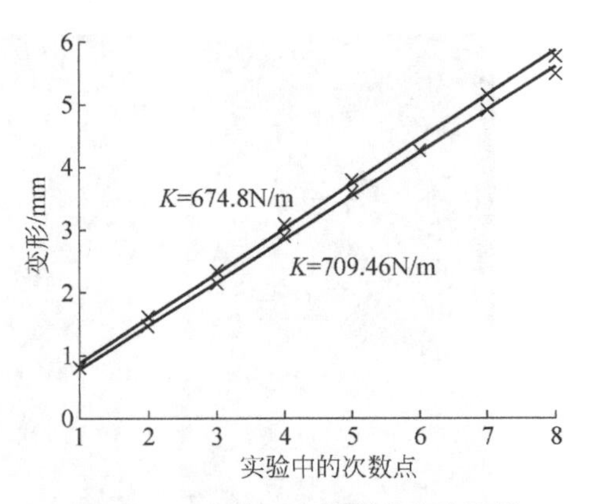

图 4-5 C 点的 Z 向静刚度实验结果

由此可以得到机构在 9 个测试点上的 Z 向实验刚度，与表 4-3 得到的相似模型的相似刚度值对比，如图 4-6 所示。由图可知，在大多数实验点上，实验刚度值比理论刚度值要小，但是实验刚度值的变化率要比理论值的变化率更平稳。下面对这一现象进行分析。

首先，由式(4-8)可知索并联机构的刚度与索长成反比，因此当索并联机构由高处向低处走时，索长增加，刚度降低；

其次，理论计算中索长是指由出索轮到动平台中心点的长度，但是在实际应用中，索经过双轮结构等索控制机构，使得索的实际长度大于理论值，因此也造成索并联机构实验刚度偏小的情况；

最后，由于大跨度索并联机构的刚度为非线性的，索的拉力将影响机构的刚度值，因此也造成实验刚度与计算刚度之间的差异。

同时，根据刚度相似比可以得到 4 索并联机构的原型在该轨迹上的 Z 向刚度值变化曲线，如图 4-7 所示。

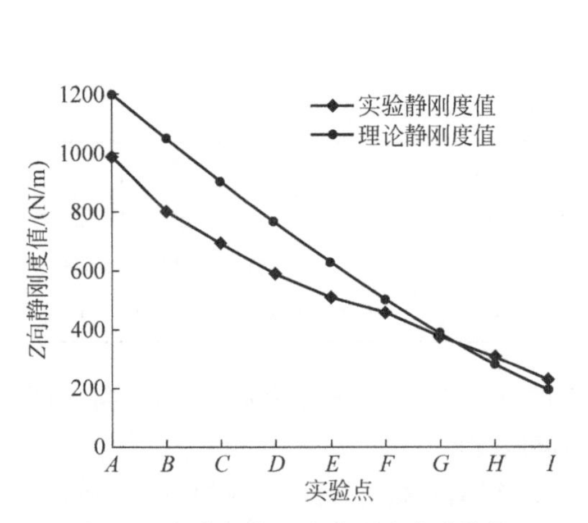

图 4-6 实验点的 Z 向静刚度实验结果

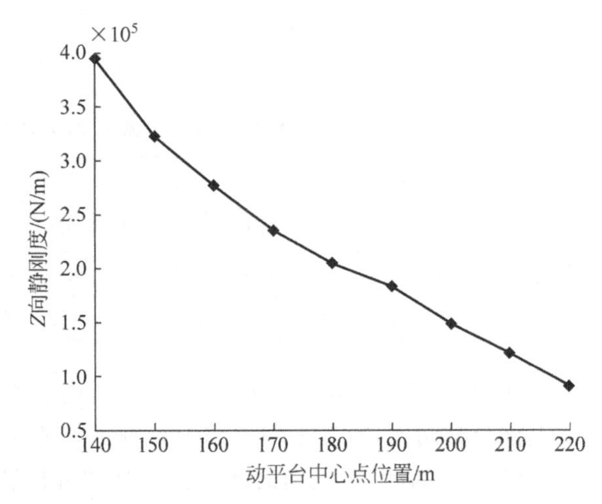

图 4-7 原型实验轨迹上的 Z 向静刚度值

总的来说，实验结果表明 4.2 节建立的大跨度索并联机构的静刚度模型可以近似表现机构的刚度特性与趋势，该静刚度建模方法可以用于大跨度索并联机构的静刚度分析，并为大跨度索并联机构基于刚度特性的尺寸综合设计奠定了理论基础。同时，4.3节中的大跨度索并联机构的相似模型实验方法可以进一步应用于大跨度索并联机构的静刚度实验。

4.4 小结

(1) 对大跨度索并联机构的静刚度特性进行了分析，根据第2章的简化模型和误差补偿方法求解各索长近似解，建立了大跨度索并联机构的静刚度矩阵，完成了简化静刚度的理论分析，给出全工作空间内的静刚度特性指标。

(2) 根据Buckingham Π定量建立了大跨度索并联机构的静刚度相似物理模型，采用缩尺模型解决了大跨度索并联机构难以搭建同等尺度模型的问题。

(3) 以FAST馈源一级支撑参选方案的4索并联机构为例，采用理论分析和相似模型实验相结合的方法，对其进行静刚度建模和实验研究，确定了原型机的静刚度特性。同时，该实验证明了所提出的基于静刚度相似模型实验的大跨度索并联机构静刚度分析方法的有效性。

参考文献

[1] KINO H, YABE S, SHIMAMOTO T. Stiffness increase method of wire driven systems using interference of wire tension with mechanical constraint directions[C]//Proceeding of International Conference on Machine Automation, Osaka, 2000: 63-68.

[2] VERHOEVEN R. Analysis of the workspace of tendon-based stewart platforms[D]. Duisburg: Gerhard Mercator University, 2004.

[3] LAFOURCADE P, ZHENG Y Q, LIU X W. Stiffness analysis of wire-driven parallel kinematic manipulators[C]//Proceedings of the 11thWorld Cong On Theory of Machines and Mechanisms, Tianjin, China, Aug. 2004: 1878-1882.

[4] BEHZADIPOUR S, KHAJEPOUR A. Stiffness of cable-based parallel manipulators with application to stability analysis[J]. Journal of Mechanical Design, 2006, 128(1): 303-310.

[5] 仇原鹰，段宝岩，盛英，等. 大型射电望远镜舱索结构变形模型与原型的相似性[J]. 西安电子科技大学学报(自然科学版)，2004，31(4)：493-496+500.

[6] BAKER W E, WESTINE P S, DODGE F T. Similarity method in engineering dynamics: theory and practice of scale modeling[J]. Amsterdam: Elsevier, 1991.

[7] 周美立. 相似工程学[M]. 北京：机械工业出版社，1998.

[8] TANG X Q, ZHU W B, SUN C H, et al. Similarity model of feed support system for FAST[J]. Experimental Astronomy, 2011, 29(3): 177-187.

[9] LU Y J, ZHU W B, REN G X. Feedback control of a cable-driven Gough-Stewart platform[J]. IEEE transaction on Robotics, 2006, 22(1): 198-202.

[10] BLUMAN G W, COLE J D. Similarity methods for differential equations[M]. New York: Springer-Verlag, 1974.

[11] 周美立. 相似学[M]. 北京：中国科学技术出版社，1993.

[12] 魏铁华. 现象相似、相似定理与相似指标求取组成[J]. 成组技术与生产现代化，1997 (4)：3-10+14.

[13] YAO R，TANG X Q，WANG J S. Dimensional optimization design of the four-cable driven parallel manipulator in FAST[J]. IEEE/ASME Transactions on Mechatronics，2010，15 (6)：932-941.

[14] 任革学. 大射电望远镜 FAST 移动小车-馈源稳定系统耦合研究[D]. 北京：清华大学，2003.

[15] 路英杰. 大射电望远镜馈源支撑系统定位与指向控制研究[D]. 北京：清华大学，2007.

第5章

索并联机构的尺度综合优化设计

在完成机构性能理论分析的基础上，进行结构参数的优化是机构设计的重要内容，也是样机开发的重要基础。本章将进行大跨度索并联机构的尺度参数优化设计研究，包括动、静平台尺寸和索的直径等参数。大跨度索并联机构尺度参数优化的目的是使机构在满足工作空间要求下，具有较好的稳定性与可控性。因此，大跨度索并联机构的尺寸参数优化主要基于工作空间要求，兼顾机构的力学性能及刚度性能。

本章中，5.1 节采用尺寸参数对性能的灵敏度作为尺寸参数优化目标，建立了性能指标体系和优化设计方法。5.2 节采用第 3 章提出的大跨度索并联机构的力特性指标建立尺寸参数优化函数；5.3 节研究了基于刚度特性指标的尺寸优化。在 5.4 节中，针对本章提出的优化理论和方法，采用基于力特性及刚度特性的尺寸优化函数对 FAST 馈源一级支撑 6 索并联机构进行尺度优化设计，得到尺寸优化解。

本章阐述大跨度索并联机构的尺度参数综合设计方法，以及基于力学性能及刚度性能的优化函数建立方法，为大跨度索并联机构的尺度优化设计提供了理论基础和有效方法。

本章主要内容：

(1) 性能指标体系及优化方法；

(2) 基于力特性的大跨度索并联机构尺度综合设计；

(3) 基于刚度特性的大跨度索并联机构尺度综合设计；

(4) FAST 馈源一级支撑 6 索并联机构的优化分析。

5.1 性能指标体系及优化方法

索并联机构尺度优化设计以满足工作空间要求为基础，优化参数可以分为：索拉力(力传递性能)、工作空间质量、动力学特性、刚度及运动学特性等。[1-6] 为了实现大跨度索并联机构的尺度优化设计，使机构达到预期的性能目标，需要构建设计参数对机构各项性能影响程度的评价指标。

假设 W 为大跨度索并联机构的性能指标之一，其表达式为多个设计变量的函数，表

示为

$$W=\Gamma(b_1,b_2,\cdots,b_i)\quad (i\text{ 为设计变量的个数})\tag{5-1}$$

其中，$b_1,b_2,\cdots,b_i$ 为机构尺度设计参数。式(5-1)对设计参数 b_i 求偏导，则表示为参数 b_i 对机构性能 W 的影响灵敏度 S_Γ：

$$S_\Gamma=\frac{\partial\Gamma}{\partial b_i}\approx\frac{\Gamma(b_i+\Delta b_i)-\Gamma(b_i)}{\Delta b_i}\quad (i\text{ 为设计变量的个数})\tag{5-2}$$

S_Γ 表示大跨度索并联机构的性能随设计参数 b_i 变化率的大小，也是性能随参数变化的敏感度。$S_\Gamma>0$，说明随着 b_i 的增加，机构性能指标 W 取值增加；同理，$S_\Gamma<0$，表明随着 b_i 的增加，机构的性能指标 W 取值减小。当 S_Γ 的绝对值较大时，说明设计参数 b_i 对机构的性能影响较大；同理，当 S_Γ 的绝对值较小时，说明设计参数 b_i 对机构的性能影响较小。

图 5-1 所示为一个 m 索 n 自由度大跨度索并联机构，根据式(5-1)的性能-参数变量函数表达式，可以将其写成

$$W=\Gamma(\boldsymbol{B}_1,\boldsymbol{B}_2,\cdots,\boldsymbol{B}_m;\ \boldsymbol{A}_1,\boldsymbol{A}_2,\cdots,\boldsymbol{A}_m;\ d)\tag{5-3}$$

其中，$\boldsymbol{B}_i$ 为第 i 根索出索位置在惯性坐标系下的向量；$\boldsymbol{A}_i$ 为第 i 根索与动平台连接位置的坐标向量；d 为索直径。

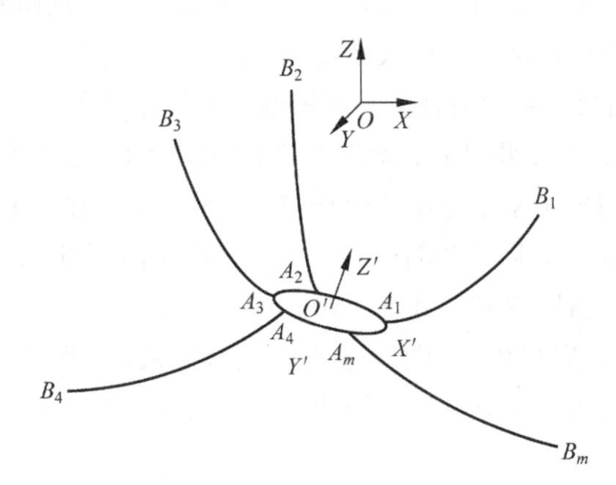

图 5-1　m 索 n 自由度大跨度索并联机构

大跨度索并联机构的静、动平台上的铰链点位置呈圆周分布，静平台分布圆的半径为 r_b，动平台分布圆的半径为 r_a，静平台上铰链点分布角度为$\boldsymbol{\theta}_\mathrm{b}$，动平台上铰链点分布角度为 $\boldsymbol{\theta}_\mathrm{a}$，出索位置在惯性坐标系下的高度为 $h_1,h_2,\cdots,h_m$，动平台质量为 m_0，则式(5-3)可以写成

$$W=\Gamma(h_1,h_2,\cdots,h_m;\ r_\mathrm{b};\ r_\mathrm{a};\ \boldsymbol{\theta}_\mathrm{b};\ \boldsymbol{\theta}_\mathrm{a};\ d;\ m_0)\tag{5-4}$$

为了降低尺寸量纲对大跨度索并联机构的优化设计的影响，对机构尺寸设计参数进行无量纲表述。在对性能函数 W 中的尺寸参数无量纲化时，可以选取优先设计的长度及角度参数各一个，如式(5-4)中静平台半径 r_b、动平台上一个铰链点分布角度 θ_a1 及动平台质量优先确定后，对式(5-4)进行的无量纲分析，表述为

$$W=\Gamma\left(\frac{h_1}{r_\mathrm{b}},\frac{h_2}{r_\mathrm{b}},\cdots,\frac{h_m}{r_\mathrm{b}};\ \frac{r_\mathrm{a}}{r_\mathrm{b}};\ \frac{\boldsymbol{\theta}_\mathrm{b}}{\theta_\mathrm{a1}};\ \frac{d}{r_\mathrm{b}};\ m_0\right)\tag{5-5}$$

对大跨度索并联机构来说，其性能函数 $\Gamma(\cdot)$为复杂的非线性函数，难以直接解析求解

其对设计参数的偏导值。因此，本章采用数值计算方法，给定设计区间，利用无量纲设计参数，求出机构性能与无量纲尺寸参数之间的映射关系，进行机构的优化设计。

5.2 基于力特性的大跨度索并联机构尺度综合设计

索拉力对大跨度索并联机构的稳定性与可控性有重要影响。为了使机构在需求工作空间满足终端精度要求，并具有较好的力学性能，大跨度索并联机构需要基于机构的力特性进行尺度优化设计。

根据第 2 章的大跨度索并联机构的静力学建模，可以得到机构某一姿态下的索拉力。根据第 3 章提出的大跨度索并联机构的力特性指标，本节将建立索机构基于力特性的尺度优化设计函数 W_σ。

基于全局最大与最小索拉力差值 $\mathrm{GTCI}_{\max}$，可建立尺度优化设计函数 $W_{\sigma1}$：

$$W_{\sigma1}=\Gamma\left(\frac{h_1}{r_a},\frac{h_2}{r_a},\cdots,\frac{h_m}{r_a};\ \frac{r_b}{r_a};\ \frac{\boldsymbol{\theta}_b}{\theta_{a1}};\ \frac{d}{r_a};\ m_0\right) \tag{5-6}$$

$$W_{\sigma1}=\mathrm{GTCI}_{\max}=\sqrt{\frac{\sum\limits_{t=0}^{t_0}(\mathrm{TCI}_{\max}(t))^2}{t_0}} \tag{5-7}$$

$$\mathrm{TCI}_{\max}(t)=\max(\sigma_i(t)-\sigma_j(t))\begin{cases}i=1,2,\cdots,m\\ j=1,2,\cdots,m\end{cases}\quad (i\neq j,t=1,2,\cdots,t_0) \tag{5-8}$$

其中，t 为样本点；t_0 为总样本点；$\mathrm{TCI}_{\max}(t)$是索并联机构某姿态点的最大与最小索拉力差值；$\sigma_i(t)(i=1,2,\cdots,m)$为索拉力。

为了使大跨度索并联机构具有良好的力学特性，下面给出基于 $\mathrm{GTCI}_{\max}$ 的机构尺度优化设计函数及约束条件。

优化目标函数：

$$\min(W_{\sigma1}) \tag{5-9}$$

优化约束条件：

$$\begin{cases}\boldsymbol{\sigma}\geqslant[\sigma_{\min},\cdots,\sigma_{\min}]^{\mathrm{T}}\\ \boldsymbol{\sigma}\leqslant[\sigma_{\max},\cdots,\sigma_{\max}]^{\mathrm{T}}\\ (x,y,z,\alpha,\beta,\gamma)\in \text{需求工作空间}\end{cases} \tag{5-10}$$

其中，$\boldsymbol{\sigma}$ 为大跨度索并联机构的索拉力向量；$\sigma_{\min}$ 为大跨度索并联机构索拉力许可最小值；$\sigma_{\max}$ 为大跨度索并联机构索拉力许可最大值；$(x,y,z,\alpha,\beta,\gamma)$是大跨度索并联机构动平台中心点的可达工作姿态。

基于大跨度索并联机构的全局最大与最小索拉力比值 $\mathrm{GTCI}_{\mathrm{rmax}}$，可建立尺度优化函数 $W_{\sigma2}$：

$$W_{\sigma2}=\Gamma\left(\frac{h_1}{r_a},\frac{h_2}{r_a},\cdots,\frac{h_m}{r_a};\ \frac{r_b}{r_a};\ \frac{\boldsymbol{\theta}_b}{\theta_{a1}};\ \frac{d}{r_a};\ m_0\right) \tag{5-11}$$

$$W_{\sigma 2}=\mathrm{GTCI}_{\mathrm{rmax}}=\sqrt{\frac{\sum_{t=0}^{t_0}(\mathrm{TCI}_{\mathrm{rmax}})^2}{t_0}} \tag{5-12}$$

$$\mathrm{TCI}_{\mathrm{rmax}}=\max\left(\frac{\sigma_i}{\sigma_j}\right)\quad\begin{cases}i=1,2,\cdots,m\\ j=1,2,\cdots,m\end{cases}\quad(i\neq j,t=1,2,\cdots,t_0) \tag{5-13}$$

其中，t 为样本点；t_0 为总样本点；$\mathrm{TCI}_{\mathrm{rmax}}$ 是索并联机构某姿态点的最大与最小索拉力差值，$\sigma_i(t)(i=1,2,\cdots,m)$为索拉力。

为了使大跨度索并联机构具有平稳的力学特性，下面给出基于 $\mathrm{GTCI}_{\mathrm{rmax}}$ 的机构尺度优化设计函数及约束条件。

优化目标函数：

$$\min(W_{\sigma 2}) \tag{5-14}$$

优化约束条件：

$$\begin{cases}\boldsymbol{\sigma}\geqslant[\sigma_{\min},\cdots,\sigma_{\min}]^{\mathrm{T}}\\ \boldsymbol{\sigma}\leqslant[\sigma_{\max},\cdots,\sigma_{\max}]^{\mathrm{T}}\\ (x,y,z,\alpha,\beta,\gamma)\in \text{需求工作空间}\end{cases} \tag{5-15}$$

其中，$\boldsymbol{\sigma}$ 为大跨度索并联机构的索拉力向量；$\sigma_{\min}$ 为大跨度索并联机构索拉力许可最小值；$\sigma_{\max}$ 为大跨度索并联机构索拉力许可最大值；$(x,y,z,\alpha,\beta,\gamma)$是大跨度索并联机构动平台中心点的可达工作姿态。

基于大跨度索并联机构的全局索拉力可控广义体积指数 GTCGVI，可建立尺度优化设计函数 $W_{\sigma 3}$：

$$W_{\sigma 3}=\Gamma\left(\frac{h_1}{r_{\mathrm{a}}},\frac{h_2}{r_{\mathrm{a}}},\cdots,\frac{h_m}{r_{\mathrm{a}}};\ \frac{r_{\mathrm{b}}}{r_{\mathrm{a}}};\ \frac{\boldsymbol{\theta}_{\mathrm{b}}}{\theta_{\mathrm{a1}}};\ \frac{d}{r_{\mathrm{a}}};\ m_0\right) \tag{5-16}$$

$$W_{\sigma 3}=\mathrm{GTCGVI}=\sqrt{\frac{\sum_{t=0}^{t_0}(\Theta_{\forall}(t))^2}{t_0}} \tag{5-17}$$

$$\Theta_{\forall}=\frac{V_{\forall_{\mathrm{control}}}}{V_{\forall_{\mathrm{err}}}}(\Theta_{\forall}\in[0,1])\quad(t=1,2,\cdots,t_0) \tag{5-18}$$

其中，t 为样本点；t_0 为总样本点；$\Theta_{\forall}$ 为误差空间内的可控空间 $\forall_{\mathrm{control}}$ 的广义体积 $V_{\forall_{\mathrm{control}}}$ 与许可误差空间 $\forall_{\mathrm{err}}$ 的广义体积 $V_{\forall_{\mathrm{err}}}$ 之比。

为了使大跨度索并联机构在其许可误差空间内同样具有良好的力学特性，下面给出基于 GTCGVI 的机构尺度优化设计函数及约束条件。

优化目标函数：

$$\max(W_{\sigma 3}) \tag{5-19}$$

优化约束条件：

$$\begin{cases}\boldsymbol{\sigma}\geqslant[\sigma_{\min},\cdots,\sigma_{\min}]^{\mathrm{T}}\\ \boldsymbol{\sigma}\leqslant[\sigma_{\max},\cdots,\sigma_{\max}]^{\mathrm{T}}\\ (x,y,z,\alpha,\beta,\gamma)\in \text{许可误差空间}\end{cases} \tag{5-20}$$

其中，$\boldsymbol{\sigma}$ 为大跨度索并联机构的索拉力向量；$\sigma_{\min}$ 为大跨度索并联机构索拉力许可最小值；

σ_{max} 为大跨度索并联机构索拉力许可最大值；$(x,y,z,\alpha,\beta,\gamma)$是大跨度索并联机构动平台中心点的可达工作姿态。

5.3 基于刚度特性的大跨度索并联机构尺度综合设计

索并联机构的静刚度与索材料、索拉力和索长等因素有关，是索并联机构的一项重要性能指标。为了使机构具有平稳变化的足够静刚度，保证机构运动的稳定性，大跨度索并联机构需要基于机构的刚度特性进行尺度优化设计。

根据第4章的大跨度索并联机构的静刚度矩阵建立方法，可以得到机构在各个自由度上的静刚度值，依据给定的静刚度指标，本节将构建基于静刚度特性的尺度综合优化设计函数 W_K。

基于全工作空间内单方向上刚度指标 $\boldsymbol{S}_G$，可建立尺度优化函数 W_{K1}：

$$W_{K1}=\Gamma\left(\frac{h_1}{r_a},\frac{h_2}{r_a},\cdots,\frac{h_m}{r_a};\ \frac{r_b}{r_a};\ \frac{\boldsymbol{\theta}_b}{\theta_{a1}};\ \frac{d}{r_a};\ m_0\right) \tag{5-21}$$

$$\boldsymbol{S}_G=[S_{G_x},S_{G_y},S_{G_z},S_{G_\alpha},S_{G_\beta},S_{G_\gamma}] \tag{5-22}$$

$$W_{Kx1}=S_{G_x}=\sqrt{\frac{\sum_{t=0}^{t_0}(k_x(t))^2}{t_0}}\quad(t=1,2,\cdots,t_0) \tag{5-23}$$

其中，$k_x(t)$为大跨度索并联机构某姿态$(x,y,z,\alpha,\beta,\gamma)$下在 X 方向上的静刚度值，同理可以表示出 W_{Ky1}、W_{Kz1}、$W_{K\alpha1}$、$W_{K\beta1}$、$W_{K\gamma1}$；t 为大跨度索并联机构工作空间内的样本点，t_0 为样本点总和。

定义如下：

$$W_{K1xyz}=\frac{W_{Kx1}+W_{Ky1}+W_{Kz1}}{3}$$

$$W_{K1\alpha\beta\gamma}=\frac{W_{K\alpha1}+W_{K\beta1}+W_{K\gamma1}}{3}$$

为了使大跨度索并联机构具有良好的静刚度，下面给出基于 $\boldsymbol{S}_G$ 的机构尺度优化设计函数及约束条件。

优化目标函数：

$$\max(W_{K1xyz});\quad \max(W_{K1\alpha\beta\gamma}) \tag{5-24}$$

优化约束条件：

$$\begin{cases}k_x\geqslant k_{x\min},\quad k_y\geqslant k_{y\min},\quad k_z\geqslant k_{z\min}\\ k_\alpha\geqslant k_{\alpha\min},\quad k_\beta\geqslant k_{\beta\min},\quad k_\gamma\geqslant k_{\gamma\min}\end{cases} \tag{5-25}$$

$[k_{x\min},k_{y\min},k_{z\min},k_{\alpha\min},k_{\beta\min},k_{\gamma\min}]$为大跨度索并联机构的最小许可静刚度。

基于全工作空间内单方向上刚度变化率指标 $\boldsymbol{S}_\delta$，可建立尺度优化函数 W_{K2}：

$$W_{K2}=\Gamma\left(\frac{h_1}{r_a},\frac{h_2}{r_a},\cdots,\frac{h_m}{r_a};\ \frac{r_b}{r_a};\ \frac{\boldsymbol{\theta}_b}{\theta_{a1}};\ \frac{d}{r_a};\ m_0\right) \tag{5-26}$$

$$\boldsymbol{S}_{\delta}=[S_{\delta_x},S_{\delta_y},S_{\delta_z},S_{\delta_\alpha},S_{\delta_\beta},S_{\delta_\gamma}] \tag{5-27}$$

$$W_{Kx2}=S_{\delta_x}=\sqrt{\frac{\sum_{t=0}^{t_0}(S_{\delta_x}(t))^2}{t_0}}\quad(t=1,2,\cdots,t_0) \tag{5-28}$$

其中，

$$S_{\delta_x}(t-1)=\left|\frac{k_x(t)-k_x(t-1)}{k_x(t-1)}\right|\times 100\%\quad(t=2,\cdots,t_0) \tag{5-29}$$

式中，$k_x(t)$为大跨度索并联机构某时刻姿态$(x,y,z,\alpha,\beta,\gamma)$下在 X 方向上的静刚度值，同理可以表示出 W_{Ky2}、W_{Kz2}、$W_{K\alpha2}$、$W_{K\beta2}$、$W_{K\gamma2}$；t 为大跨度索并联机构需求工作空间内的样本点；t_0 为样本点总和。

定义如下：

$$W_{K2xyz}=\frac{W_{Kx2}+W_{Ky2}+W_{Kz2}}{3}$$

$$W_{K2\alpha\beta\gamma}=\frac{W_{K\alpha2}+W_{K\beta2}+W_{K\gamma2}}{3}$$

为了使大跨度索并联机构具有平稳的静刚度，下面给出基于 $\boldsymbol{S}_{\delta}$ 的机构尺度优化设计函数及约束条件。

优化目标函数：

$$\min(W_{K2xyz});\quad \min(W_{K2\alpha\beta\gamma}) \tag{5-30}$$

优化约束条件：

$$\begin{cases}k_x\geqslant k_{x\min},\quad k_y\geqslant k_{y\min},\quad k_z\geqslant k_{z\min}\\ k_\alpha\geqslant k_{\alpha\min},\quad k_\beta\geqslant k_{\beta\min},\quad k_\gamma\geqslant k_{\gamma\min}\end{cases} \tag{5-31}$$

$[k_{x\min},k_{y\min},k_{z\min},k_{\alpha\min},k_{\beta\min},k_{\gamma\min}]$为大跨度索并联机构的最小许可静刚度。

5.4 FAST 馈源一级支撑 6 索并联机构的优化分析

图 5-2 为 FAST 6 索并联机构的基本尺寸与工作空间示意图。根据国家天文台提供的 FAST 数据[7]，可以知道 FAST 反射面口径为 500m，6 索并联机构的静平台半径为 $r_b=300$m，馈源质量即动平台中心处承重约为 30000kg。为了保证观测，索塔的高度不宜高于 290m。FAST 中 6 索并联机构的需求工作空间为一个半径为 160m 的球冠面，最大观测角度为±40°，索并联机构的观测俯仰角度为±16°，线性分布。

5.4.1 基于力学特性的尺度优化

FAST 6 索并联机构的优化基本参数共 7 个：索塔高度 $h_i(i=1,2,\cdots,6)$，索塔分布圆半径 r_b，索塔分布角度 θ_b，动平台半径 r_a，动平台铰链分布角度 θ_a，索直径 d，馈源质量 m_0。则其基于力特性的优化设计函数为

$$W_\sigma=\Gamma(h_1,h_2,\cdots,h_6;\ r_b;\ r_a;\ \theta_b;\ \theta_a;\ d;\ m_0) \tag{5-32}$$

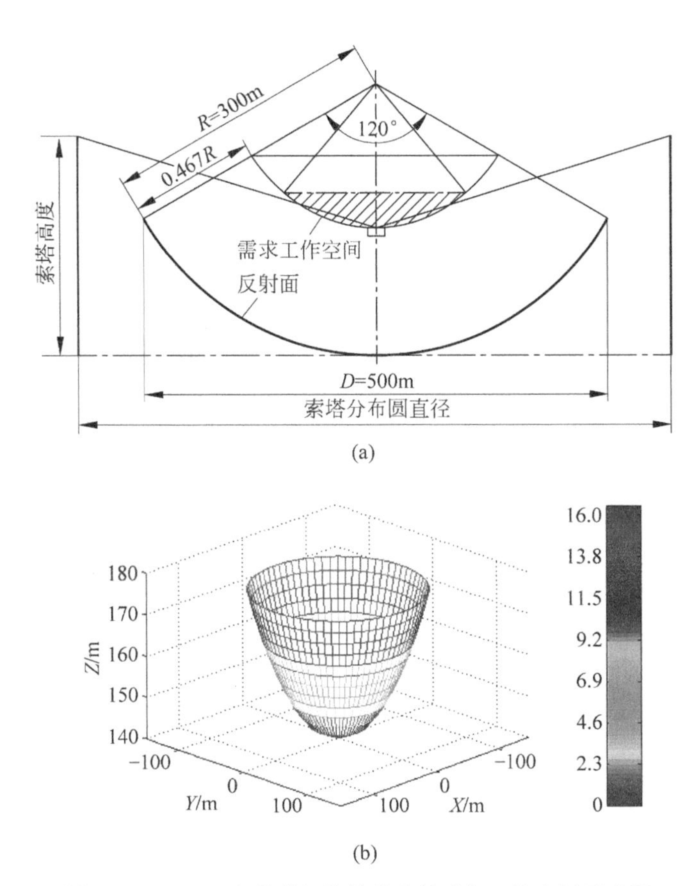

图 5-2　FAST6 索并联机构的基本尺寸与工作空间示意图

(a) 6 索并联机构的基本尺寸；(b) 6 索并联机构工作空间及跟踪俯仰角度图

该 6 索并联机构的 6 个索塔高度一样，索塔均匀分布在半径为 r_b 的圆周上，动平台的铰链点对称分布，因此可以首先确定 $\theta_b=60°$，将其作为角度的基本量进行无量纲化。静平台半径 r_b 也是已知量，$r_b=300\text{m}$，将其作为长度的基本量进行无量纲化。另外，馈源质量需要单独优化。可知待优化参数为 5 个，基于力特性的优化设计函数写为

$$W_\sigma=\Gamma\left(\frac{h}{r_b};\ \frac{r_a}{r_b};\ \frac{\theta_a}{\theta_b};\ \frac{d}{r_b};\ m_0\right) \tag{5-33}$$

对 6 索并联机构的上述参数进行优化，给出 6 索并联机构的优化条件为

$$\sigma_{\min}=50\text{kN},\quad \sigma_{\max}=300\text{kN} \tag{5-34}$$

根据 5.2 节对大跨度索并联机构基于力特性优化设计的表述，可以得到机构待优化参数对力特性 $W_{\sigma1}$、$W_{\sigma2}$、$W_{\sigma3}$ 的敏感性如图 5-3～图 5-5 所示。5 个待优化参数对力特性 $W_{\sigma1}$ 的影响如图 5-3 所示。

由图 5-3 可知：

(1) 随着 θ_a/θ_b 的增加，6 索并联机构的力特性值 $W_{\sigma1}$ 都会变大，即 6 索并联机构的力特性变差。

(2) $\theta_a/\theta_b<0.05$ 时，随着 h/r_b 的增加，6 索并联机构的力特性值 $W_{\sigma1}$ 都会变小，即 6 索并联机构的力特性变好。但是当 $\theta_a/\theta_b>0.05$，$h/r_b=0.91$～0.97 时，$W_{\sigma1}$ 值整体变化不

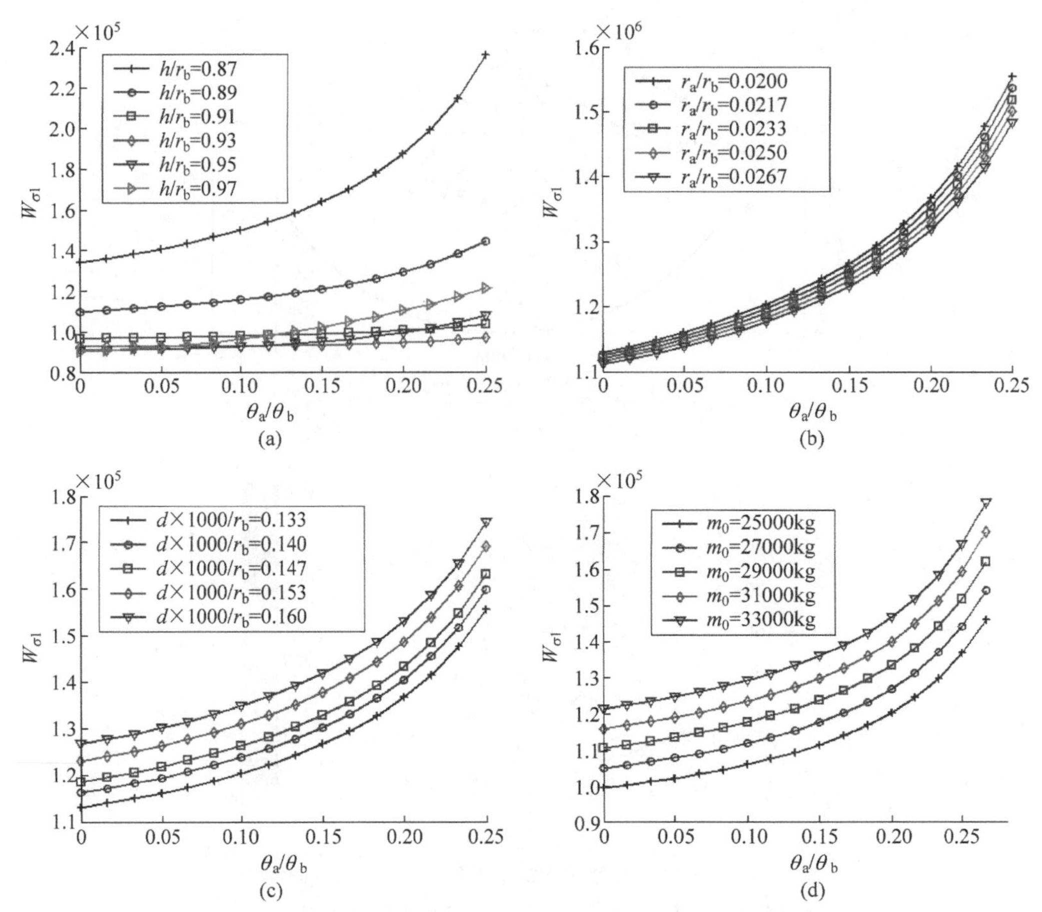

图 5-3　6 索并联机构 5 个待优化参数对力特性 $W_{\sigma1}$ 的影响曲线

(a) h/r_b 与 θ_a/θ_b 对力特性 $W_{\sigma1}$ 的影响；(b) r_a/r_b 与 θ_a/θ_b 对力特性 $W_{\sigma1}$ 的影响；
(c) d/r_b 与 θ_a/θ_b 对力特性 $W_{\sigma1}$ 的影响；(d) m_0 与 θ_a/θ_b 对力特性 $W_{\sigma1}$ 的影响

大，相对来说 $h/r_b=0.97$ 时随着 θ_a/θ_b 的变化更为明显。

(3) 随着 r_a/r_b 的增加，6 索并联机构的力特性值 $W_{\sigma1}$ 呈现下降趋势，即 6 索并联机构的力特性变好，但是变化幅度不大。

(4) d/r_b 与 m_0 的增加都会使力特性值 $W_{\sigma1}$ 增加，即 6 索并联机构的力特性变差。

5 个待优化参数对力特性 $W_{\sigma2}$ 的影响如图 5-4 所示。

由图 5-4 可知：

(1) 随着 θ_a/θ_b 的增加，6 索并联机构的力特性值 $W_{\sigma2}$ 同样会变大，即 6 索并联机构的力特性变差。

(2) $h/r_b=0.87\sim0.91$ 时，随着 h/r_b 的增加，6 索并联机构的力特性值 $W_{\sigma2}$ 会减小，即 6 索并联机构的力特性变好。当 $h/r_b>0.91$ 时，6 索并联机构的力特性值 $W_{\sigma2}$ 会增加，即 6 索并联机构的力特性变差。

(3) 随着 r_a/r_b 的增加，6 索并联机构的力特性值 $W_{\sigma2}$ 呈现下降趋势，即 6 索并联机构的力特性变好，但是影响幅度不大。

(4) $W_{\sigma2}$ 值基本不受 d/r_b 与 m_0 的变化影响。

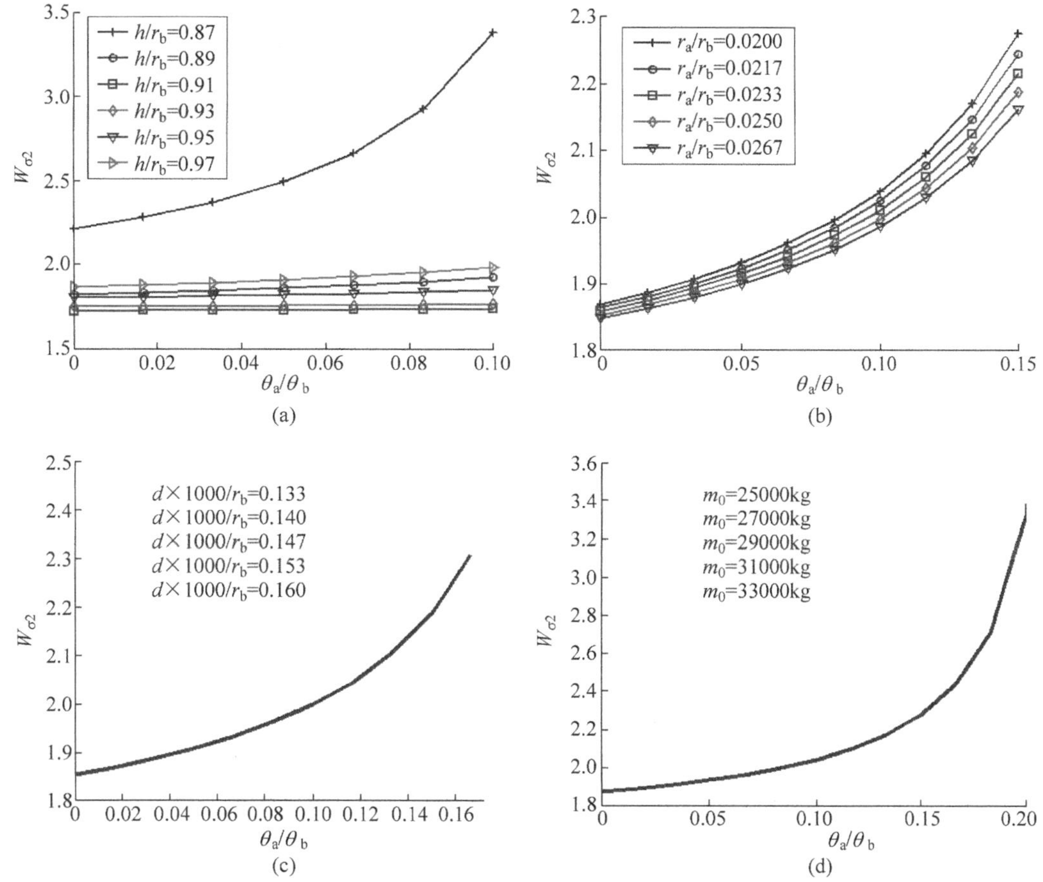

图 5-4　6 索并联机构 5 个待优化参数对力特性 $W_{\sigma 2}$ 的影响曲线

(a) h/r_b 与 θ_a/θ_b 对力特性 $W_{\sigma 2}$ 的影响；(b) r_a/r_b 与 θ_a/θ_b 对力特性 $W_{\sigma 2}$ 的影响；

(c) d/r_b 与 θ_a/θ_b 对力特性 $W_{\sigma 2}$ 的影响；(d) m_0 与 θ_a/θ_b 对力特性 $W_{\sigma 2}$ 的影响

假定大跨度索并联机构的终端姿态的最大允许误差量为$[100\text{mm}, 0.5°]^T$，5 个待优化参数对力特性 $W_{\sigma 3}$ 的影响如图 5-5 所示。

由图 5-5 可知：

(1) 随着 θ_a/θ_b 的增加，6 索并联机构的力特性值 $W_{\sigma 3}$ 同样会变小，即 6 索并联机构的力特性变差。

(2) $h/r_b=0.93$ 时，6 索并联机构的力特性值 $W_{\sigma 3}$ 最优，即 6 索并联机构的力特性最好。

(3) 随着 r_a/r_b 的增加，6 索并联机构的力特性值 $W_{\sigma 3}$ 呈现上升趋势，即 6 索并联机构的力特性变好。

(4) $W_{\sigma 3}$ 值随着 d/r_b 与 m_0 值的增大而呈现下降趋势，即 6 索并联机构的力特性变差。

5.4.2 基于静刚度特性的尺度优化

根据 5.4.1 节中给出的优化设计函数，同样可以根据 5.3 节中的大跨度索并联机构的静刚度特性指标得到 6 索并联机构基于静刚度特性的优化设计函数：

$$W_K = \Gamma\left(\frac{h}{r_a};\ \frac{r_b}{r_a};\ \frac{\theta_a}{\theta_b};\ \frac{d}{r_a}\right) \tag{5-35}$$

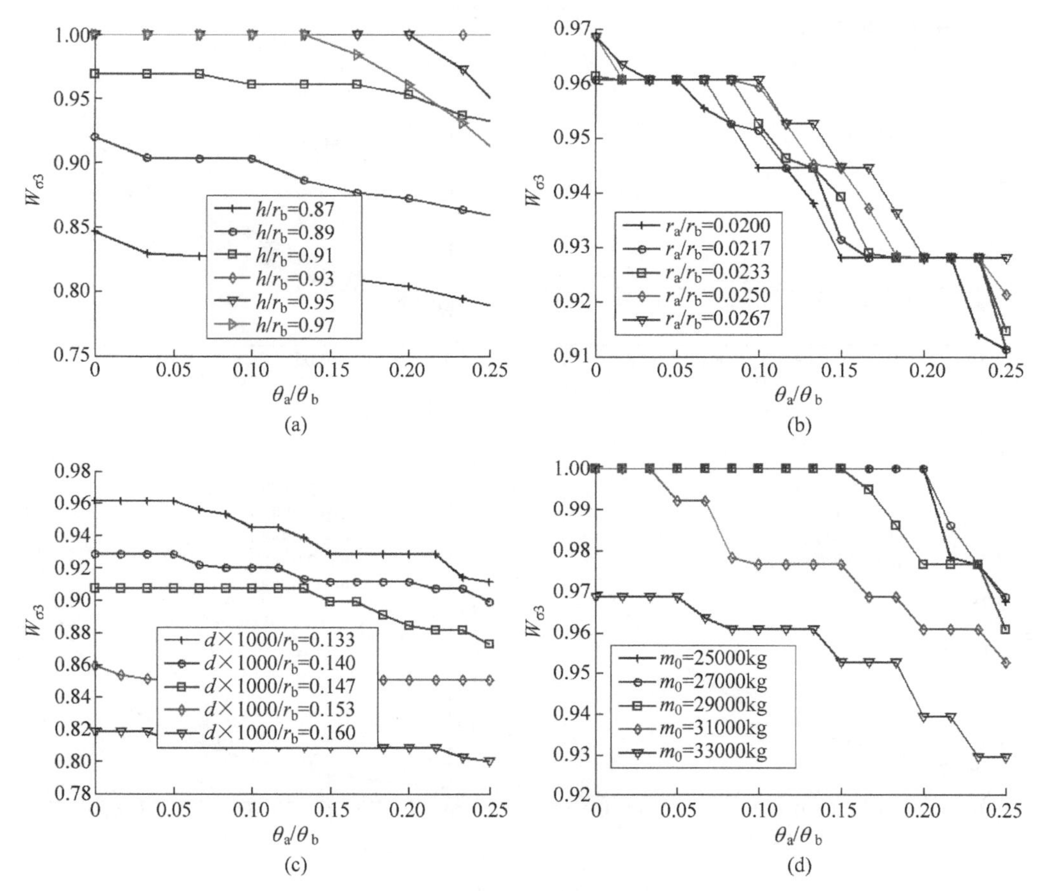

图 5-5 6 索并联机构 5 个待优化参数对力特性 $W_{\sigma3}$ 的影响曲线

(a) h/r_b 与 θ_a/θ_b 对力特性 $W_{\sigma3}$ 的影响；(b) r_a/r_b 与 θ_a/θ_b 对力特性 $W_{\sigma3}$ 的影响；(c) d/r_b 与 θ_a/θ_b 对力特性 $W_{\sigma3}$ 的影响；(d) m_0 与 θ_a/θ_b 对力特性 $W_{\sigma3}$ 的影响

对 6 索并联机构的上述参数进行优化，给出 6 索并联机构的优化条件：

$$k_{x\min}=k_{y\min}=k_{z\min}=1\times10^5\,\text{N/m} \tag{5-36}$$

$$k_{\alpha\min}=k_{\beta\min}=k_{\gamma\min}=1\times10^6\,\text{N/m} \tag{5-37}$$

4 个待优化参数对刚度特性 W_{K1} 的影响如图 5-6 所示。

由图 5-6 可知：

(1) 随着 θ_a/θ_b 的增加，6 索并联机构的静刚度特性值 W_{K1} 在 3 个平动方向会变大，即 6 索并联机构的静刚度特性变好，然而在 3 个转动方向上的刚度值却明显变小，即 6 索并联机构的静刚度特性变差。

(2) 对于 6 索并联机构在 3 个平动方向上的静刚度特性来说，随着 h/r_b 值的变大，其静刚度特性值呈现变小趋势，即静刚度变差。

(3) 随着 r_a/r_b 值与 d/r_b 的变大，其静刚度值变大，即其静刚度变好。但是根据刚度数值来看，h/r_b 与 r_a/r_b 值对静刚度特性的影响并不太明显。

(4) 6 索并联机构在 3 个转动方向上的静刚度特性值随着 h/r_b、r_a/r_b 和 d/r_b 的变大均呈现变大趋势，即其静刚度均变好，其中 h/r_b 对静刚度特性的影响最小。

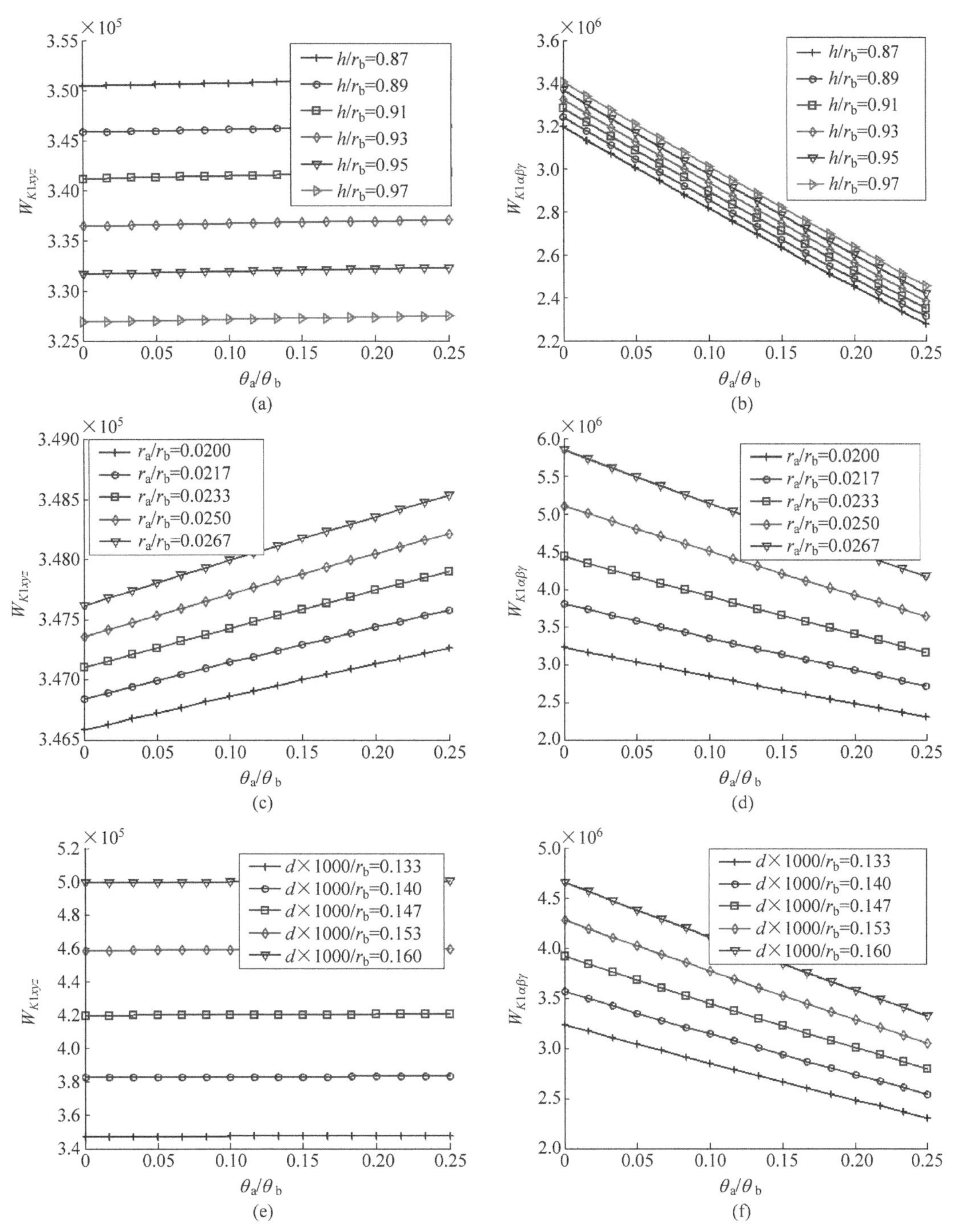

图 5-6　6 索并联机构 4 个待优化参数对静刚度特性 W_{K1} 的影响曲线

(a) h/r_b 与 θ_a/θ_b 对力特性 W_{K1xyz} 的影响；(b) h/r_b 与 θ_a/θ_b 对力特性 $W_{K1\alpha\beta\gamma}$ 的影响；
(c) r_a/r_b 与 θ_a/θ_b 对力特性 W_{K1xyz} 的影响；(d) r_a/r_b 与 θ_a/θ_b 对力特性 $W_{K1\alpha\beta\gamma}$ 的影响；
(e) d/r_b 与 θ_a/θ_b 对力特性 W_{K1xyz} 的影响；(f) d/r_b 与 θ_a/θ_b 对力特性 $W_{K1\alpha\beta\gamma}$ 的影响

4 个待优化参数对静刚度特性 W_{K2} 的影响如图 5-7 所示，可以看到：

（1）随着 θ_a/θ_b 的增加，6 索并联机构的静刚度特性值 W_{K2} 在 3 个平动方向会变小，即 6 索并联机构的静刚度特性变好，但是影响幅度均不大。然而在 3 个转动方向上的刚度值却明显变大，即 6 索并联机构的静刚度特性明显变差。

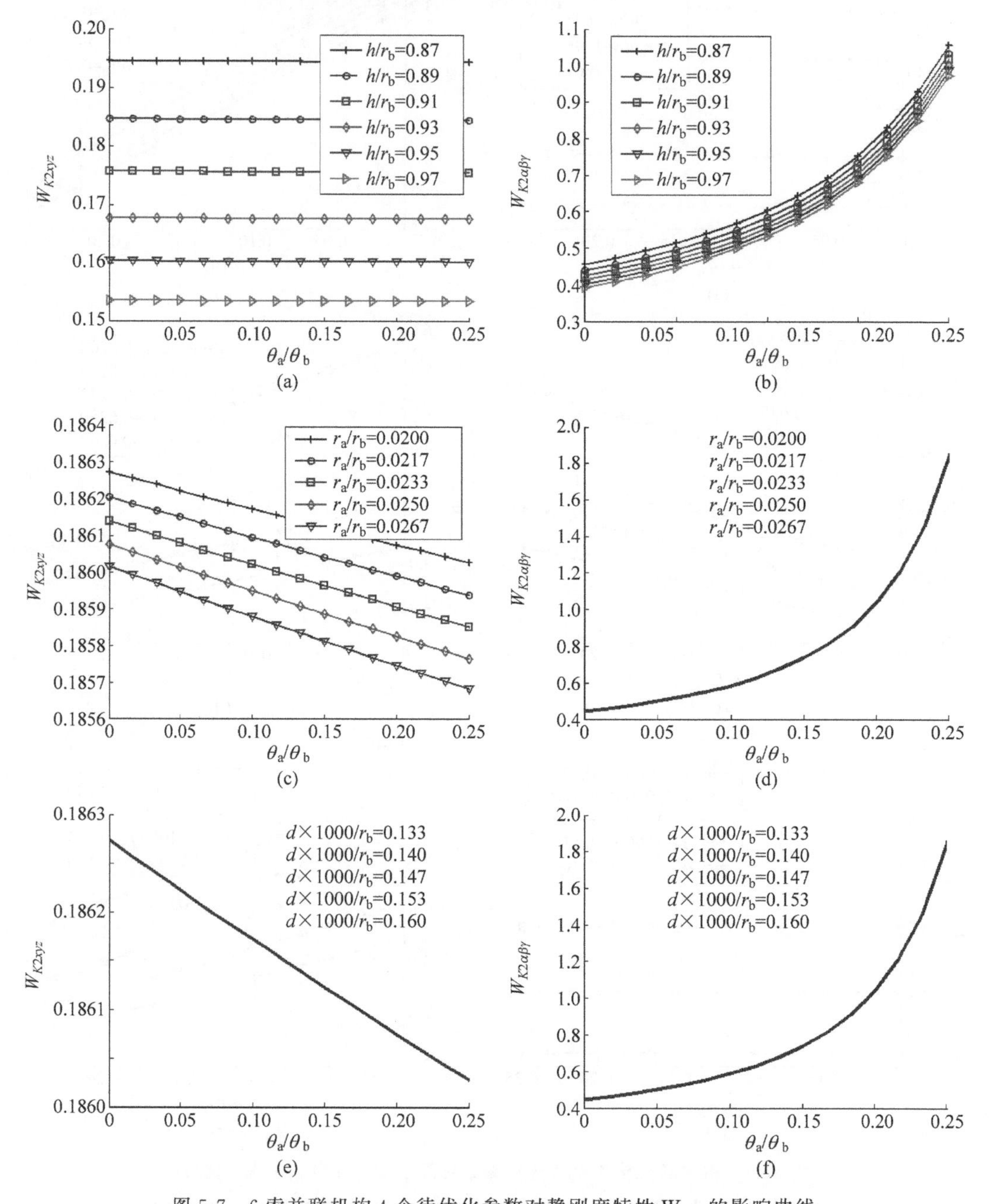

图 5-7　6 索并联机构 4 个待优化参数对静刚度特性 W_{K2} 的影响曲线

(a) h/r_b 与 θ_a/θ_b 对力特性 W_{K2xyz} 的影响；(b) h/r_b 与 θ_a/θ_b 对力特性 $W_{K2\alpha\beta\gamma}$ 的影响；

(c) r_a/r_b 与 θ_a/θ_b 对力特性 W_{K2xyz} 的影响；(d) r_a/r_b 与 θ_a/θ_b 对力特性 $W_{K2\alpha\beta\gamma}$ 的影响；

(e) d/r_b 与 θ_a/θ_b 对力特性 W_{K2xyz} 的影响；(f) d/r_b 与 θ_a/θ_b 对力特性 $W_{K2\alpha\beta\gamma}$ 的影响

(2) 对于 6 索并联机构在 3 个平动方向上的静刚度特性来说，随着 h/r_b 与 r_a/r_b 的变大，机构的静刚度特性值 W_{K2} 均变小，则表示静刚度特性变好；而 d/r_b 对静刚度特性没有显著影响。

(3) 对于 6 索并联机构在 3 个转动方向上的静刚度特性来说，随着 h/r_b 的变大，机构的静刚度特性值 W_{K2} 均变小，则表示静刚度特性变好；而 r_a/r_b 和 d/r_b 的变化对静刚度特性没有显著影响。

5.4.3 基于最大边界跟踪角度的尺度优化

由第 3 章可知，FAST 索并联机构在 $z=220\text{m}$ 时不能满足 40°观测跟踪角度的要求，需要借助一个 A-B 转台进行角度补偿。设定 $\theta_a=0°$，为了使索并联机构得到较大的跟踪角度，根据 5.4.1 中给出的优化设计函数：

$$W_\beta=\Gamma\left(\frac{h}{r_b};\ \frac{r_a}{r_b};\ \frac{d}{r_b};\ m_0\right) \tag{5-38}$$

4 个待优化参数对机构在工作边界上最大俯仰角度 W_β 的影响如图 5-8 所示，可以看到：

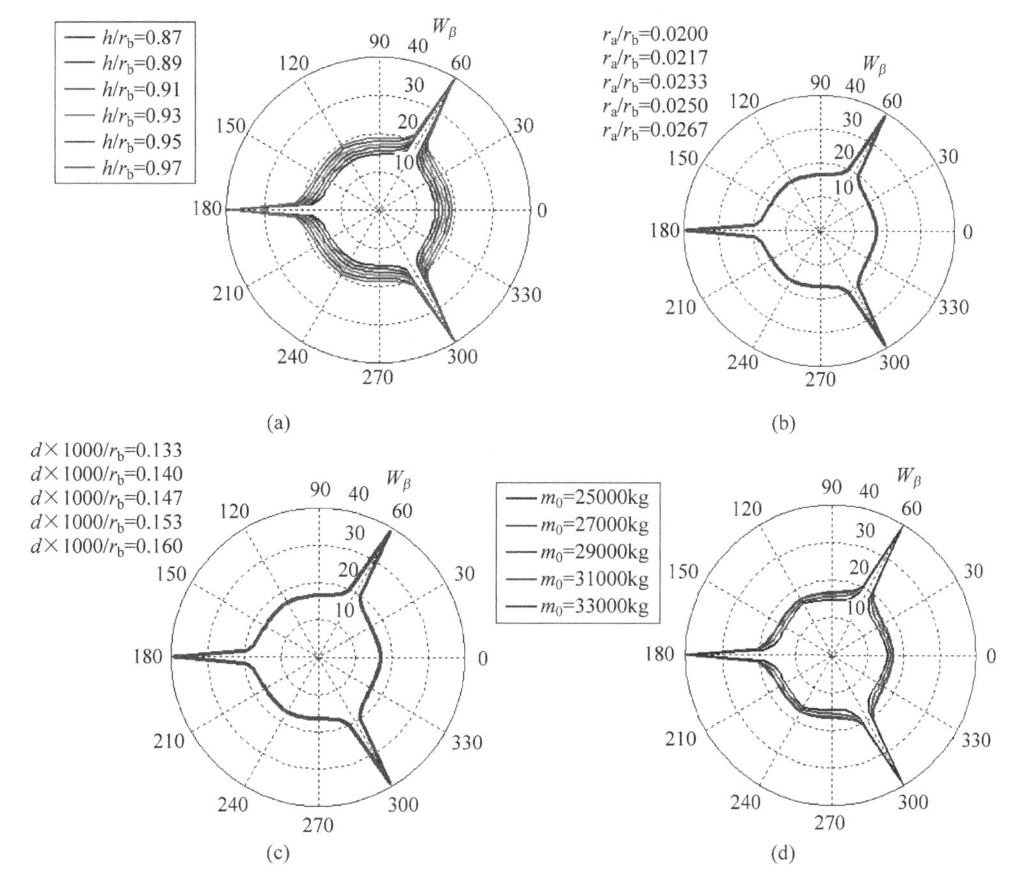

图 5-8 6 索并联机构 4 个待优化参数对 W_β 的影响曲线(见文前彩图)

(a) h/r_b 对最大俯仰角 W_β 的影响；(b) r_a/r_b 对最大俯仰角 W_β 的影响；
(c) d/r_b 对最大俯仰角 W_β 的影响；(d) m_0 对最大俯仰角 W_β 的影响

(1) 随着 h/r_b 的增加,6 索并联机构在工作空间边界上的 W_β 明显变大。

(2) 随着 r_a/r_b 与 d/r_b 的变大,6 索并联机构在工作空间边界上的跟踪角度 W_β 没有明显变化,即这两个尺寸参数对机构的跟踪角度特性影响不大。

(3) W_β 值随着 m_0 值的增大呈现明显的下降趋势,即 6 索并联机构在工作空间边界处的跟踪角度明显变小。

5.4.4 参数综合优化

对大跨度索并联机构的综合优化目标是:选择更优的设计参数使机构力学性能与静刚度特性更优。根据上述的分析结果,可以得到参数变化对机构性能与姿态的影响,如表 5-1 所示。

表 5-1 参数变化对机构性能与姿态的影响

参数	θ_a/θ_b	h/r_b	r_a/r_b	$d\times1000/r_b$	m_0
取值范围	0～0.25	0.87～0.97	0.02～0.0267	0.133～0.16	25～33kN
力特性 $W_{\sigma1}$	↓↓↓	↑↑→	↑↑	↓	↓
力特性 $W_{\sigma2}$	↓↓	↑↑→↓ 峰值在 0.91	↑	→	→
力特性 $W_{\sigma3}$	↓↓/→↓↓	↑↑↑→ 峰值在≥0.93	↑	↓↓	→↓
刚度特性 W_{K1xyz}	→/↑	↓	↑	↑	—
刚度特性 $W_{K1\alpha\beta\gamma}$	↓↓	↑	↑	↑	—
刚度特性 W_{K2xyz}	→/↑	↑	↑	→	—
刚度特性 $W_{K2\alpha\beta\gamma}$	↓↓	↑	→	→	—
跟踪角度 W_β	—	↑	→	→	↓

注:↑表示随参数变化机构性能呈变优趋势,↓表示随参数变化机构性能呈变差趋势,→表示随参数变化机构特性基本不变。箭头越多说明影响越明显。

通过上面的分析,可以得到 FAST 6 索并联机构各参数对机构力学特性及静刚度的影响规律如下:

(1) 分析 θ_a/θ_b 发现,随着这一参数值的增加,除了在平动方向上机构刚度特性 W_{K1xyz} 与 W_{K2xyz} 呈现不变或变优幅度较小以外,机构的力特性及转动刚度特性均呈变差趋势,变化幅度较大。基于此,机构的动平台铰链点的分布为 $\theta_a/\theta_b=0$。

(2) 分析 h/r_b 发现,随着参数数值的增加,机构的力特性、刚度特性及边界处的最大跟踪角度基本呈现变好趋势。其中,刚度特性 W_{K1xyz} 变差但是变化幅度很小,机构的力特性 $W_{\sigma2}$ 先变好再变差,变差幅度较小,而 $W_{\sigma3}$ 先变好再保持不变,峰值分别在 $h/r_b=0.91$ 与 $h/r_b\geqslant0.93$ 处。基于此,为了得到较好的机构力特性与跟踪角度,机构的索塔定为 $h/r_b=0.93$,即 $h=279\text{m}$。

(3) 分析 r_a/r_b 发现,参数对机构的力学特性与刚度特性的影响基本呈变好趋势,因此选择 $r_a/r_b=0.0267$,即 $r_a=8\text{m}$。

(4) 分析 d/r_b 发现,随着参数数值的增加,机构的力学特性呈下降趋势,尤其对力特性 $W_{\sigma3}$ 影响最大,而机构的刚度特性却呈现变好趋势,d/r_b 变化对机构的 W_β 没有明显影响。

因此，为了使机构具有较好的力学特性，选择其 $W_{\sigma 3}>0.9$ 并保证刚度特性的优势，因此选择 $d/r_b=0.14$，即 $d=42$mm。

（5）分析 m_0 发现，m_0 值的增加会使机构具有较差的力学特性，同样也会使机构工作空间边界上的跟踪角度变小，因此应尽量降低 m_0 值。在这里选择 $m_0=25000$kg。

根据各设计参数对机构力学特性及静刚度的影响规律，可给出一组 FAST 项目 6 索并联机构原型的尺度优化设计结果，如表 5-2 所示。

表 5-2 FAST 6 索并联机构优化设计尺寸

符 号	参 数	数 值
r_a	动平台半径	8m
r_b	索塔分布半径	300m
h	索塔高度	279m
d	索直径	42mm
ρ	索线密度	6.35kg/m
E	索弹性模量	1.6×10^{11}Pa
m_0	动平台质量	25000kg
θ_b	静平台铰链分布角度	60°
θ_a	动平台铰链分布角度	0°

5.5 小结

（1）阐述了构建设计参数对机构性能影响程度评价指标及优化设计的方法。

（2）建立了基于力特性和刚度特性的大跨度索并联机构尺寸优化设计方法。

（3）以 FAST 馈源一级支撑系统的 6 索并联机构为例，基于力特性、静刚度特性和最大边界跟踪角度建立系列化优化设计函数；通过综合分析，实现了 6 索并联机构基本尺寸参数、机构布局参数以及动平台承重参数的综合优化。

参考文献

[1] TADOKORO S, NISHIOKA. On fundamental design of wire configuration of wire driven parallel manipulators with redundancy [C]//Proceedings of the Japan- USA Symposium on flexible Automation. Boston, MA, 1996: 151-158.

[2] 郑亚青. 绳牵引并联机构若干关键理论问题及其在风洞支撑系统中的应用研究[D]. 泉州：华侨大学，2004.

[3] 郑亚青，朱文白，刘雄伟. FAST 馈源舱绳牵引并联支撑系统的机构设计[J]. 华侨大学学报(自然科学版)，2007，28(4)：345-349.

[4] LAFOURCADE P, LLIBE M, REBOULET C. Design of a parallel wire-driven manipulator for wind tunnels[C]//Proceeding of the workshop on Fundamental issues and Future Directions for Parallel Mechanisms and Manipulators, Quebec City, Quebec, 2002: 187-194.

[5] MAEDA K, TADOKORO S, TAKAMORI T, et al. On design of a redundant wire-driven parallel robot WAPP manipulator[C]//Proceeding of 1999 IEEE International Conference on Robotics and Automation, Detroit, USA, 1999: 895-900.

[6] 刘树青, 吴洪涛. 一种用于风洞的新型柔索驱动并联机构设计[J]. 南京理工大学学报(自然科学版), 2004, 28(6): 601-605.

[7] NAN R D. Structure for supporting the feedback cabin of the FAST[C]. National Astronomical Observatories Chinese Academy of Science, Report, 2005.

第6章

精调平台并联机构的刚体动力学建模及验证

FAST 最终确定的馈源支撑系统采用三级串联结构，由索并联机构、A-B 转台和刚性 Stewart 并联机构串联组成。索并联机构和 A-B 转台串联构成大范围运动平台(柔性支撑)，保证接收器的工作空间要求；精调平台(精调 Stewart 平台)串联于 A-B 转台下方，是刚性并联机构，用于保证终端接收器的轨迹精度。精调平台的基础平台不是静止的，而是随索并联机构和 A-B 转台运动。因此，精调平台动力学建模的关键问题是需要考虑基础平台的运动状态对并联机构力特性的影响，建立包含基础平台运动参数的完整动力学模型。

目前，并联机构的动力学研究多针对基础平台静止的并联机构(假定基础平台静止且刚性支撑)，即在惯性坐标系下展开其动力学逆解问题的求解，动力学模型中不包含基础平台的运动参数。针对基础平台运动的并联机构动力学模型方面的研究成果很少。本章以 FAST 馈源支撑系统的精调平台为研究对象，综合考虑惯性力、向心力和重力等因素，完成基础平台运动的 Stewart 并联机构的动力学建模。[1] 在获得动力学逆解模型的基础上，给出其动力学仿真流程，利用 Matlab 软件实现仿真分析，并采用实验方法验证了动力学模型的准确性。[2] 精调平台的动力学建模为并联机构的理论研究和 FAST 工程实践奠定了模型基础。

本章中，6.1 节首先梳理了现有的动力学建模方法；6.2 节根据 FAST 精调平台的几何结构定义建模中必要的坐标系、变量和常量，并进行精调 Stewart 平台的运动学分析；6.3 节利用牛顿-欧拉法，对 FAST 馈源支撑系统中的精调 Stewart 并联机构进行动力学建模；6.4 节使用精调 Stewart 平台缩尺模型进行动力学标定和驱动力测量验证实验，验证动力学建模的正确性。

本章主要内容：

(1) 并联机构的动力学建模方法；

(2) 馈源支撑系统描述及运动学模型；

(3) FAST 馈源精调平台动力学建模；

(4) 动力学模型验证方法及实验。

6.1 并联机构的动力学建模方法

并联机构的刚体动力学主要包括动力学正、逆解两大类问题。动力学正解多用于并联机构的运动控制仿真，以便调整控制系统参数，应用范围有限。动力学逆解以及在此基础上进行的并联机构驱动力分析是并联机构驱动电机选型、传动链选择和动力学控制的理论基础。并联机构的动力学逆解问题是在给定动平台运动状态(位置、姿态、速度和加速度参数)的情况下,求解主动关节(驱动关节)的驱动力(或力矩)。针对具有特殊工况要求的并联机构,例如,重载、高速、高频运动或结构敏感性高等,必须进行动力学逆解计算和分析。由于并联机构采用空间闭式运动链,且存在大量被动关节,其动力学建模相对于传统串联机构更加复杂。并联机构动力学逆解建模的主要方法有:牛顿-欧拉法、虚功法、拉格朗日法以及凯恩方法。这些方法推导过程大相径庭,且得出的动力学模型的形式也各不相同,需要根据实际情况进行灵活的选用。下面分别进行介绍。

1. 牛顿-欧拉法

牛顿-欧拉法(Newton-Euler method)是通过联立并联机构的牛顿力学方程和欧拉方程来建立其动力学模型的方法。由于仅采用最基本、最简单的力学原理和概念,因此推导过程十分清晰,物理意义明确。而且通过列写并联机构各子模块的力及力矩方程,能够计算出关节的内力。但是,由于需要求解大量的力学方程,求解过程稍显复杂,得出的动力学方程形式上比较散乱。早期,学者 Merlet[3] 和 Fichter[4] 在忽略运动支链质量的情况下建立了并联机构工作空间作用力与关节空间驱动力之间的映射关系。学者 Do 和 Yang[5] 以及 Reboulet 和 Berthomieu[6] 应用牛顿-欧拉法完成了 Stewart 并联机构的动力学建模。随后,学者 Ji[7] 考虑支链惯量建立了 Stewart 并联机构动力学模型,并研究了支链惯量对 Stewart 并联机构驱动力的影响,认为除惯量重载并联机构外,支链的惯量也会对驱动力产生较大影响,因此不能忽略。印度学者 Dasgupta 等[8-10] 针对应用牛顿-欧拉法建立并联机构动力学模型进行了较深入的研究,在综合考虑摩擦力、重力、科氏力等因素的基础上,细致地推导出 Stewart 并联机构的完整动力学模型。清华大学张立新等[11-12] 针对牛顿-欧拉法获得的 Stewart 并联机构的动力学模型进行简化,在简化误差较小的基础上大幅提高了动力学逆解的计算效率,并将其应用于动力学前馈控制。

2. 虚功法

虚功法(virtual work method)是应用动力学的虚功原理来求解并联机构动力学模型的方法。在虚功法求解过程中,并联机构的关节内力不做功因此不会出现在方程中,避免了关节内力计算,建模过程相对于牛顿-欧拉法得到简化,求解出的并联机构动力学模型形式上较简洁。虚功法的重点是如何选择关键点,选取恰当的关键点可以简化惯性力的求解过程和并联机构动力学表达式。学者 Zhang 和 Song[13] 以及 Wang 和 Gosselin[14] 通过合理选择关键点,求解出了 Stewart 并联机构的偏速度和偏角速度矩阵,利用虚功法建立了其动力学逆解模型。Tsai[15-16] 对并联机构的雅克比矩阵进行了深入的研究,提出了连杆雅克比矩阵,规范了虚功法的求解过程。Staicu 教授[17-18] 利用虚功法对多种构型的并联机器进行了动力学模型推导。清华大学的吴军等[19] 和邵华等[20] 利用虚功法分别针对平面重型并联机床和平面冗余并联机构进行了动力学建模。

3. 拉格朗日法

拉格朗日法(Lagrange method)是基于系统的功和能(动能和势能)建立系统方程,通过偏微分计算最终获得并联机构的动力学模型。这种方法建模过程明确统一,推导出的动力学方程计算效率较高,但是偏微分解析求解的运算量过大。Abdellatif 等[21] 通过合理选择局部坐标系，采用拉格朗日法建立了计算效率较高的 Stewart 平台动力学逆解方程。Li 等[22]采用拉格朗日法推导出 3-PRS 并联机构的动力学方程。李育文等[23]应用拉格朗日法获得了混联三自由度并联机构的动力学方程，并在此基础上进行了配重的优化。

4. 凯恩法

凯恩法(Kane method)的力学原理为凯恩方程，即作用于刚体上相对广义速度的广义力(包括广义惯性力)之和为零。该方法不需要计算理想约束反力，计算过程仅包含向量的点乘和叉乘，计算效率非常高。但是由于其力学概念晦涩难懂，并未得到大量应用。Yun 等[24]和 Yang 等[25]利用凯恩法建立了并联机构的动力学模型，并在此基础上讨论了动力学控制算法。Liu 等[26]提出了一种基于子结构的凯恩方法，使并联机构动力学方程的求解过程得到简化。

目前，并联机构动力学逆解模型的推导都是在惯性坐标系下，针对基础平台静止的并联机构展开的。由于基础平台运动(具有姿态、速度和加速度)，精调 Stewart 并联机构的刚体动力学模型需要考虑基础平台运动对并联机构力特性的影响，动力学建模过程变得尤为复杂，目前针对这方面的研究和理论成果极少。[27]同时，基础平台运动的动力学逆解模型是 FAST 原型机理论分析、仿真和控制算法研究的基础，必须进行详细的推导和研究分析。

6.2 FAST 馈源精调平台运动学分析

FAST 馈源支撑系统是一个多级冗余混联机构。并联机构的运动描述一般分别在基础平台和动平台建立基础平台坐标系和动平台坐标系。精调平台的基础平台随索并联机构和 A-B 转台运动，其基础平台坐标系变为非惯性坐标系，因此需要另外建立全局的惯性坐标系。此外，为了便于描述索并联机构和 A-B 转台的姿态，必须在索并联机构的动平台和 A-B 转台建立相应的坐标系。最终，FAST 馈源支撑系统整体的坐标系建立如图 6-1 所示。

在主动反射面底部建立全局坐标系$\{\boldsymbol{G}\}$：$O\text{-}XYZ$，X 轴指向索塔 C_1，Y 轴指向索塔 C_2 和 C_3 连线的中点。索平台坐标系$\{\boldsymbol{C}\}$：$O'\text{-}X'Y'Z'$，固联于索并联机构动平台(简称为索平台)钢索铰接点所确定平面的几何中心，坐标系的方向如图 6-1 所示。精调平台的动平台坐标系$\{\boldsymbol{P}\}$：$o\text{-}xyz$，固结于球铰转动中心所确定平面的几何中心，x 轴指向 P_1 和 P_6 连线的中点，z 轴垂直于球铰中心平面。精调平台的基础平台坐标系$\{\boldsymbol{B}\}$：$o'\text{-}x'y'z'$，固结于胡克铰转动中心确定平面的几何中心，x'轴指向 B_1 和 B_6 连线的中点，z'轴垂直于胡克铰中心平面。上述坐标系中仅全局坐标系为惯性系，其余均为非惯性随动坐标系。另外，建立一个非惯性平动坐标系——中间坐标系$\{\boldsymbol{M}\}$，固联于 $A\text{-}B$ 转台两个转轴的交点，并且与全局坐标系始终保持平行。

动力学建模中用到的主要符号见表 6-1，其他符号将在出现的位置加以解释和说明。其中，向量和矩阵用粗斜体表示，刚性 Stewart 并联机构的运动支链序号用右下角标 i 表示($i=1,2,\cdots,6$)；索并联机构的索序号用右下角标 j 表示($j=1,2,\cdots,6$)。矩阵和向量的右下角标用于表示其描述的机构信息，左上角标则用于表明其所定义的坐标系。

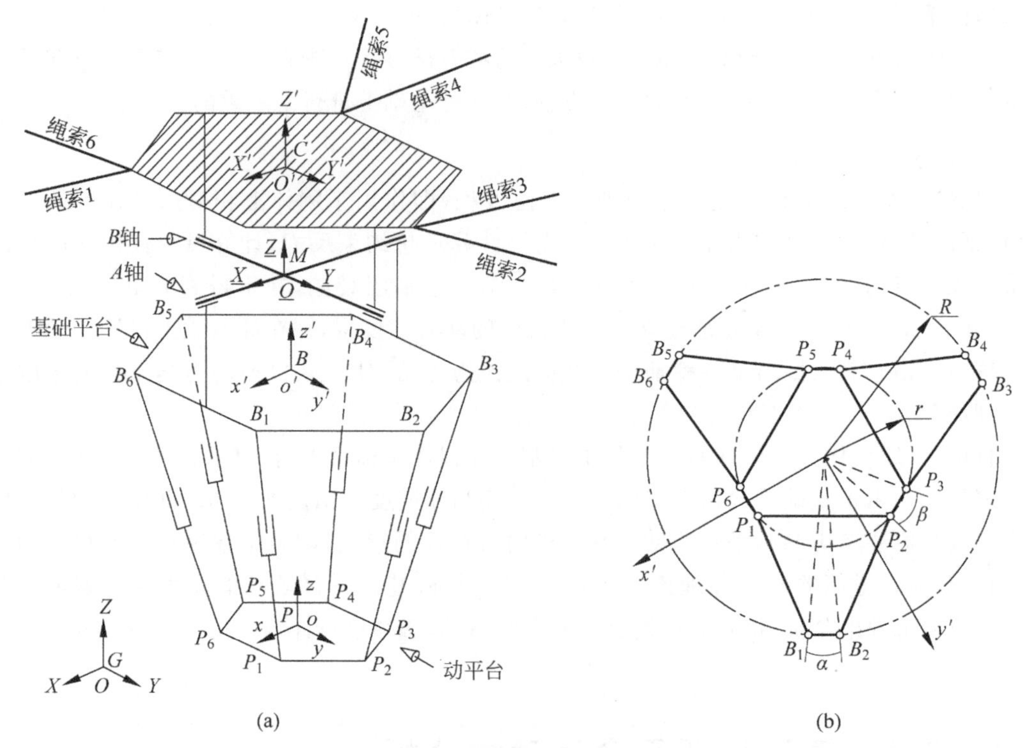

图 6-1 FAST 馈源支撑系统的结构简图

(a) 馈源支撑系统总体结构；(b) 精调平台结构

表 6-1 主要符号说明

符 号	物 理 意 义	描述坐标系
${}^{G}\boldsymbol{R}_{\mathrm{B}}$	精调 Stewart 平台的基础平台旋转矩阵	$\{\boldsymbol{G}\}$
${}^{G}\boldsymbol{t}_{\mathrm{B}}$	精调 Stewart 平台的基础平台位置向量	$\{\boldsymbol{G}\}$
${}^{G}\boldsymbol{R}_{\mathrm{C}}$	索平台旋转矩阵	$\{\boldsymbol{G}\}$
${}^{G}\boldsymbol{t}_{\mathrm{C}}$	索平台位置向量	$\{\boldsymbol{G}\}$
${}^{G}\boldsymbol{\omega}_{\mathrm{C}}$	索平台的角速度	$\{\boldsymbol{G}\}$
${}^{G}\boldsymbol{\varepsilon}_{\mathrm{C}}$	索平台的角加速度	$\{\boldsymbol{G}\}$
${}^{G}\boldsymbol{R}_{\mathrm{B}}$	精调 Stewart 平台的基础平台旋转矩阵	$\{\boldsymbol{C}\}$
$\boldsymbol{b}_i$	精调 Stewart 平台的胡克铰位置向量	$\{\boldsymbol{B}\}$
$\boldsymbol{p}_i$	精调 Stewart 平台的球铰位置向量	$\{\boldsymbol{P}\}$
${}^{B}\boldsymbol{R}_{\mathrm{P}}$	精调 Stewart 平台的动平台旋转矩阵	$\{\boldsymbol{B}\}$
${}^{B}\boldsymbol{t}_{\mathrm{P}}$	精调 Stewart 平台的动平台位置向量	$\{\boldsymbol{B}\}$
${}^{B}\boldsymbol{\omega}_{\mathrm{P}}$	精调 Stewart 平台的动平台角速度	$\{\boldsymbol{B}\}$
${}^{B}\boldsymbol{\varepsilon}_{\mathrm{P}}$	精调 Stewart 平台的动平台角加速度	$\{\boldsymbol{B}\}$

精调 Stewart 并联机构的动平台坐标系原点相对于基础平台的位置向量采用如下描述方法：

$$
{}^{B}\boldsymbol{t}_{\mathrm{P}} = [x, y, z]^{\mathrm{T}} \tag{6-1}
$$

动平台的姿态描述采用 RPY 角描述，即以动平台坐标系相对基础平台坐标系的 3 个连续转动来进行其姿态的描述。假设开始时，坐标系$\{\boldsymbol{P}_3\}$：$o\text{-}x_3y_3z_3$与$\{\boldsymbol{B}\}$重合。首先$\{\boldsymbol{P}_3\}$绕$\{\boldsymbol{B}\}$的x'轴转ψ角，形成坐标系$\{\boldsymbol{P}_2\}$：$o\text{-}x_2y_2z_2$，然后$\{\boldsymbol{P}_2\}$绕$\{\boldsymbol{B}\}$的y'轴旋转θ角，形成坐标系$\{\boldsymbol{P}_1\}$：$o\text{-}x_1y_1z_1$；最后$\{\boldsymbol{P}_1\}$绕$\{\boldsymbol{B}\}$的z'轴旋转ϕ角，形成坐标系$\{\boldsymbol{P}\}$：$o\text{-}xyz$，具体过程如图 6-2 所示。可以获得旋转矩阵的表达式为

$$\begin{aligned}{}^{B}\boldsymbol{R}_{\mathrm{P}} &= \boldsymbol{R}(\psi,\theta,\phi)=\boldsymbol{R}(z',\phi)\boldsymbol{R}(y',\theta)\boldsymbol{R}(x',\psi)\\ &= \begin{bmatrix} \mathrm{c}\phi\mathrm{c}\theta & \mathrm{c}\phi\mathrm{s}\theta\mathrm{s}\psi-\mathrm{s}\phi\mathrm{c}\psi & \mathrm{c}\phi\mathrm{s}\theta\mathrm{c}\psi+\mathrm{s}\phi\mathrm{s}\psi \\ \mathrm{s}\phi\mathrm{c}\theta & \mathrm{s}\phi\mathrm{s}\theta\mathrm{s}\psi+\mathrm{c}\phi\mathrm{c}\psi & \mathrm{s}\phi\mathrm{s}\theta\mathrm{c}\psi-\mathrm{c}\phi\mathrm{s}\psi \\ -\mathrm{s}\theta & \mathrm{c}\theta\mathrm{s}\psi & \mathrm{c}\phi\mathrm{c}\psi \end{bmatrix}\end{aligned} \tag{6-2}$$

其中，ψ为滚动角；θ为俯仰角；ϕ为偏摆角；c 代表余弦运算；s 代表正弦运算。由于 Stewart 并联机构的 3 个连续转动角度无法达到 90°，因此可以通过该旋转矩阵方便地反求出 3 个转动角度。

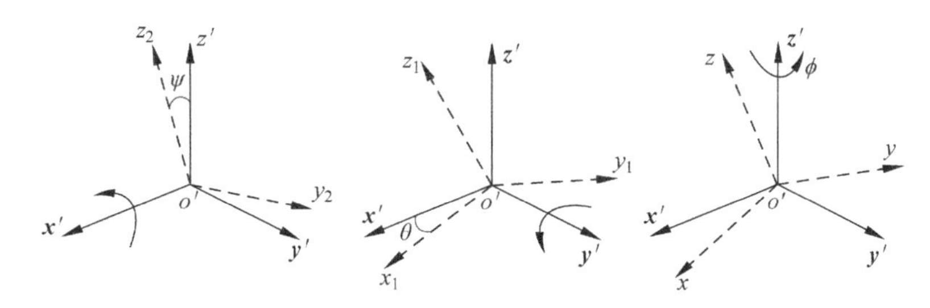

图 6-2 旋转矩阵的 RPY 角定义示意图

由于精调 Stewart 平台的基础平台跟随索并联机构和 A-B 转台运动，因此基础平台坐标系$\{\boldsymbol{B}\}$为非惯性随动坐标系。建立一系列平行于全局坐标系$\{\boldsymbol{G}\}$的非惯性平动坐标系，在非惯性平动坐标系下进行动力学方程的联立。因此，需要将各运动参数转换到非惯性平动坐标系下求解。非惯性平动坐标系的线加速度(牵连加速度)在最后求解。由于 Stewart 并联机构的伸缩支链结构完全相同，各伸缩支链的运动学推导过程相似，所以在下面的运动学推导过程中，可以将表示支链序号的右下角标i省略。

精调 Stewart 并联机构伸缩支链的运动学模型如图 6-3 所示。伸缩支链的上段和下段分别定义局部坐标系$\{\boldsymbol{L}\}$和$\{\boldsymbol{U}\}$。坐标系$\{\boldsymbol{L}\}$固结于B_i点(支链的胡克铰转动中心)，x轴沿支链方向指向P_i点，将x轴向量与B_i点坐标向量的叉乘积定义为$\{\boldsymbol{L}\}$坐标系的y轴方向。坐标系$\{\boldsymbol{U}\}$固结于伸缩支链的球铰转动中心，且各坐标轴方向平行于坐标系$\{\boldsymbol{L}\}$。建立两个临时非惯性平动坐标系$\{\boldsymbol{L}'\}$和$\{\boldsymbol{P}'\}$(未在图中标出)。这两个坐标系分别固结于坐标系$\{\boldsymbol{L}\}$和$\{\boldsymbol{P}\}$的原点，且始终平行于全局惯性坐标系$\{\boldsymbol{G}\}$。

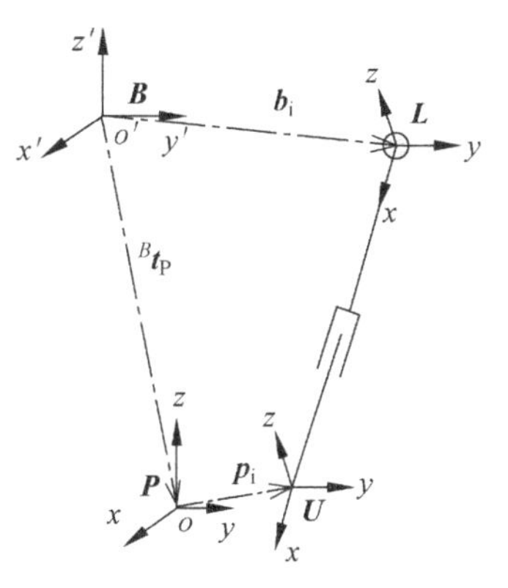

图 6-3 Stewart 并联机构伸缩支链的运动学模型

基于旋转矩阵和相对位置向量，球铰转动中心P_i点的位置向量可以分别转换到基础坐标系$\{\boldsymbol{B}\}$和全局坐标系$\{\boldsymbol{G}\}$下，得到

$${}^{B}\boldsymbol{P}={}^{B}\boldsymbol{R}_{\mathrm{P}}\boldsymbol{P}+{}^{B}\boldsymbol{t}_{\mathrm{P}} \tag{6-3}$$

和

$$^{G}\boldsymbol{P}={}^{G}\boldsymbol{t}_{\mathrm{B}}+{}^{G}\boldsymbol{R}_{\mathrm{B}}{}^{B}\boldsymbol{P}={}^{G}\boldsymbol{t}_{\mathrm{B}}+{}^{G}\boldsymbol{R}_{\mathrm{B}}({}^{B}\boldsymbol{R}_{\mathrm{P}}\boldsymbol{P}+{}^{B}\boldsymbol{t}_{\mathrm{P}}) \tag{6-4}$$

其中，${}^{G}\boldsymbol{t}_{\mathrm{B}}$ 为全局坐标系下精调 Stewart 平台的基础平台几何中心位置向量，可以通过索平台的姿态、位置和 A-B 转台的转角描述。胡克铰转动中心 B_i 点可以在全局坐标系$\{\boldsymbol{G}\}$下表示为

$$^{G}\boldsymbol{b}={}^{G}\boldsymbol{t}_{\mathrm{B}}+{}^{G}\boldsymbol{R}_{\mathrm{B}}\boldsymbol{b} \tag{6-5}$$

支链向量 $\boldsymbol{S}$（从局部坐标系$\{\boldsymbol{L}\}$的坐标原点指向局部坐标系$\{\boldsymbol{U}\}$的坐标原点）可以表示为 B_i 点和 P_i 点位置向量之差。在基础坐标系$\{\boldsymbol{B}\}$和全局坐标系$\{\boldsymbol{G}\}$下分别获得伸缩支链向量的表达式为

$$^{B}\boldsymbol{S}={}^{B}\boldsymbol{P}-\boldsymbol{b} \tag{6-6}$$

和

$$^{G}\boldsymbol{S}={}^{G}\boldsymbol{P}-{}^{G}\boldsymbol{b}={}^{G}\boldsymbol{R}_{\mathrm{B}}({}^{B}\boldsymbol{P}-\boldsymbol{b}) \tag{6-7}$$

进一步，可以求出伸缩支链的长度，即 Stewart 并联机构的位置逆解方程为

$$L=\|{}^{G}\boldsymbol{S}\|=\|{}^{B}\boldsymbol{S}\| \tag{6-8}$$

伸缩支链的单位向量可以表示为

$$^{B}\boldsymbol{s}={}^{B}\boldsymbol{S}/L \tag{6-9}$$

和

$$^{G}\boldsymbol{s}={}^{G}\boldsymbol{S}/L={}^{G}\boldsymbol{R}_{\mathrm{B}}({}^{B}\boldsymbol{S}/L)={}^{G}\boldsymbol{R}_{\mathrm{B}}{}^{B}\boldsymbol{s} \tag{6-10}$$

在牛顿-欧拉方程联立时，伸缩支链的欧拉方程围绕胡克铰回转中心 B_i 点建立。因此，需推导出伸缩支链上、下段杆件的质心位置向量在坐标系$\{\boldsymbol{L}'\}$内的描述。伸缩支链从坐标系$\{\boldsymbol{L}\}$到坐标系$\{\boldsymbol{L}'\}$的旋转矩阵可以通过位置向量 $\boldsymbol{b}_i$ 求出，具体过程如下所示：

$$\begin{aligned}&\boldsymbol{x}={}^{G}\boldsymbol{R}_{\mathrm{B}}{}^{B}\boldsymbol{s}\\&\boldsymbol{y}={}^{G}\boldsymbol{R}_{\mathrm{B}}({}^{B}\boldsymbol{s}\times\boldsymbol{b})/\|{}^{B}\boldsymbol{s}\times\boldsymbol{b}\|\\&\boldsymbol{z}=\boldsymbol{x}\times\boldsymbol{y}\end{aligned}$$

进一步可以获得旋转矩阵如下：

$$^{G}\boldsymbol{T}=[\boldsymbol{x}\quad\boldsymbol{y}\quad\boldsymbol{z}]={}^{G}\boldsymbol{R}_{\mathrm{B}}{}^{B}\boldsymbol{T} \tag{6-11}$$

伸缩支链上、下段杆件的质心向量在各自局部坐标系$\{\boldsymbol{L}\}$和$\{\boldsymbol{U}\}$内定义，分别为 $\boldsymbol{r}_{\mathrm{Lo}}$ 和 $\boldsymbol{r}_{\mathrm{Uo}}$，将其转换到坐标系$\{\boldsymbol{L}'\}$内可表示为

$$\boldsymbol{r}_{\mathrm{L}}={}^{G}\boldsymbol{T}\boldsymbol{r}_{\mathrm{Lo}} \tag{6-12}$$

$$\boldsymbol{r}_{\mathrm{U}}={}^{G}\boldsymbol{S}+{}^{G}\boldsymbol{T}\boldsymbol{r}_{\mathrm{Uo}} \tag{6-13}$$

从位置分析可以看出，对于精调 Stewart 并联机构，其各部件的位置向量关系表达式内包含基础平台旋转矩阵${}^{G}\boldsymbol{R}_{\mathrm{B}}$。即精调 Stewart 并联机构的位置表达式能够反映基础平台姿态的影响。

将式(6-7)两边同时对时间求导，可以得到全局坐标系$\{\boldsymbol{G}\}$下伸缩支链的速度映射方程：

$$^{G}\dot{\boldsymbol{S}}={}^{G}\omega_{\mathrm{B}}\times{}^{G}\boldsymbol{R}_{\mathrm{B}}({}^{B}\boldsymbol{R}_{\mathrm{P}}\boldsymbol{P}+{}^{B}\boldsymbol{t}_{\mathrm{P}}-\boldsymbol{b})+{}^{G}\boldsymbol{R}_{\mathrm{B}}[{}^{B}\omega_{\mathrm{P}}\times({}^{B}\boldsymbol{R}_{\mathrm{P}}\boldsymbol{P})+{}^{B}\dot{\boldsymbol{t}}_{\mathrm{P}}] \tag{6-14}$$

进一步整理得到

$$^{G}\dot{\boldsymbol{S}}={}^{G}\omega_{\mathrm{B}}\times{}^{G}\boldsymbol{S}+{}^{G}\boldsymbol{R}_{\mathrm{B}}{}^{B}\dot{\boldsymbol{S}} \tag{6-15}$$

式中，

$$^{B}\dot{\boldsymbol{S}}={}^{B}\boldsymbol{\omega}_{\mathrm{P}}\times({}^{B}\boldsymbol{R}_{\mathrm{P}}\boldsymbol{P})+{}^{B}\dot{\boldsymbol{t}}_{\mathrm{P}}$$

该式也可通过式(6-6)两边同时对时间求导直接获得。

根据对速度向量$^{G}\dot{\boldsymbol{S}}$的分析,可将其用伸缩支链沿支链方向的伸缩速度$\dot{L}$和垂直支链方向的摆动角速度$^{G}\boldsymbol{W}$表示,即

$$^{G}\dot{\boldsymbol{S}}=\dot{L}\,^{G}\boldsymbol{s}+L\,^{G}\boldsymbol{W}\times{}^{G}\boldsymbol{s} \tag{6-16}$$

将式(6-16)两端分别点乘$^{G}\boldsymbol{s}$,可以求出支链伸缩速度$\dot{L}$的表达式为

$$\dot{L}={}^{G}\boldsymbol{s}\cdot{}^{G}\dot{\boldsymbol{S}}={}^{G}\boldsymbol{s}\cdot({}^{G}\boldsymbol{\omega}_{\mathrm{B}}\times{}^{G}\boldsymbol{S})+({}^{G}\boldsymbol{R}_{\mathrm{B}}{}^{B}\boldsymbol{s})\cdot({}^{G}\boldsymbol{R}_{\mathrm{B}}{}^{B}\dot{\boldsymbol{S}}) \tag{6-17}$$

由于$^{G}\boldsymbol{s}\cdot({}^{G}\boldsymbol{\omega}_{\mathrm{B}}\times{}^{G}\boldsymbol{S})=0$,上式可以化简为

$$\dot{L}={}^{B}\boldsymbol{s}\cdot{}^{B}\dot{\boldsymbol{S}}$$

将式(6-16)两端分别叉乘$^{G}\boldsymbol{s}$可以获得伸缩支链摆动角速度的表达式:

$$^{G}\boldsymbol{W}={}^{G}\boldsymbol{s}\times{}^{G}\dot{\boldsymbol{S}}/L \tag{6-18}$$

将式(6-15)代入化简可得

$$^{G}\boldsymbol{W}={}^{G}\boldsymbol{\omega}_{\mathrm{B}}-({}^{G}\boldsymbol{s}\cdot{}^{G}\boldsymbol{\omega}_{\mathrm{B}}){}^{G}\boldsymbol{s}+{}^{G}\boldsymbol{R}_{\mathrm{B}}{}^{B}\boldsymbol{W} \tag{6-19}$$

式中,

$$^{B}\boldsymbol{W}={}^{B}\boldsymbol{s}\times{}^{B}\dot{\boldsymbol{S}}/L$$

从速度分析可以看出,相对基础平台静止的并联机构,精调 Stewart 并联机构各部件的速度表达式更加复杂。各部件速度向量在全局坐标系下的描述,包含基础平台的姿态$^{G}\boldsymbol{R}_{\mathrm{B}}$和角速度$^{G}\boldsymbol{\omega}_{\mathrm{B}}$等运动参数,反映基础平台运动的影响。

与速度映射方程相似,伸缩支链的加速度映射方程同样有两种表达方式。式(6-15)两边分别对时间求导可以得到

$$^{G}\ddot{\boldsymbol{S}}={}^{G}\varepsilon_{\mathrm{B}}\times{}^{G}\boldsymbol{S}+{}^{G}\boldsymbol{\omega}_{\mathrm{B}}\times{}^{G}\dot{\boldsymbol{S}}+{}^{G}\boldsymbol{\omega}_{\mathrm{B}}\times({}^{G}\boldsymbol{R}_{\mathrm{B}}{}^{B}\dot{\boldsymbol{S}})+{}^{G}\boldsymbol{R}_{\mathrm{B}}{}^{B}\ddot{\boldsymbol{S}} \tag{6-20}$$

式中,

$$^{B}\ddot{\boldsymbol{S}}={}^{B}\boldsymbol{\varepsilon}_{\mathrm{P}}\times({}^{B}\boldsymbol{R}_{\mathrm{P}}\boldsymbol{P})+{}^{B}\boldsymbol{\omega}_{\mathrm{P}}\times[{}^{B}\boldsymbol{\omega}_{\mathrm{P}}\times({}^{B}\boldsymbol{R}_{\mathrm{P}}\boldsymbol{P})]+{}^{B}\ddot{\boldsymbol{t}}_{\mathrm{P}}$$

式(6-16)两边分别对时间求导可以得到伸缩支链加速度的另一种表达形式:

$$^{G}\ddot{\boldsymbol{S}}=\ddot{L}\,^{G}\boldsymbol{s}+{}^{G}\boldsymbol{W}\times({}^{G}\boldsymbol{W}\times{}^{G}\boldsymbol{S})+2\,^{G}\boldsymbol{W}\times\dot{L}\,^{G}\boldsymbol{s}+{}^{G}\boldsymbol{A}\times{}^{G}\boldsymbol{S} \tag{6-21}$$

通过化简可以得到

$$^{G}\ddot{\boldsymbol{S}}=(\ddot{L}-L\,^{G}\boldsymbol{W}^{G}\boldsymbol{W}){}^{G}\boldsymbol{s}+2\,^{G}\boldsymbol{W}\times\dot{L}\,^{G}\boldsymbol{s}+{}^{G}\boldsymbol{A}\times{}^{G}\boldsymbol{S} \tag{6-22}$$

式(6-22)两边分别点乘和叉乘伸缩支链单位向量$^{G}\boldsymbol{s}$,可以获得伸缩支链伸缩加速度$\ddot{L}$和摆动角加速度$^{G}\boldsymbol{A}$的表达式:

$$\ddot{L}=L\,^{G}\boldsymbol{W}^{G}\boldsymbol{W}+{}^{G}\boldsymbol{s}\,^{G}\ddot{\boldsymbol{S}} \tag{6-23}$$

和

$$^{G}\boldsymbol{A}=({}^{G}\boldsymbol{s}\times{}^{G}\ddot{\boldsymbol{S}}-2\dot{L}\,^{G}\boldsymbol{W})/L \tag{6-24}$$

伸缩支链上、下段质心在非惯性平动坐标系$\{\boldsymbol{L}'\}$中的相对线加速度可以表示为

$$\boldsymbol{a}_{\mathrm{L}}={}^{G}\boldsymbol{A}\times\boldsymbol{r}_{\mathrm{L}}+{}^{G}\boldsymbol{W}\times({}^{G}\boldsymbol{W}\times\boldsymbol{r}_{\mathrm{L}}) \tag{6-25}$$

$$\boldsymbol{a}_{\mathrm{U}} = {}^{G}\boldsymbol{A} \times \boldsymbol{r}_{\mathrm{U}} + {}^{G}\boldsymbol{W} \times ({}^{G}\boldsymbol{W} \times \boldsymbol{r}_{\mathrm{U}}) + \ddot{L}\,{}^{G}\boldsymbol{s} + 2\dot{L}({}^{G}\boldsymbol{W} \times {}^{G}\boldsymbol{s}) \tag{6-26}$$

在全局坐标系$\{\boldsymbol{G}\}$下，非惯性平动坐标系$\{\boldsymbol{L}'\}$的加速度（相对全局坐标系的平动牵连加速度）可以表示为

$$\boldsymbol{a}_{\mathrm{Lr}} = {}^{G}\ddot{\boldsymbol{t}}_{\mathrm{B}} + {}^{G}\boldsymbol{\varepsilon}_{\mathrm{B}} \times ({}^{G}\boldsymbol{R}_{\mathrm{B}}\boldsymbol{b}) + {}^{G}\boldsymbol{\omega}_{\mathrm{B}} \times ({}^{G}\boldsymbol{\omega}_{\mathrm{B}} \times {}^{G}\boldsymbol{R}_{\mathrm{B}}\boldsymbol{b}) \tag{6-27}$$

分析可知，精调 Stewart 并联机构的加速度参数的描述方程中包含基础平台的平动加速度${}^{G}\ddot{\boldsymbol{t}}_{\mathrm{B}}$、转动角速度${}^{G}\boldsymbol{\omega}_{\mathrm{B}}$、角加速度${}^{G}\boldsymbol{\varepsilon}_{\mathrm{B}}$ 和姿态${}^{G}\boldsymbol{R}_{\mathrm{B}}$，但并未包含基础平台的相对位置和平动速度。

下面求解精调 Stewart 并联机构动平台的速度和加速度参数。在动平台非惯性随动坐标系$\{\boldsymbol{P}\}$的原点引入一个非惯性平动坐标系$\{\boldsymbol{P}'\}$。坐标系$\{\boldsymbol{P}'\}$与全局坐标系始终保持平行。

假设 $\boldsymbol{e}_{\mathrm{Po}}$ 是坐标系$\{\boldsymbol{P}\}$下描述动平台质心位置的向量，该位置向量在坐标系$\{\boldsymbol{P}'\}$下的描述可表示为

$${}^{G}\boldsymbol{e}_{\mathrm{P}} = {}^{G}\boldsymbol{R}_{\mathrm{B}}({}^{B}\boldsymbol{R}_{\mathrm{P}}\boldsymbol{e}_{\mathrm{Po}}) \tag{6-28}$$

根据刚体运动叠加理论，在全局坐标系$\{\boldsymbol{G}\}$下，精调 Stewart 并联机构动平台的角速度和角加速度可以表示为

$${}^{G}\boldsymbol{\omega}_{\mathrm{P}} = {}^{G}\boldsymbol{\omega}_{\mathrm{B}} + {}^{G}\boldsymbol{R}_{\mathrm{B}}{}^{B}\boldsymbol{\omega}_{\mathrm{P}} \tag{6-29}$$

$${}^{G}\boldsymbol{\varepsilon}_{\mathrm{P}} = {}^{G}\boldsymbol{\varepsilon}_{\mathrm{B}} + {}^{G}\boldsymbol{R}_{\mathrm{B}}{}^{B}\boldsymbol{\varepsilon}_{\mathrm{P}} + {}^{G}\boldsymbol{\omega}_{\mathrm{B}} \times ({}^{G}\boldsymbol{R}_{\mathrm{B}}{}^{B}\boldsymbol{\omega}_{\mathrm{P}}) \tag{6-30}$$

进一步地，可以求出精调 Stewart 并联机构的动平台非惯性平动坐标系$\{\boldsymbol{P}'\}$的牵连加速度（在全局坐标系下描述的坐标系$\{\boldsymbol{P}'\}$的平动加速度）：

$$\boldsymbol{a}_{\mathrm{Pr}} = {}^{G}\ddot{\boldsymbol{t}}_{\mathrm{B}} + {}^{G}\boldsymbol{R}_{\mathrm{B}}{}^{B}\ddot{\boldsymbol{t}}_{\mathrm{P}} + {}^{G}\boldsymbol{\varepsilon}_{\mathrm{B}} \times ({}^{G}\boldsymbol{R}_{\mathrm{B}}{}^{B}\boldsymbol{t}_{P}) + {}^{G}\boldsymbol{\omega}_{\mathrm{B}} \times [{}^{G}\boldsymbol{\omega}_{B} \times ({}^{G}\boldsymbol{R}_{\mathrm{B}}{}^{B}\boldsymbol{t}_{\mathrm{P}})] + 2{}^{G}\boldsymbol{\omega}_{\mathrm{B}} \times {}^{G}\boldsymbol{R}_{\mathrm{B}}{}^{B}\dot{\boldsymbol{t}}_{\mathrm{P}} \tag{6-31}$$

并联机构的牛顿-欧拉方程是在非惯性平动坐标系（与全局坐标系平行）下联立的，因此需要把柔性支撑 Stewart 并联机构各部件在局部坐标系下定义的相对质心的惯量矩阵，转换为其在全局坐标系下相对于质心的惯量矩阵。伸缩支链上段的转动惯量 $\boldsymbol{I}_{\mathrm{Lo}}$ 是在坐标系$\{\boldsymbol{L}\}$下定义的，将其转换到全局坐标系$\{\boldsymbol{G}\}$下可得

$$\boldsymbol{I}_{\mathrm{L}} = {}^{G}\boldsymbol{T}\boldsymbol{I}_{\mathrm{Lo}}{}^{G}\boldsymbol{T}^{\mathrm{T}} \tag{6-32}$$

同理，可以求出伸缩支链下段在坐标系$\{\boldsymbol{U}\}$下定义的转动惯量 $\boldsymbol{I}_{\mathrm{Uo}}$ 在全局坐标系$\{\boldsymbol{G}\}$下的表达式：

$$\boldsymbol{I}_{\mathrm{U}} = {}^{G}\boldsymbol{T}\boldsymbol{I}_{\mathrm{Uo}}{}^{G}\boldsymbol{T}^{\mathrm{T}} \tag{6-33}$$

柔性支撑 Stewart 并联机构动平台在局部坐标系$\{\boldsymbol{P}\}$下获得的惯量矩阵为 $\boldsymbol{I}_{\mathrm{Po}}$，将其转换到全局坐标系下可得

$$\boldsymbol{I}_{\mathrm{P}} = ({}^{G}\boldsymbol{R}_{\mathrm{B}}{}^{B}\boldsymbol{R}_{\mathrm{P}})\boldsymbol{I}_{\mathrm{Po}}({}^{G}\boldsymbol{R}_{\mathrm{B}}{}^{B}\boldsymbol{R}_{\mathrm{P}})^{\mathrm{T}} \tag{6-34}$$

至此，精调 Stewart 并联机构动力学方程所需要的运动和惯量参数都已获得解析描述，下面将专注于动力学方程的联立和支链驱动力的求解。

6.3 FAST 馈源精调平台动力学建模

首先，建立伸缩支链的欧拉方程。在非惯性平动坐标系$\{\boldsymbol{L}'\}$下，相对于胡克铰转动中心 B_i 建立整条支链的欧拉方程，可得

$$
\begin{aligned}
&{}^{G}\boldsymbol{S}\times\boldsymbol{F}_{S}+M_{U}{}^{G}\boldsymbol{s}-C_{U}{}^{B}\boldsymbol{W}-C_{S}({}^{B}\boldsymbol{W}-{}^{B}\boldsymbol{\omega}_{P})\\
&=m_{L}\boldsymbol{r}_{L}\times\boldsymbol{a}_{L}+m_{U}\boldsymbol{r}_{U}\times\boldsymbol{a}_{U}+(\boldsymbol{I}_{L}+\boldsymbol{I}_{U}){}^{G}\boldsymbol{A}+{}^{G}\boldsymbol{W}\times[(\boldsymbol{I}_{L}+\boldsymbol{I}_{U}){}^{G}\boldsymbol{W}]+\\
&\quad(m_{L}\boldsymbol{r}_{L}+m_{U}\boldsymbol{r}_{U})\times\boldsymbol{a}_{Lr}-(m_{L}\boldsymbol{r}_{L}+m_{U}\boldsymbol{r}_{U})\times\boldsymbol{g}
\end{aligned}
\tag{6-35}
$$

式中，M_U 是胡克铰施加给伸缩支链的抑制其绕自身转动的限制转矩的模；$\boldsymbol{F}_S$ 是球铰施加给伸缩支链的作用力；C_U 是胡克铰处的摩擦系数；C_S 是球铰处的摩擦系数。可以将式(6-35)写成比较简洁的形式：

$$
{}^{G}\boldsymbol{S}\times\boldsymbol{F}_{S}+M_{U}{}^{G}\boldsymbol{s}=\boldsymbol{D}
\tag{6-36}
$$

式中，

$$
\begin{aligned}
\boldsymbol{D}=&m_{L}\boldsymbol{r}_{L}\times\boldsymbol{a}_{L}+m_{U}\boldsymbol{r}_{U}\times\boldsymbol{a}_{U}+(\boldsymbol{I}_{L}+\boldsymbol{I}_{U}){}^{G}\boldsymbol{A}+{}^{G}\boldsymbol{W}\times[(\boldsymbol{I}_{L}+\boldsymbol{I}_{U}){}^{G}\boldsymbol{W}]+\\
&(m_{L}\boldsymbol{r}_{L}+m_{U}\boldsymbol{r}_{U})\times\boldsymbol{a}_{Lr}-(m_{L}\boldsymbol{r}_{L}+m_{U}\boldsymbol{r}_{U})\times\boldsymbol{g}+C_{U}{}^{B}\boldsymbol{W}+C_{S}({}^{B}\boldsymbol{W}-{}^{B}\boldsymbol{\omega}_{P})
\end{aligned}
$$

为消去 M_U，将式(6-36)两端分别叉乘伸缩支链的单位方向向量${}^{G}\boldsymbol{s}$，整理可得

$$
{}^{G}\boldsymbol{F}_{S}=\boldsymbol{C}+F_{Leg}{}^{G}\boldsymbol{s}
\tag{6-37}
$$

式中，

$$
\boldsymbol{C}=\frac{\boldsymbol{D}\times{}^{G}\boldsymbol{s}}{L}
$$

$$
{}^{G}\boldsymbol{s}\cdot{}^{G}\boldsymbol{F}_{S}=F_{Leg}
$$

至此，包含 3 个未知数的向量${}^{G}\boldsymbol{F}_S$ 转化为一维标量 F_{Leg}。

进一步建立精调 Stewart 并联机构动平台的动力学方程。在坐标系$\{\boldsymbol{P}'\}$下，建立力平衡方程：

$$
m_{P}\boldsymbol{g}+\boldsymbol{F}_{ext}-\sum_{i=1}^{6}{}^{G}\boldsymbol{F}_{Si}-m_{P}\boldsymbol{a}_{Pr}=m_{P}\boldsymbol{a}_{P}
\tag{6-38}
$$

相对坐标系$\{\boldsymbol{P}'\}$的坐标原点，建立动平台的欧拉方程：

$$
\begin{aligned}
&m_{P}{}^{G}\boldsymbol{e}\times\boldsymbol{g}+\boldsymbol{M}_{ext}-\sum_{i=1}^{6}[({}^{G}\boldsymbol{R}_{B}{}^{B}\boldsymbol{R}_{P}\boldsymbol{P}_{i})\times{}^{G}\boldsymbol{F}_{Si}]-m_{P}{}^{G}\boldsymbol{e}\times\boldsymbol{a}_{Pr}\\
&=m_{P}{}^{G}\boldsymbol{e}\times\boldsymbol{a}_{P}+{}^{G}\boldsymbol{\varepsilon}_{P}\boldsymbol{I}_{P}+{}^{G}\boldsymbol{\omega}_{P}\times(\boldsymbol{I}_{P}{}^{G}\boldsymbol{\omega}_{P})
\end{aligned}
\tag{6-39}
$$

式中，$\boldsymbol{F}_{ext}$ 和 $\boldsymbol{M}_{ext}$ 分别为作用于动平台的外力和外力矩(在全局坐标系下描述)。将式(6-37)代入动平台的牛顿-欧拉方程(6-38)和方程(6-39)，化简可以得到

$$
\sum_{i=1}^{6}(F_{Legi}{}^{G}\boldsymbol{s}_{i})=m_{P}\boldsymbol{g}+\boldsymbol{F}_{ext}-\sum_{i=1}^{6}\boldsymbol{C}_{i}-m_{P}\boldsymbol{a}_{Pr}-m_{P}\boldsymbol{a}_{P}
\tag{6-40}
$$

$$
\begin{aligned}
\sum_{i=1}^{6}[\boldsymbol{F}_{Legi}({}^{G}\boldsymbol{R}_{B}{}^{B}\boldsymbol{R}_{P}\boldsymbol{P}_{i})\times{}^{G}\boldsymbol{s}_{i}]=&m_{P}{}^{G}\boldsymbol{e}\times(\boldsymbol{g}-\boldsymbol{a}_{P}-\boldsymbol{a}_{Pr})+\boldsymbol{M}_{ext}-{}^{G}\boldsymbol{\varepsilon}_{P}\boldsymbol{I}_{P}-{}^{G}\boldsymbol{\omega}_{P}\times\\
&(\boldsymbol{I}_{P}{}^{G}\boldsymbol{\omega}_{P})-\sum_{i=1}^{6}[({}^{G}\boldsymbol{R}_{B}{}^{B}\boldsymbol{R}_{P}\boldsymbol{P}_{i})\times\boldsymbol{C}_{i}]
\end{aligned}
\tag{6-41}
$$

通过分析发现，将式(6-40)和式(6-41)联立可以获得 6 个方程，其中包含 6 个未知数 $F_{Legi}(i=1,2,\cdots,6)$，所以上面的方程可以获得唯一解。将式(6-40)和式(6-41)写成矩阵形式：

$$
\boldsymbol{H}\boldsymbol{F}_{Leg}=\boldsymbol{N}
\tag{6-42}
$$

式中，

$$\boldsymbol{H}=\begin{bmatrix} {}^G\boldsymbol{s}_1 & {}^G\boldsymbol{s}_2 & {}^G\boldsymbol{s}_3 & {}^G\boldsymbol{s}_4 & {}^G\boldsymbol{s}_5 & {}^G\boldsymbol{s}_6 \\ \boldsymbol{j}_1 & \boldsymbol{j}_2 & \boldsymbol{j}_3 & \boldsymbol{j}_4 & \boldsymbol{j}_5 & \boldsymbol{j}_6 \end{bmatrix}$$

其中

$$\boldsymbol{j}_i=({}^G\boldsymbol{R}_{\mathrm{B}}{}^B\boldsymbol{R}_{\mathrm{P}}\boldsymbol{P}_i)\times{}^G\boldsymbol{s}_i \quad i=1,2,\cdots,6$$

$$\boldsymbol{F}_{\mathrm{Leg}}=[F_{\mathrm{Leg1}},F_{\mathrm{Leg2}},F_{\mathrm{Leg3}},F_{\mathrm{Leg4}},F_{\mathrm{Leg5}},F_{\mathrm{Leg6}}]^{\mathrm{T}}$$

$$\boldsymbol{N}=\begin{bmatrix}\boldsymbol{n}_1\\ \boldsymbol{n}_2\end{bmatrix}$$

其中

$$\boldsymbol{n}_1=m_{\mathrm{P}}\boldsymbol{g}+\boldsymbol{F}_{\mathrm{ext}}-\sum_{i=1}^{6}\boldsymbol{C}_i-m_{\mathrm{P}}\boldsymbol{a}_{\mathrm{Pr}}-m_{\mathrm{P}}\boldsymbol{a}_{\mathrm{P}}$$

$$\boldsymbol{n}_2=m_{\mathrm{P}}{}^G\boldsymbol{e}\times(\boldsymbol{g}-\boldsymbol{a}_{\mathrm{P}}-\boldsymbol{a}_{\mathrm{Pr}})+\boldsymbol{M}_{\mathrm{ext}}-{}^G\boldsymbol{\varepsilon}_{\mathrm{P}}\boldsymbol{I}_{\mathrm{P}}-\sum_{i=1}^{6}[({}^G\boldsymbol{R}_{\mathrm{B}}{}^B\boldsymbol{R}_{\mathrm{P}}\boldsymbol{P}_i)\times\boldsymbol{C}_i]-{}^G\boldsymbol{\omega}_{\mathrm{P}}\times(\boldsymbol{I}_{\mathrm{P}}{}^G\boldsymbol{\omega}_{\mathrm{P}})$$

建立伸缩支链上段的力平衡方程：

$$ {}^G\boldsymbol{F}_{\mathrm{S}}+m_{\mathrm{U}}\boldsymbol{g}+\boldsymbol{F}_{\mathrm{PJ}}-C_{\mathrm{P}}\dot{L}{}^G\boldsymbol{s}=m_{\mathrm{U}}(\boldsymbol{a}_{\mathrm{U}}+\boldsymbol{a}_{\mathrm{Lr}}) \tag{6-43}$$

式中，C_{P} 是伸缩副的摩擦系数；$\boldsymbol{F}_{\mathrm{PJ}}$ 是伸缩副的驱动力。方程(6-43)两边同时点乘${}^G\boldsymbol{s}$，可以求出支链主动关节——伸缩副的驱动力：

$$F=U-F_{\mathrm{Leg}} \tag{6-44}$$

式中，

$$F={}^G\boldsymbol{s}\cdot\boldsymbol{F}_{\mathrm{PJ}}$$

$$U=m_{\mathrm{U}}{}^G\boldsymbol{s}\cdot[(\boldsymbol{a}_{\mathrm{U}}+\boldsymbol{a}_{\mathrm{Lr}})-\boldsymbol{g}]+C_{\mathrm{P}}\dot{L}$$

上面仅给出了一条伸缩支链的驱动力表达式，对于 6 条伸缩支链的驱动力表达式可以用矩阵形式描述：

$$\boldsymbol{F}=\boldsymbol{F}_{\mathrm{Leg}}+\boldsymbol{U} \tag{6-45}$$

式中，

$$\boldsymbol{F}=[F_1,F_2,F_3,F_4,F_5,F_6]^{\mathrm{T}}$$

$$\boldsymbol{U}=[U_1,U_2,U_3,U_4,U_5,U_6]^{\mathrm{T}}$$

至此，精调 Stewart 并联机构的动力学模型推导完成。相对于传统的基础平台静止的 Stewart 并联机构动力学模型，该动力学模型能够反映基础平台的运动参数对并联机构驱动力的影响。从上面的推导过程可以发现，基础平台在全局惯性坐标系下的位置和线速度在动力学推导过程中没有出现，即基础平台的位置和线速度对柔性支撑并联机构的支链驱动力没有影响。

6.4 动力学验证方法及实验

动力学模型验证实验的思路如下：控制并联机构实验台按给定轨迹运动，运动过程中通过力传感器测量支链实际驱动力，同步记录力传感器数据和并联机构的运动轨迹。通过标定获得实验台的惯量等动力学参数，结合记录的轨迹，利用动力学模型解算出支链的理论驱动力。通过比较支链驱动力的理论值和实测值，即可验证动力学模型的正确性。其中的关键步骤包括：运动轨迹数据和力传感器数据的同步记录、实验台惯量等动力学参数的标定和采集数据的抑噪处理。

实验采用了精调 Stewart 平台 1∶10 缩尺模型，如图 6-4 所示。该模型包括刚性 Stewart 并联机构、电器控制柜和工控机 3 个主要部分。Stewart 并联机构的伸缩支链由伺服电机和滚珠丝杠驱动，支链内安装有拉压力传感器。通过插接于工控机内部的信号采集卡实现对拉压力传感器数据的读取，完成对 Stewart 并联机构伸缩支链驱动力信号的采集。通过数控软件实现对伸缩支链长度数据和力传感器读数的高速同步记录，记录周期仅为 2.2ms。

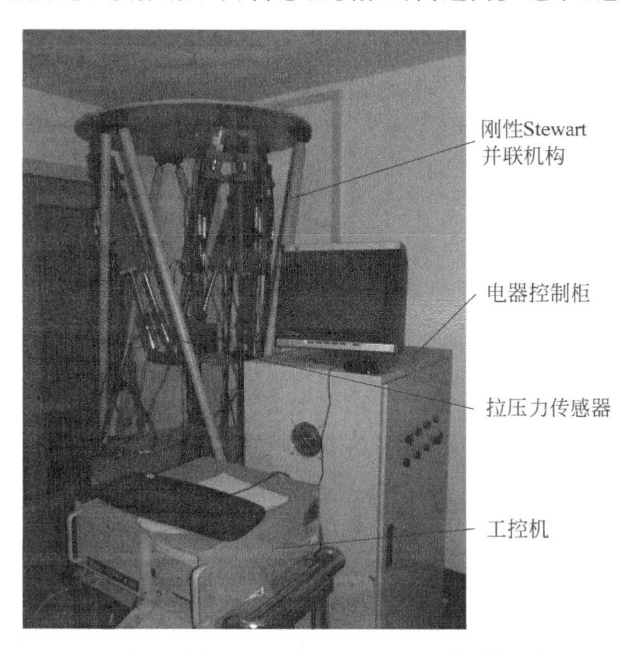

图 6-4 精调 Stewart 平台 1∶10 缩尺实验模型

采用 CAD 法和分解测量法相结合的标定方法，对精调 Stewart 平台缩尺模型运动部件的质量、惯量矩阵、质心坐标等动力学参数进行标定。具体步骤如下：首先利用 UG 软件，建立实验对象的详细 CAD 模型，其中单支链的爆炸视图如图 6-5 所示。然后，对二级精调平台 1∶10 缩尺模型进行实物拆解测量，得出所有零件的实际质量。将 UG 模型中各零件的质量属性修改为实际称量出的对应质量。最后，通过 UG 软件方便地获得各运动部件的质心位置和惯量矩阵等动力学参数。通过上述标定方法获得的精调 Stewart 平台 1∶10 缩尺模型的动力学参数如表 6-2 所示。质心参数和惯量矩阵均在部件的局部坐标系下描述。

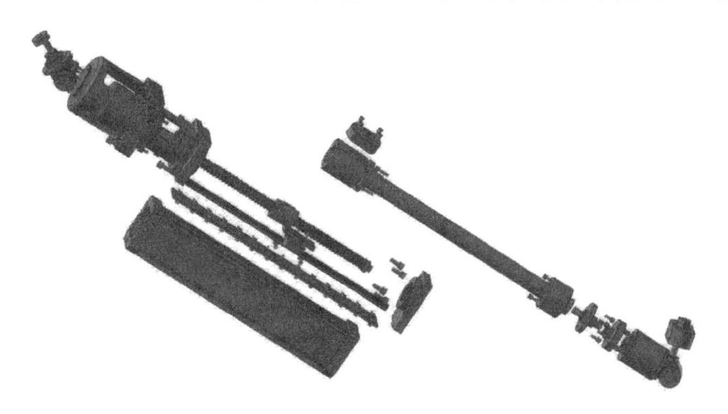

图 6-5 二级精调平台 1∶10 缩尺模型支链的详细 CAD 模型图

表 6-2 二级精调平台 1∶10 缩尺模型动力学参数

部件名称	质量/kg	质心坐标/m	惯量矩阵/kg·m²
支链上段	7.470	$\begin{bmatrix}0.2538\\0.0002\\0.0051\end{bmatrix}$	$\begin{bmatrix}0.0075 & -0.0001 & 0.0057\\-0.0001 & 0.2175 & 0\\0.0057 & 0 & 0.2167\end{bmatrix}$
支链下段	3.355	$\begin{bmatrix}-0.2752\\0.0001\\-0.0007\end{bmatrix}$	$\begin{bmatrix}0.0011 & 0.0001 & 0.0001\\0.0001 & 0.1446 & 0\\0.0001 & 0 & 0.1444\end{bmatrix}$
动平台	6.513	$\begin{bmatrix}0\\0\\0.0089\end{bmatrix}$	$\begin{bmatrix}0.0865 & 0 & 0\\0 & 0.0865 & 0\\0 & 0 & 0.1494\end{bmatrix}$

为便于实验轨迹描述和动力学求解，精调平台 1∶10 缩尺模型建立如下坐标系：在基础平台下表面的几何中心建立全局坐标系 $O\text{-}XYZ$，X 轴和 Y 轴的指向以及铰链点位置分布如图 6-6 所示。根据右手定则，Z 轴正方向垂直于纸面向上。实验台回零后，伸缩支链的初始长度为 967.25mm，动平台在全局坐标系下的位置坐标为(0,0,−887)mm，姿态保持水平。基础平台和动平台的铰链点分布半径分别为 450mm 和 250mm。缩尺模型动平台的工作空间为中心在(0,0,−967)mm、半径为 100mm 的实心球体。

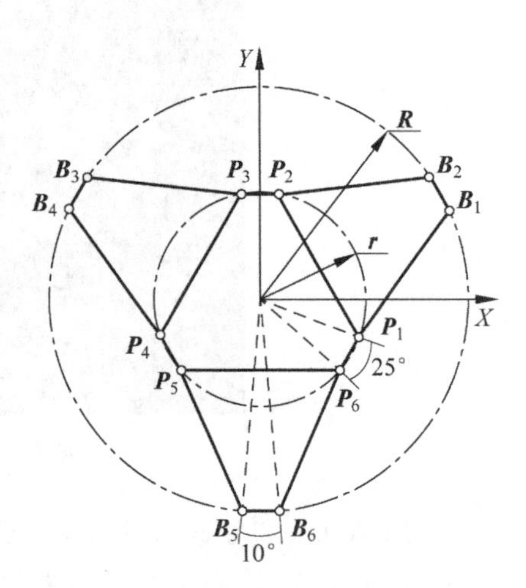

图 6-6 二次精调平台 1∶10 缩尺模型的结构简图

通过编写相应的数控程序，可以控制精调平台 1∶10 缩尺模型的动平台在工作空间的最大水平截面上(即 $Z=-967$mm 的水平面)，分别沿 X 轴和 Y 轴做定加速度的匀加减速往复运动，进给速度为 2000mm/min，加速度为 1m/s²。往复运动距离为−50～+50mm。动平台运动轨迹的速度曲线如图 6-7 所示。其中，t_A 为加减速时间，t_D 为一个加减速运动段的时间长度。

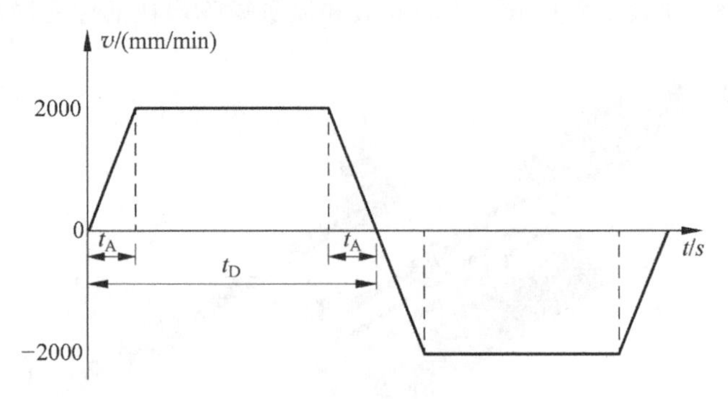

图 6-7 运动轨迹速度曲线

通过软件实现的力传感器数据和支链长度信息的同步记录周期为2.2ms。直接记录的数据为精调Stewart平台1∶10缩尺模型伸缩支链的长度,因此必须通过位置正解运算求得每一记录时刻的动平台终端姿态,然后应用差分运算计算出动平台的速度、加速度等参数,最后将求出的运动参数代入精调Stewart平台的动力学逆解模型,求出支链的理论驱动力。

高频采集获得的信号中通常含有大量的干扰信号。本实验采用重采样(具体为5倍周期重采样)和数据平滑处理(五点直线滑动平均值法)对获得的支链长度和实际驱动力数据信号进行处理,以抑制噪声信号,得到真实的数据。所采用的五点直线滑动平均值法的计算公式如下:

$$\begin{cases} y_1 = \dfrac{1}{5}(3x_1 + 2x_2 + x_3 - x_4) \\ y_2 = \dfrac{1}{10}(4x_1 + 3x_2 + 2x_3 + x_4) \\ \cdots \\ y_i = \dfrac{1}{5}(x_{i-2} + x_{i-1} + x_i + x_{i+1} + x_{i+2}) \\ \cdots \\ y_{n-1} = \dfrac{1}{10}(x_{n-3} + 2x_{n-2} + 3x_{n-1} + 4x_n) \\ y_n = \dfrac{1}{5}(-x_{n-3} + x_{n-2} + 2x_{n-1} + 3x_n) \end{cases}$$

实验数据的处理流程如图6-8所示。动力学逆解模型求出的支链驱动力理论值与拉压力传感器实测获得的支链驱动力实际值的对比如图6-9和图6-10所示,对应动平台的轨迹分别是沿X轴和Y轴的往复运动;蓝线为实际值,红线为理论值。

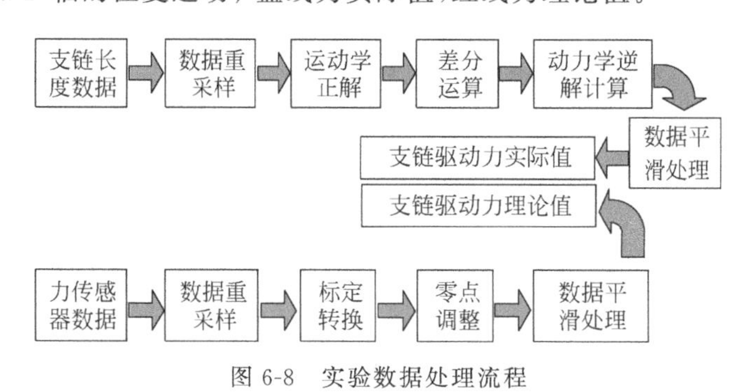

图6-8 实验数据处理流程

精调平台1∶10缩尺模型动平台沿X轴往复运动的支链驱动力曲线可以划分为3段:

第一段为动平台沿Z轴的快速进给运动,由初始位置运动到给定轨迹的起点处(工作空间的中心)。由于Stewart并联机构构型上的对称性,在这个阶段6条伸缩支链的驱动力情况基本一致。

第二段为动平台从运动轨迹的起点开始,以2000mm/min的进给速度,沿X轴作±50mm的往复直线运动。该过程从4.3s左右开始,经历一次往复运动在10.1s处完成。

第三阶段即为动平台运动结束后，静止在工作空间中心的支链静态驱动力。

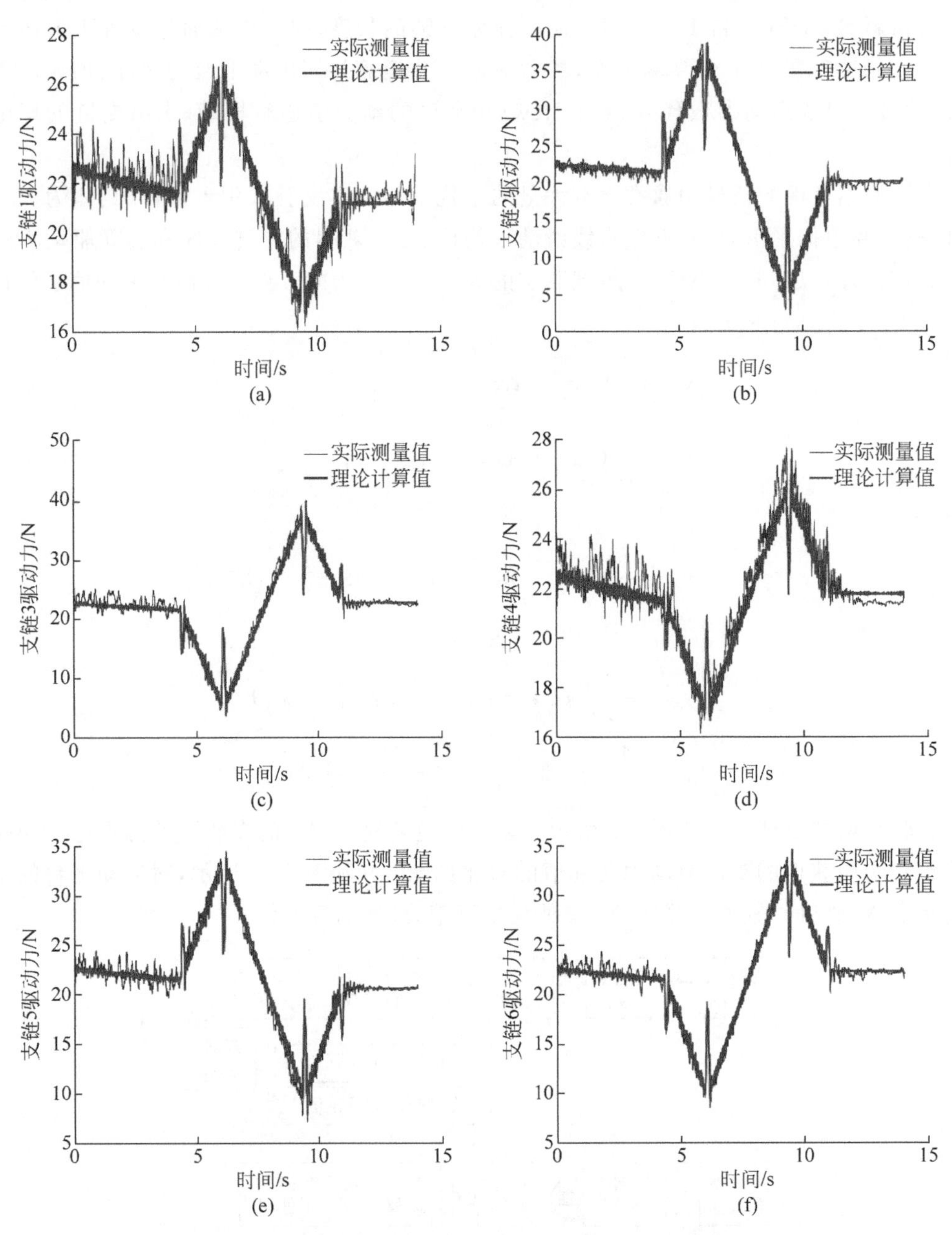

图 6-9 动平台沿 X 轴往复运动的实验结果(见文前彩图)

(a) 支链 1 驱动力对比图；(b) 支链 2 驱动力对比图；(c) 支链 3 驱动力对比图；
(d) 支链 4 驱动力对比图；(e) 支链 5 驱动力对比图；(f) 支链 6 驱动力对比图

沿 Y 轴往复运动的驱动力变化曲线同样可以划分为 3 段：第一段和第三段与 X 轴往复运动的驱动力曲线完全相同，第二段动平台沿 Y 轴方向作两次往复运动，从 4.3～17.5s 处完成，如图 6-10 所示。

两组支链驱动力对比实验中，精调平台 1∶10 缩尺模型支链驱动力的理论计算值与实

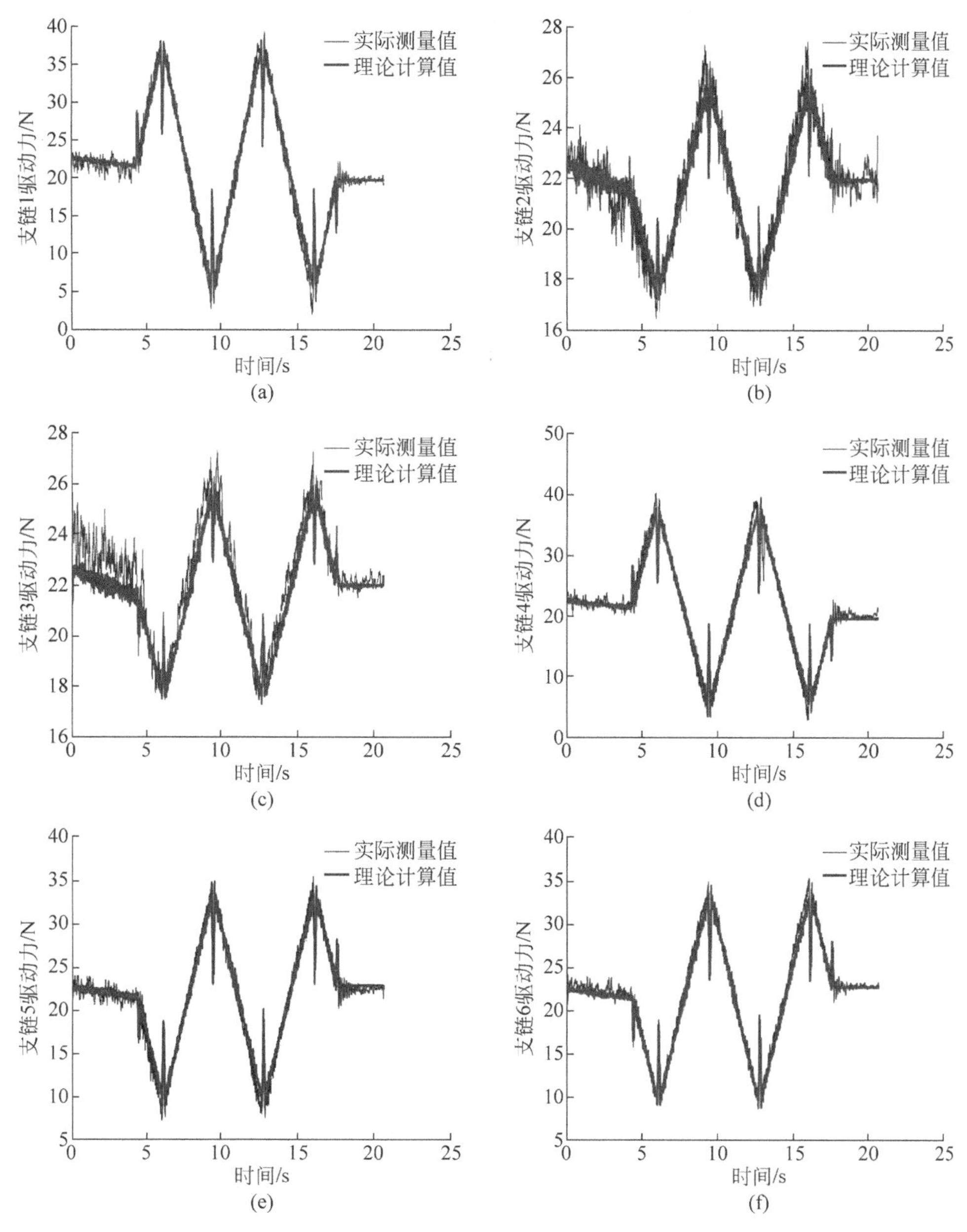

图 6-10　动平台沿 Y 轴往复运动的实验结果(见文前彩图)

(a) 支链 1 驱动力对比图；(b) 支链 2 驱动力对比图；(c) 支链 3 驱动力对比图；(d) 支链 4 驱动力对比图；(e) 支链 5 驱动力对比图；(f) 支链 6 驱动力对比图

际测量值之间的均方根差值(均方根值之差)和最大差值如表 6-3 所示。由于实验中受摩擦力和数据采样噪声等因素的影响,驱动力实际测量值和理论计算值之间存在一定的出入,均方根值最大相差 1.5N,实际值最大相差 6.6N。总体来说,精调平台 1∶10 缩尺模型伸缩支链驱动力的实际测量值与动力学逆解模型求解出的理论值变化趋势完全一致,数值能够较好地相互吻合。特别是在加减速过程中的驱动力变化情况,理论计算值和实际测量值能够精确地重合,验证了牛顿-欧拉法推导出的并联机构动力学模型的正确性。

表 6-3 支链驱动力实际测量值与理论计算值之间的差值

参　数	支链 1	支链 2	支链 3	支链 4	支链 5	支链 6
X 轴运动均方根差值/N	0.696	1.148	1.242	0.793	1.007	0.8016
X 轴运动最大差值/N	3.268	5.650	6.150	2.968	6.220	4.216
Y 轴运动均方根差值/N	1.377	0.746	0.926	1.516	1.097	1.043
Y 轴运动最大差值/N	5.364	2.753	6.591	6.310	4.671	4.960

6.5 小结

(1) 基于平动非惯性坐标系,采用牛顿-欧拉方法完成了 FAST 精调 Stewart 平台的动力学建模,该模型反映了基础平台运动状态对刚性并联机构力特性的影响。

(2) 基础平台的位置和线速度对精调 Stewart 并联机构的支链驱动力没有影响。

(3) 在动力学标定的基础上,通过同步测量并记录支链的运动状态和支链驱动力可以完成动力学模型的验证。

参考文献

[1] SHAO Z F, TANG X Q, WANG L P, et al. Driving force analysis for the secondary adjustable system in FAST[J]. Robotica,2011,29 (6), 903-915.

[2] SHAO Z F, TANG X Q, WANG L P. Dynamics verification experiment of the Stewart parallel manipulator[J]. International Journal of Advanced Robotic Systems,2015,12 (10), 144.

[3] MERLET J P. Parallel manipulators. Part Ⅰ: Theory, design, kinematics, dynamics & control[J]. INRIA report, 1987.

[4] FICHTER E F. A Stewart platform-based manipulator: general theory and practical construction[J]. International Journal of Robotics research, 1986, 5(2), 157-182.

[5] DO W, YANG D. Inverse dynamic analysis and simulation of a platform type of robot[J]. Journal of robotic systems, 1988, 5, 29-227.

[6] REBOULET C, BERTHOMIEU T. Dynamic models of a six degree of freedom parallel manipulators [C]//Proceeding of the 5th international conference on advanced robotics. Pise, Italy, 1991: 1153-1157.

[7] JI Z. Study of the effect of leg inertia in Stewart platforms[C]//Proceedings IEEE international conference on robotics and automation. Atlanta, USA, 1993, 1: 121-126.

[8] DASGUPTA B, MRUTHYUNJAYA T S. Closed-Form dynamic equations of the general Stewart platform through the Newton-Euler approach[J]. Mechanism and Machine Theory, 1998, 33(7): 993-1012.

[9] DASGUPTA B, CHOUDHURY P. A general strategy based on the Newton-Euler approach for the dynamic formulation of parallel manipulators[J]. Mechanism and Machine Theory, 1999, 34(6): 801-824.

[10] DASGUPTA B, MRUTHYUNJAYA T S. A Newton-Euler formulation for the inverse dynamics of the Stewart platform manipulator[J]. Mechanism and Machine Theory, 1998, 33(8): 1135-1152.

[11] 张立新，汪劲松，王立平，等. 匀速条件下并联机床刚体动力学模型的简化[J]. 清华大学学报(自然科学版)，2003，43(8)：1041-1044.

[12] 张立新，汪劲松，王立平. 加减速运动条件下 6-UPS 型并联机床刚体动力学模型简化研究[N]. 机械工程学报，2003，39(11)：117-122.

[13] ZHANG C D, SONG S M. An efficient method for inverse dynamics of manipulators based on the virtual work principle[J]. Journal of Robotic Systems, 1993, 10(5): 605-627.

[14] WANG J, GOSSELIN C M. A new approach for the dynamic analysis of parallel manipulators[J]. Multibody System Dynamics, 1998, 2(3): 317-334.

[15] TSAI L W. The Jacobian analysis of a parallel manipulator using reciprocal screws[C]// Proceeding of the 6th International Symposium on Recent Advances in Robot Kinematics, Salzburg, Austia, 1998: 327-336.

[16] TSAI L W. Solving the inverse dynamics of a Stewart-Gough manipulator by the principle of virtual work[J]. Journal of Mechanical Design, 2000, 122(1): 3-9.

[17] STAICU S. Dynamic analysis of the star parallel manipulator[J]. Robotics and Autonomous Systems, 2009, 57(11): 1057-1064.

[18] STAICU S. Dynamics of the 6-6 Stewart parallel manipulator[J]. Robotics and Computer-Integrated Manipulator, 2011,27(1): 212-220.

[19] WU J, WANG J S, LI T M, et al. Dynamic analysis of the 2-DOF planar parallel manipulator of a heavy duty hybrid machine tool[J]. International Journal of Advanced Manufacturing Technology, 2007, 34(3-4): 413-420.

[20] SHAO H, WANG L P, GUAN L W, et al. Dynamic manipulability and optimization of a redundant three DOF planar parallel manipulator[C]//ASME International Conference on Reconfigurable Mechanisms and Robots, London, UK, 2009: 302-308.

[21] ABDELLATIF H, HEIMANN B. Computational efficient inverse dynamics of 6-DOF fully parallel manipulators by using the Lagrangian formalism[J]. Mechanism and Machine Theory, 2009, 44(1): 192-207.

[22] LI Y M, XU Q S. Kinematics and inverse dynamics analysis for a general 3-PRS spatial parallel mechanism[J]. Robotica, 2005, 23(2): 219-229.

[23] LI Y W, WANG J S, LIU X J, et al. Dynamic performance comparison and counterweight optimization of 3-DOF parallel manipulators for a new hybrid machine tool[J]. Mechanism and Machine Theory, 2010, 45(11): 1668-1680.

[24] YUN Y, LI Y M, XU Q S. Active vibration control of a 3-DOF parallel platform based on Kane's dynamics method[C]//Proceeding of SCIE Annual Conference. Chofu, Japan, 2008: 2667-2672.

[25] YANG C F, HUANG Q T, HE J F, et al. Model-based Control for 6-DOF parallel manipulator [C]//International Asia Conference on Informatics in Control, Automation, and Robotic. Bangkok, Thailand, 2009: 81-84.

[26] LIU M J, TIAN Y T, LI C X. Dynamics of parallel manipulator using sub-structure Kane method [J]. Journal of Shanghai Jiaotong University, 2001, 35(7): 1032-1035.

[27] LOPES A M. Complete dynamic modeling of a moving base 6-dof parallel manipulator[J]. Robotica, 2009, 28(5): 781-793.

第7章

刚柔串联耦合系统动力学建模方法

FAST 馈源支撑系统的索并联机构具有大跨度和低刚度的特点，属于柔性机构；精调 Stewart 并联机构属于刚性机构，两者串联在一起构成典型的柔性支撑机器人系统，因为刚性机器人采用并联机构，更确切地说为柔性支撑并联机构，属于刚柔串联耦合系统。由于大跨度索并联机构刚度低，对风和外力的扰动非常敏感，容易产生变形和振动，影响终端误差。为提高 FAST 馈源支撑系统的终端轨迹精度，保证其综合性能指标，必须对该系统的精度特性和控制展开研究。柔性支撑并联机构的动力学建模是 FAST 馈源支撑系统力特性分析和抑振控制研究的理论基础，同时也是驱动系统搭建和结构校核等工程问题的前提条件。因此，本章开展柔性支撑并联机构动力学建模方法的研究。主要涉及已知大跨度索驱动（柔性支撑）并联机构的几何尺寸、运动部件的惯量以及基础平台和动平台的运动参数（位置、姿态、速度和加速度），求解出柔性支撑并联机构支链驱动力的动力学逆解问题；以及如何联立刚性和柔性动力学模型，高效地建立刚柔串联耦合系统整体动力学模型的问题。[1-2]

本章主要介绍 FAST 馈源支撑刚柔耦合系统的建模与仿真方法。在 7.1 节中简要介绍了柔性支撑机器人系统。7.2 节建立了索并联机构的弹性动力学模型。在 7.3 节中，根据 FAST 实际工作环境的地形条件，建立了风扰模型，并将该风扰模型施加于馈源支撑系统的数值仿真模型，获得了索平台在风扰作用下的误差响应曲线。在 7.4 节中，建立了馈源支撑系统的数值仿真模型，并对精调 Stewart 平台、A-B 转台和索并联机构三者的耦合特性进行了仿真分析。

本章主要内容：

(1) 柔性支撑机器人及动力学建模；

(2) 索并联机构弹性动力学建模；

(3) FAST 风载模型；

(4) 馈源支撑系统的刚柔耦合特性分析及建模。

7.1 柔性支撑机器人及动力学建模

随着航天技术的发展，需要工作空间大、自重小、功耗低和精度高的机器人系统用于空间卫星的回收和检修。为了满足这一应用需要，柔性支撑机器人的概念应运而生。柔性支撑机器人也被称作柔性基座机器人(compliant base manipulator),是指在机器人运动的过程中,其基础会发生被动柔顺运动的机器人。柔性支撑机器人与传统机器人的最大不同是具有柔性基础(见图 7-1)。柔性支撑机器人具有工作空间大、造价低和自重轻的特点[1-3],在航天和航空领域中逐渐显现出巨大的应用潜力。柔性支撑机器人同时也指一个包含柔性机器人(基座)和刚性机器人的系统,此时一般称作柔性支撑机器人系统。刚性机器人的反作用力会引起柔性支撑的形变,进一步引起终端误差。刚性机器人和柔性支撑之间存在力和运动的耦合,为典型的刚柔串联耦合系统。

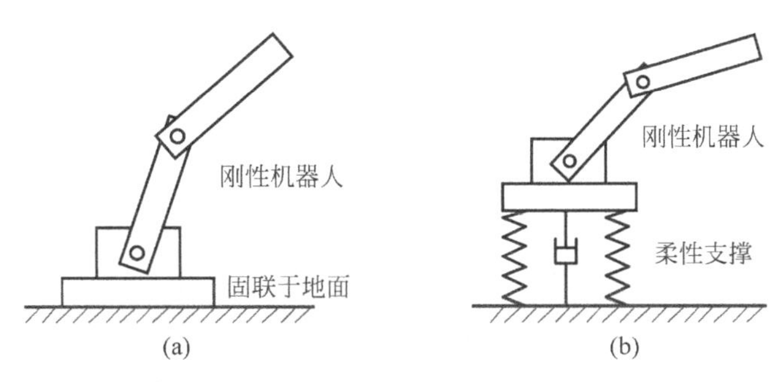

图 7-1 柔性支撑机器人与传统机器人

(a) 传统机器人;(b) 柔性支撑机器人

柔性支撑机器人的研究开始于 20 世纪 80 年代。1981 年,美国宇航局将 6 自由度串联机械手 Canadarm 送入太空(见图 7-2),用于太空中的搬运工作。该机械手采用类人手臂的结构,末端的手腕机器人即为柔性支撑机器人。根据柔性支撑上串联的刚性机器人结构不同,可以分为柔性支撑串联机器人和柔性支撑并联机器人。柔性支撑串联机构结构简单,出现较早,动力学建模方面的相关研究较为充分。其建模方法主要包含两大类:早期,将刚性机器人和柔性支撑统一考虑,采用拉格朗日方程和假设模态的方法建立柔性支撑串联机构的整体动力学模型[4],但是所获得的方程结构复杂、冗长,难以化简。学者 Lew 给出了柔性支撑串联机构动力学耦合方程的一般形式,把动力学建模问题转化为参数辨识问题,广泛地应用于结构简单的柔性支撑串联机构的动力学整体建模。[5]然而,复杂结构的刚柔耦合机构动力学建模问题仍然处于理论研究的前沿。[6-7]

图 7-2 Canadarm 机械手(柔性支撑机器人)

柔性支撑并联机构的结构十分复杂，上面提到的两种建模方法都无法适用，只能先建立分离模型，即基础平台运动的并联机构动力学模型和柔性支撑的弹性动力学模型，然后根据系统耦合特性，将上述分离模型联立。目前，尽管针对索并联机构动力学问题的研究并不成熟，但是工程领域已有大量关于单索动力学建模方面的研究。针对刚性并联机构的动力学建模研究较多[8-10]，但是对于基础平台运动的并联机构的动力学建模研究较少。Lopes[11]利用广义动量理论在获得基础平台固定的 Stewart 并联机构动力学模型的基础上，进一步求解了基础平台运动情况下的动力学模型。但是耦合特性的研究仍然制约着柔性支撑并联机构动力学模型的求解。

7.2 索并联机构的弹性动力学模型

馈源支撑系统的一级支撑系统为大跨度的悬索机构，刚度相对较低，在风扰下容易发生弹性变形。在建立其动力学模型时，对驱动索进行适当的简化，等效为弹簧-阻尼系统，并将索的质量集中于索的两端，忽略索与索平台铰接点以及索塔出索点的摩擦力。将 6 根驱动索用弹簧-阻尼模型代替后，馈源支撑系统的物理模型如图 7-3 所示。在索驱动 Stewart 并联机构的弹性动力学建模中，存在以下假设：驱动索简化为理想的弹簧-阻尼模型，索的质量集中于两端，索与索塔出索点和索平台铰接点可视为理想的胡克铰和球铰连接。

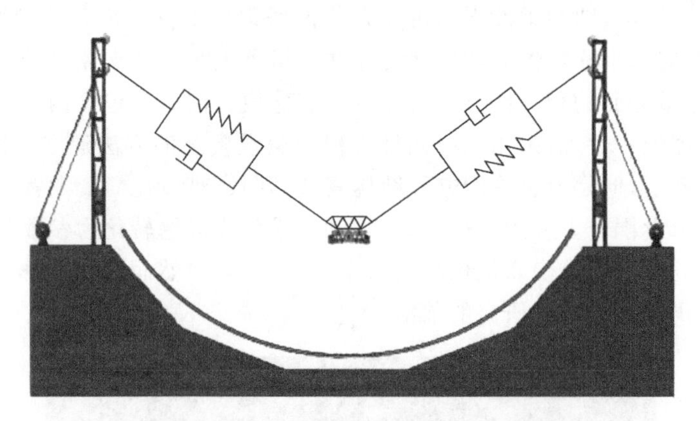

图 7-3 馈源支撑系统弹簧-阻尼等效模型

下面基于弹簧-阻尼模型假设，进行索并联机构的弹性动力学建模。

在全局坐标系下，第 j 根驱动索的单位方向向量(由出索点 C_j 指向索平台铰接点 D_j)可以表示为

$$^{G}\boldsymbol{s}_{C_j} = {}^{G}\boldsymbol{S}_{C_j} / L_{C_j} \tag{7-1}$$

其中，

$$^{G}\boldsymbol{S}_{C_j} = {}^{G}\boldsymbol{t}_{\mathrm{C}} + {}^{G}\boldsymbol{R}_{\mathrm{C}}\boldsymbol{d}_j - \boldsymbol{c}_j, \quad L_{C_j} = \| {}^{G}\boldsymbol{S}_{C_j} \|$$

对式(7-1)两边关于时间求导，可以得出索平台铰接点的速度向量表达式：

$$^{G}\dot{\boldsymbol{S}}_{C_j} = {}^{G}\dot{\boldsymbol{t}}_{\mathrm{C}} + {}^{G}\dot{\boldsymbol{\theta}}_{\mathrm{C}} \times ({}^{G}\boldsymbol{R}_{\mathrm{C}}\boldsymbol{d}_j) \tag{7-2}$$

驱动索的伸缩速度为索平台铰接点速度向量沿索长度方向的分量,其表达式可以写为

$$\dot{L}_{C_j} = {}^G\boldsymbol{s}_{C_j} \cdot {}^G\dot{\boldsymbol{S}}_{C_j} \tag{7-3}$$

第 j 根驱动索作用于索平台的拉力可以根据弹簧-阻尼模型求出,为弹性模量、阻尼和伸缩速度的函数,即

$$\begin{aligned} F_j &= K_j(L_{C_j} - L_{C_{0j}}) + C_j \cdot \dot{L}_{C_j} \\ K_j &= AE/L_{C_{0j}} \end{aligned} \tag{7-4}$$

其中,K_j 为第 j 根索的弹性系数;A 为索的截面积;E 为索的弹性模量;C_j 为阻尼系数;$L_{C_{0j}}$ 为索理想状态下的初始长度。根据牛顿-欧拉方程,可以得到索驱动 Stewart 并联机构的弹性动力学模型:

$$\begin{bmatrix} \sum_{j=1}^{6} F_j {}^G\boldsymbol{s}_{C_j} \\ \sum_{j=1}^{6} F_j [({}^G\boldsymbol{R}_C \cdot \boldsymbol{d}_j) \times {}^G\boldsymbol{s}_{C_j}] \end{bmatrix} + \begin{bmatrix} \boldsymbol{M} {}^G\ddot{\boldsymbol{t}}_C \\ {}^G\dot{\boldsymbol{\theta}}_C \times (\boldsymbol{I}^G \dot{\boldsymbol{\theta}}_C) + \boldsymbol{I}^G \ddot{\boldsymbol{\theta}}_C \end{bmatrix} = \begin{bmatrix} \boldsymbol{F}_e \\ \boldsymbol{N}_e \end{bmatrix} \tag{7-5}$$

其中,$\boldsymbol{M}$ 和 $\boldsymbol{I}$ 为馈源舱的质量和相对质心的惯量矩阵;$\boldsymbol{F}_e$ 和 $\boldsymbol{N}_e$ 为作用于馈源舱的外力和外力矩;${}^G\ddot{\boldsymbol{t}}_C$ 和 ${}^G\ddot{\boldsymbol{\theta}}_C$ 分别为索平台在全局坐标系下的线加速度和角加速度。

由于式(7-5)的解析解难于求出,因此考虑采取数值解进行仿真。主要的数值仿真方法包括基于数值积分的仿真方法和基于离散相似法的仿真方法。在这里采用基于数值积分的仿真方法,具体选用四阶龙格-库塔法进行求解。假设 $\boldsymbol{X} = [{}^G t_C; {}^G\theta_C]$,则索并联机构的弹性动力学模型可以写成如下形式:

$$\begin{cases} \dot{\boldsymbol{X}} = \boldsymbol{V} \\ \dot{\boldsymbol{V}} = f(t, \boldsymbol{X}, \boldsymbol{V}) \\ \boldsymbol{X}(t_0) = \boldsymbol{X}_0 \\ \boldsymbol{V}(t_0) = \dot{\boldsymbol{X}}_0 \end{cases} \tag{7-6}$$

四阶龙格-库塔法采用泰勒展开式的四阶导数,其递推公式可以表示为

$$\begin{cases} \boldsymbol{X}_{n+1} = \boldsymbol{X}_n + h\boldsymbol{V}_n + \dfrac{h^2}{6}(\boldsymbol{\eta}_1 + \boldsymbol{\eta}_2 + \boldsymbol{\eta}_3) \\ \boldsymbol{V}_{n+1} = \boldsymbol{V}_n + \dfrac{h}{6}(\boldsymbol{\eta}_1 + 2\boldsymbol{\eta}_2 + 2\boldsymbol{\eta}_3 + \boldsymbol{\eta}_4) \end{cases} \tag{7-7}$$

其中,h 是仿真的时间步长,决定了仿真计算的采样时间点;其他未知参数的表达式如下:

$$\boldsymbol{\eta}_1 = f(t_n, \boldsymbol{X}_n, \boldsymbol{V}_n)$$

$$\boldsymbol{\eta}_2 = f\left(t_n + \frac{h}{2}, \boldsymbol{X}_n + \frac{h}{2}\boldsymbol{V}_n, \boldsymbol{V}_n + \frac{h}{2}\boldsymbol{\eta}_1\right)$$

$$\boldsymbol{\eta}_3 = f\left(t_n + \frac{h}{2}, \boldsymbol{X}_n + \frac{h}{2}\boldsymbol{V}_n + \frac{h^2}{4}\boldsymbol{\eta}_1, \boldsymbol{V}_n + \frac{h}{2}\boldsymbol{\eta}_2\right)$$

$$\boldsymbol{\eta}_4 = f\left(t_n + h, \boldsymbol{X}_n + h\boldsymbol{V}_n + \frac{h^2}{2}\boldsymbol{\eta}_2, \boldsymbol{V}_n + h\boldsymbol{\eta}_3\right)$$

7.3 FAST 风载模型

FAST 馈源支撑系统跨度大、自重轻，是一种对外扰动敏感的机构，在风载荷的作用下，系统容易产生较大的位置偏移。在进行误差和控制研究之前，必须对 FAST 馈源支撑系统的风扰响应进行研究。下面根据 FAST 原型机选址处的地形条件，建立风载模型。

地表的空气流动形成风。当风遇到障碍物时，会在障碍物的迎风面产生风压，迫使障碍物发生位置的偏移，并且会围绕偏移位置产生振动。靠近地面并且受到地表摩擦影响的大气层被称为摩擦层。由于地表地貌不同，摩擦层的高度不固定，一般距地表 300～1000m。可见，FAST 的馈源舱就处于摩擦层。

FAST 馈源支撑系统的主要承风面是包裹在馈源舱外面的保护罩。风力主要是由风速决定的。根据达文波特理论，风速可以表示为时间 t 和高度 z 的函数，主要分为两个组成部分，即平均风速和脉动风速。

$$v(z,t)=v_{\mathrm{m}}(z)+v_{\mathrm{g}}(z,t) \tag{7-8}$$

其中，$v_{\mathrm{m}}(z)$代表平均风速，仅和高度有关；$v_{\mathrm{g}}(z,t)$代表脉动风速，是随高度和时间变化的函数。

在一般平原地形条件下，平均风速随高度的变化关系称为平均风速梯度(或风剖面)，可以用指数函数表示：

$$v_{\mathrm{m}}(z)=v_{10}\cdot\left(\frac{z}{10}\right)^{\alpha} \tag{7-9}$$

其中，z 为馈源舱几何中心距离地面的高度，根据 FAST 原型机的实际结构参数，$z=145\mathrm{m}$；v_{10} 是距离地面 10m 高度处测量到的平均风速；α 是地表系数，反应地面的粗糙程度。根据 FAST 原型机选址处的物理环境，查表可以确定地表系数的取值为 0.16。

FAST 原型机的设计要求规定：①当 10m 高处的平均风速不大于 4m/s(最大工作风速)时，FAST 馈源支撑系统能够正常工作；②当 10m 高处的平均风速不大于 8m/s(最大安全风速)时，FAST 馈源舱无需落入地面的安全检修舱躲避。根据式(7-9)，可以求出平均风速随高度的变化曲线，如图 7-4 所示。将地面 10m 高处的风速换算到馈源舱高度，即 145m 高度处，可以得到馈源舱的最大工作速度为 6.14m/s，最大安全速度为 12.27m/s。

下面求解脉动风速。现实中的脉动风是三维的风湍流，包括顺风向、横风向和垂直向 3 个方向。其中起决定作用的是顺风湍流。脉动风是符合高斯分布且均值为零的平稳随机过程，无法重复。因此，采用随机振动理论对脉动风速进行分析。

脉动风的功率谱(概率密度函数)包括自功率谱和互功率谱，由于馈源舱尺度相对较小，所以本节重点考虑自功率谱。目前，广泛应用的是达文波特(Davenport)风谱，表达式如下：

$$S_{v}(f)=\frac{4\kappa v_{\mathrm{m}}^{2}\beta}{f(1+\beta^{2})^{4/3}} \tag{7-10}$$

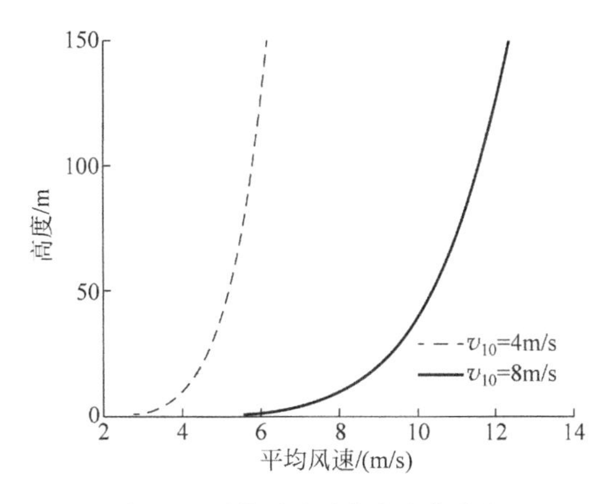

图 7-4　平均风速随高度变化曲线

其中，$\beta=L_v f/v_m$，L_v 为风的湍流尺度；f 是脉动风的频率；κ 即为地面粗糙度系数($0.005\leqslant\kappa\leqslant0.015$)。根据 FAST 原型机的实际情况，可以确定 $L_v=1200\text{m}$，$\kappa=0.01$。

将满足单位标准方差的白噪声信号通过根据达文波特风谱构建的滤波器，就可以获得脉动风样本。当滤波器的传递函数达到 3 阶时，通过采用合理的参数，所获得的滤波器和达文波特功率谱在$[10^{-4}, 10]$Hz 的带宽范围内能够达到非常好的一致性，如图 7-5 所示。所建立滤波器的传递函数如下：

$$\mathrm{TF}=\frac{1.869s^2+1.147s+0.002927}{s^3+1.646s^2+0.1057s+0.0008963} \tag{7-11}$$

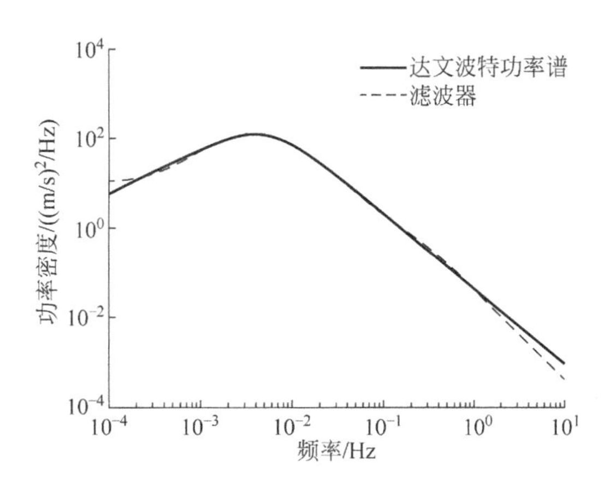

图 7-5　滤波器拟合效果

另外，从图 7-5 可以看出，脉动风的主要功率成分集中在频率较低的带宽范围内，即 $10^{-4}\sim0.1$Hz。这些频段的扰动误差由于周期较长、频率较低，因此易于采用精调 Stewart 平台实施抑振控制。

将脉动风速和平均风速相加就可以得到实际风速。为计算馈源舱所受的风力大小，首先需要计算出作用于馈源舱保护罩表面的风压。根据伯努利方程，风压可以表示为

$$p(z,t)=\frac{1}{2}\rho v(z,t)^2=\frac{1}{2}\rho[v_m(z)+v_g(z,t)]^2 \tag{7-12}$$

其中，ρ 为空气密度，查表可知 FAST 原型机选址处 $\rho=1.225\text{kg/m}^3$。

作用于物体的风力等于物体表面风压和物体有效受风面积的乘积。馈源舱保护罩的有效受风面积约为 150m^2。根据上面介绍的风载仿真过程，建立馈源舱的风力仿真框图如图 7-6 所示。进一步可以通过数值仿真生成一组时长为 100s 的最大工作风速下的风力样本，如图 7-7 所示。

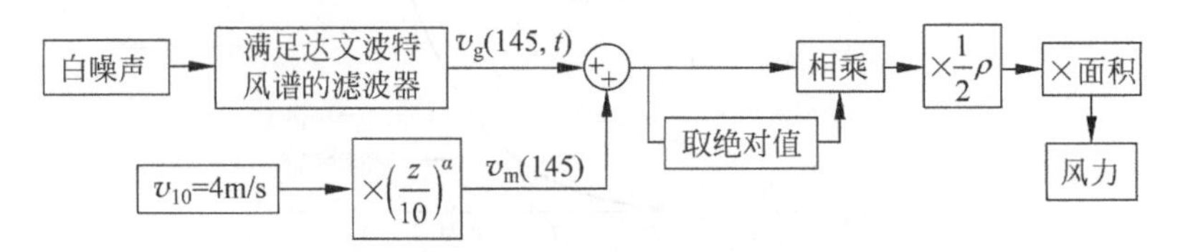

图 7-6 FAST 原型机馈源舱风力仿真框图

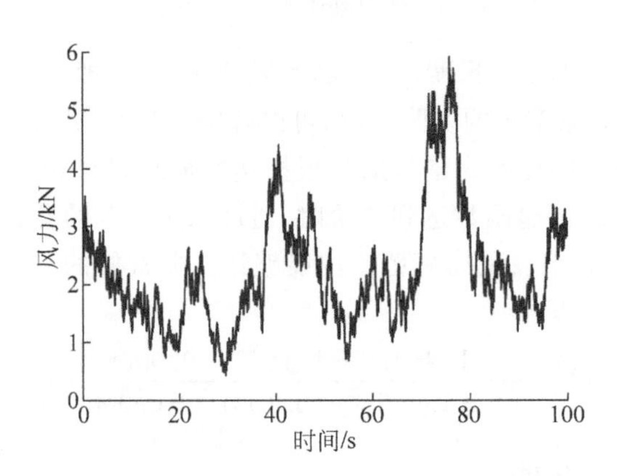

图 7-7 一组最大工作风速条件下的原型机馈源舱风力样本

7.4 刚柔耦合特性分析及模型联立

基础平台运动的 Stewart 并联机构的刚体动力学模型、索并联机构的弹性动力学模型和馈源舱的风载样本都已经推导完成，将三者有机结合在一起，就可以联立获得 FAST 馈源支撑系统的整体动力学模型。前两者之间的相互作用主要体现为运动和力的耦合。精调 Stewart 平台和 A-B 转台固结于索平台下方，随索并联机构运动；同时，风力和精调 Stewart 平台以及 A-B 转台运动的反作用力会对索并联机构产生扰动，依次产生加速度、速度和位移。因此，可以将精调 Stewart 平台、A-B 转台和索并联机构三者之间的关系转化为带有力反馈和姿态随动的系统模型，如图 7-8 所示。虚线框内的部分反映了索并联机构、A-B 转台和精调 Stewart 平台之间的随动关系和力传递关系。风力作为外力扰动，可以直接引入馈源支撑系统的完整仿真模型。此外，该模型将抑振策略也考虑在内，可以方便地进行后续的控制系统仿真实验。

整体仿真流程可以进行如下描述。根据天文观测给定的馈源支撑系统的终端轨迹，应用已建立的轨迹规划策略，可以解算出索并联机构和 A-B 转台的运动轨迹，进而完成两者的运动控制。在运动过程中由于风力的扰动作用，馈源舱会发生位置和姿态偏移，造成系统

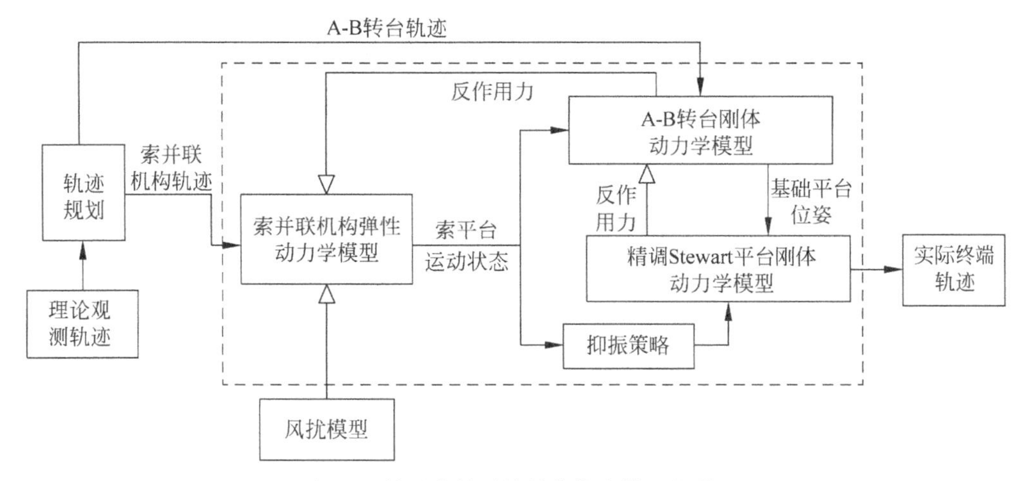

图 7-8　馈源支撑系统数值仿真模型的联立

终端的轨迹误差。通过采用选定的抑振控制策略，根据当前传感器采集的索平台运动状态，可以求解出每个控制周期内精调 Stewart 平台需要实现的抑振运动轨迹，控制精调 Stewart 平台的完成抑振控制。同时，在馈源支撑系统内部，精调 Stewart 平台运动会产生反作用力。反作用力通过 A-B 转台传递给索平台，同风扰力形成合力，对馈源舱产生作用。

在 FAST 馈源舱的质心，依次分别沿全局坐标系的 X、Y 和 Z 轴正方向施加集中力脉冲扰动，沿全局坐标系的 A、B 和 C 轴正方向施加集中力矩脉冲扰动，采用已建立的馈源支撑系统仿真模型，计算获得索平台的位置和姿态阶跃响应曲线，展开 FAST 原型机馈源支撑系统的固有频率和刚度分析。仿真得到的 FAST 馈源支撑系统终端的位置和姿态响应结果如图 7-9 所示。

馈源支撑系统沿 Z 轴方向的共振频率约为 0.55Hz，高于沿 X 轴(约为 0.24Hz)和 Y 轴(约为 0.3Hz)方向的振动频率。绕 C 轴的扭转振动频率约为 0.84Hz，高于绕 A 轴(约为 0.3Hz)和 B 轴方向的扭转振动频率(约为 0.24Hz)。由仿真结果可知，馈源支撑系统的最低阶固有频率约为 0.24Hz。同时，可以发现 X 轴和 B 轴的低阶共振频率基本相同，Y 轴和 A 轴的低阶共振频率基本一致，因此馈源舱容易发生复合振动。

上述仿真实验中，采用的阶跃冲击力幅值为 500N，阶跃冲击力矩幅值为 500N·m。根据 3 个移动方向的位移量，可以确定馈源支撑系统的平动刚度数量级为 10^5N/m，Z 轴方向的刚度略高于 X 轴和 Y 轴方向的刚度。馈源支撑系统 3 个转动方向的扭转刚度数量级为 10^6N·m/rad，C 轴的扭转刚度高于 A 轴和 B 轴的扭转刚度约一个数量级。总的来说，馈源支撑系统的刚度偏低，在风扰作用下容易产生较大的姿态误差。

将得到的风力样本施加于馈源舱的几何中心，作用方向沿全局坐标系的 X 轴正方向。通过数值仿真计算，可以得出索平台的位置和姿态误差响应曲线分别如图 7-10(a)和图 7-10(b)所示，姿态误差用 RPY 角描述。馈源支撑系统终端的位置误差响应曲线如图 7-11 所示。

索平台和馈源支撑系统终端位置误差的主要方向与风扰作用方向一致，沿全局坐标系的 X 轴方向。由于馈源支撑系统终端和索平台之间具有 7m 的初始距离，索平台沿 B 轴的转角误差会被放大为馈源支撑系统终端的显著位置误差。索平台的瞬时误差方向和终端误

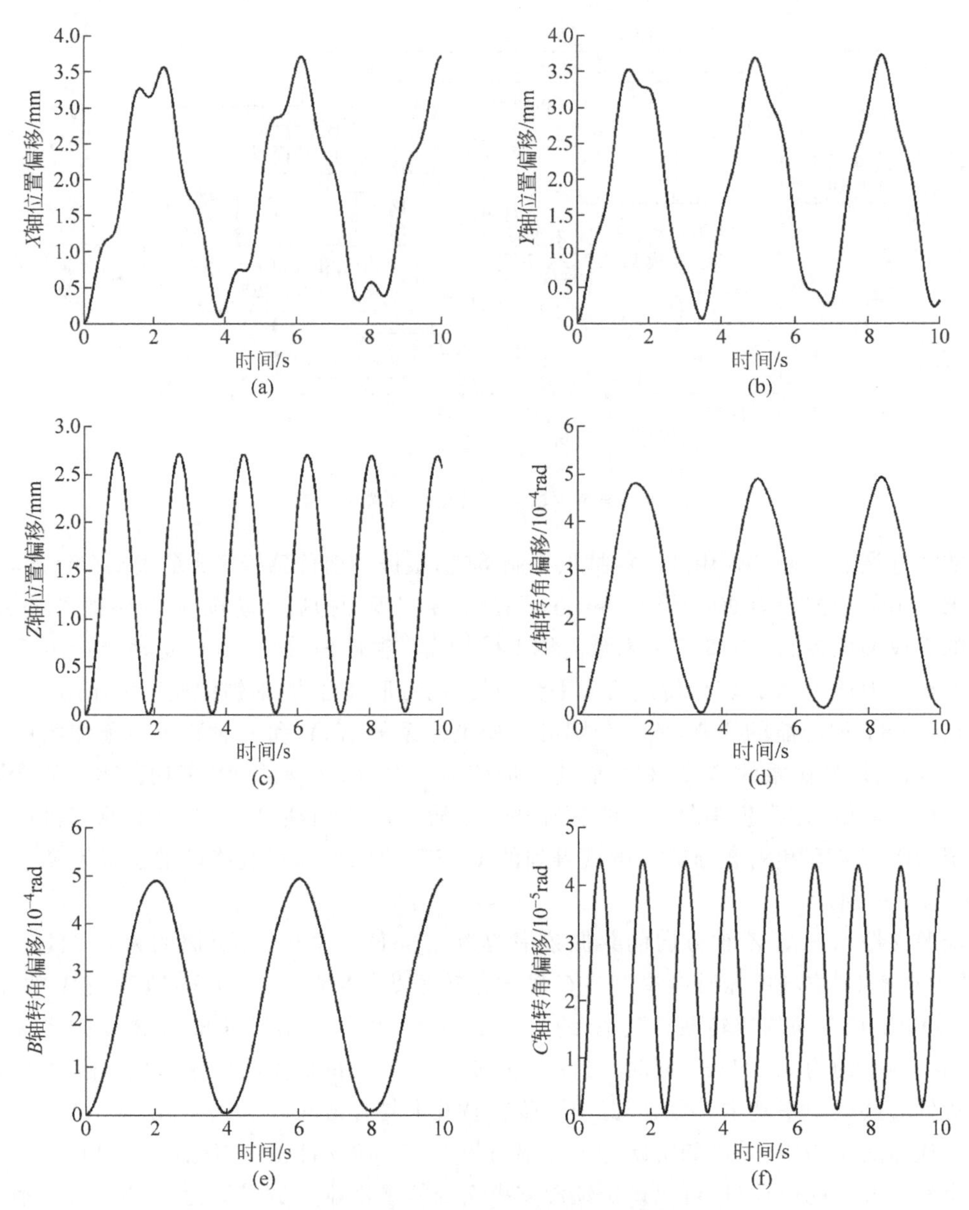

图 7-9 馈源支撑系统的阶跃响应曲线

(a) X 轴位置响应；(b) Y 轴位置响应；(c) Z 轴位置响应；
(d) A 轴转角响应；(e) B 轴转角响应；(f) C 轴转角响应

差方向整体相反。这主要是由于平移振动和扭转振动叠加产生的效果(索平台沿 X 轴的平移振动和绕 B 轴的扭转振动)。索平台几何中心处的最大位置误差为 31.16mm，而馈源支撑系统终端的最大位置误差达到 82.14mm，无法满足馈源支撑系统原型机的设计要求(终端位置均方根误差 10mm 以内)，因此必须采取有效的抑振控制策略。如图 7-10(b)所示，索平台的姿态角误差较小，已经能够满足均方根 0.2°的姿态精度要求。因此，抑振控制的主要目标为减小馈源支撑系统的终端位置误差。

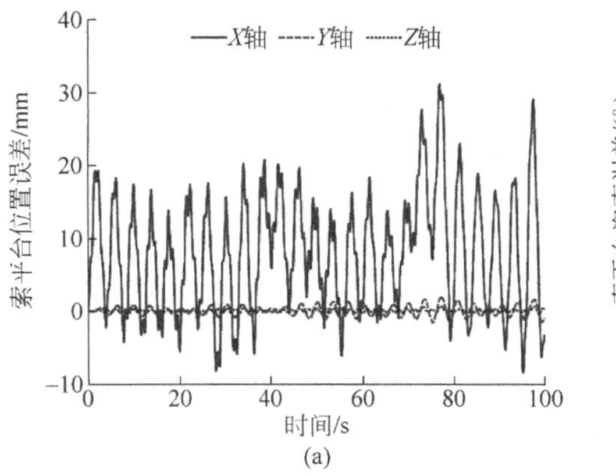

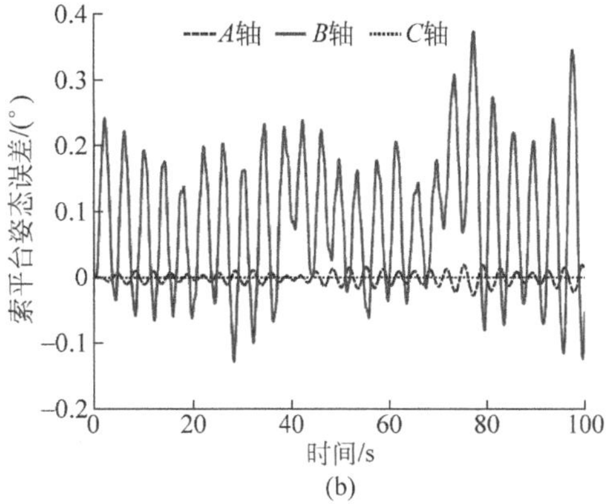

图 7-10 风力作用下索平台的轨迹误差

(a) 索平台的位置误差;(b) 索平台的姿态误差

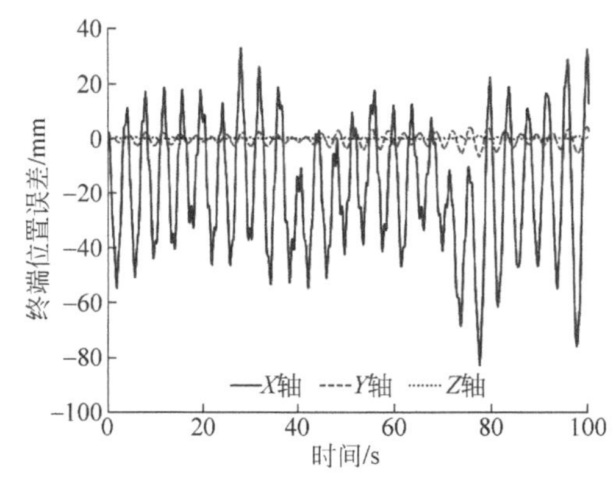

图 7-11 风力作用下馈源支撑系统终端的位置误差

7.5 小结

(1) 基于索的等效弹簧-阻尼模型,建立了索并联机构的弹性动力学模型,并采用四阶龙格-库塔法完成了数值迭代求解。

(2) 基于运动和力的耦合关系,建立了 FAST 馈源支撑系统整体数值仿真模型,完成了馈源支撑系统共振频率和刚度分析。结果表明:馈源支撑系统刚度较低,易发生复合振动。

(3) 根据达文波特风谱,建立了 FAST 馈源舱风载模型,完成了馈源支撑系统风扰分析,获得了索平台和终端的风扰误差响应曲线。终端的风扰误差较大,主要表现为位置误差,后续抑振控制的主要目标为减小馈源支撑系统的终端位置误差。

参考文献

[1] SHAO Z F, TANG X Q, WANG L P, et al. Dynamic modeling and wind vibration control of the feed support system in FAST[J]. Nonlinear Dynamics,2012,67(2), 965-985.

[2] TANG X Q, LIU Z H, SHAO Z F, et al. Self-excited vibration analysis for the feed support system in FAST[J]. International Journal of Advanced Robotic Systems, 2014, 11(4), 1-13.

[3] GLASSELL R L, BURKS B L, GLOVER W H. System review of the modified light duty utility arm after the completion of the nuclear waste removal from seven underground storage tanks at Osk Ridge National[EB/OL]. (2017-03-10) [2020-03-27]. http://citeseerx.ist.psu.edu/viewdoc/download?doi=10.1.1.7.8246&rep=repl&type=pdf.

[4] MIGUEL A T, DUBOWSKY S. Path planning for elastically constrained space manipulator systems [C]//Proceedings of the IEEE International Conference on Robotics and Automation. Atlanta, GA, 1993(1): 812-817.

[5] YOSHIDA K, NENCHEV D N, UCHIYAMA M. Vibration suppression and zero reaction maneuvers of flexible space structure mounted manipulators[J]. Journal of Smart Materials and Structures, 1999, 8(6): 847-856.

[6] OBERGFELL K. End-Point sensing and control of flexible Multi-Link manipulators[D]. Atlanta: Georgia Institute of Technology, 1998.

[7] LIN J, HUANG Z Z. A novel PID control parameters tuning approach for robot manipulators mounted on oscillatory base[J]. Robotica, 2007, 25(4): 467-477.

[8] ZHANG X P, YU Y Q. A new spatial rotor beam element for modeling manipulators with links and joint flexibility[J]. Mechanism and Machine Theory, 2000, 35(3): 403-421.

[9] LIU S Z, YU Y Q, ZHU Z C, et al. Dynamic modeling and analysis of 3-RRS parallel manipulator with flexible links[J]. Journal of Central South University of Technology, 2010, 17(2): 323-331.

[10] STAICU S. Dynamics of the 6-6 Stewart parallel manipulator[J]. Robotics and Computer-Integrated Manufacturing. 2011, 27(1): 212-220.

[11] LOPES A M. Complete dynamic modeling of a moving base 6-dof parallel manipulator[J]. Robotica, 2010, 28(5): 781-793.

第8章

柔性支撑并联机器人的抑振控制

第 7 章的仿真结果说明需要采用精调平台进行抑振控制，以减小风扰作用导致的馈源支撑系统的终端姿态误差。本章主要讨论利用精调平台进行针对性抑振控制的方法。在 8.1 节中，概述了当前柔性支撑机器人抑振控制的主要方法。8.2 节给出了馈源支撑系统的轨迹规划方法，为精调平台的抑振控制奠定了基础。8.3 节和 8.4 节分别介绍了轨迹补偿抑振和内力抑振控制策略应用于 FAST 馈源支撑系统的效果。其中，8.3 节讨论了通过对精调平台进行实时轨迹规划，实现终端姿态误差补偿的方法，并利用 FAST 馈源支撑系统 40m 缩尺模型进行轨迹补偿抑振控制的实验验证。8.4 节讨论了采用精调 Stewart 平台的运动反作用力抵消外扰力，进行内力抑振控制的方法，并展开了仿真研究。

本章主要内容：

(1) 柔性支撑机器人的抑振控制方法；

(2) 馈源支撑系统的轨迹规划；

(3) 轨迹补偿抑振控制；

(4) 内力抑振控制。

8.1 柔性支撑机器人的抑振控制方法

由于柔性支撑机器人系统内部存在刚柔耦合及力位耦合问题，在外力或刚性机器人反作用力的影响下容易产生振动，造成系统终端精度丧失的问题。抑振控制一直是柔性支撑机器人研究的重点和难点。柔性支撑机器人的抑振控制总体可以分为两大类，即被动抑振控制和主动抑振控制。

被动抑振控制就是当较大的振动出现后，停止运动，利用系统本身的阻尼和摩擦耗散振动能量，待振动逐渐消失后再继续进行操作。最简单的方法就是当柔性机器人移动到理论位置后，锁死所有关节，等待振动能量逐渐耗尽。[1]但是，此种方法需要较长的等待时间。可以通过添加阻尼器来加速振动能量的耗散。[2]学者 Van 等[3]、Nenchev 等[4]和 Torres 等[5]在此基础上提出了加速振动能耗散的模式，当柔性支撑机器人振动较大时，切换到能量耗散模式，减小系统振动。被动抑振无法实现柔性支撑机器人系统的连续运动，只适合点位控制模式，应用范围有限。

主动抑振控制是采取连续的控制策略，将目标振动量控制在允许的范围内，是柔性支撑机器人的主要控制方法。主动抑振控制方法可以进一步划分，如图 8-1 所示。由于柔性支撑本身刚度较低、控制带宽有限，使其能够实施的抑振作用受到制约；即便柔性支撑本身的控制带宽足够，采用柔性支撑抑振所需能耗较大而且相对危险。[6-7] 目前针对柔性支撑机器人的控制问题主要采用刚性机器人抑振。刚性机器人抑振控制又可以细分为轨迹补偿抑振、轨迹规划抑振和内力抑振 3 种方法。

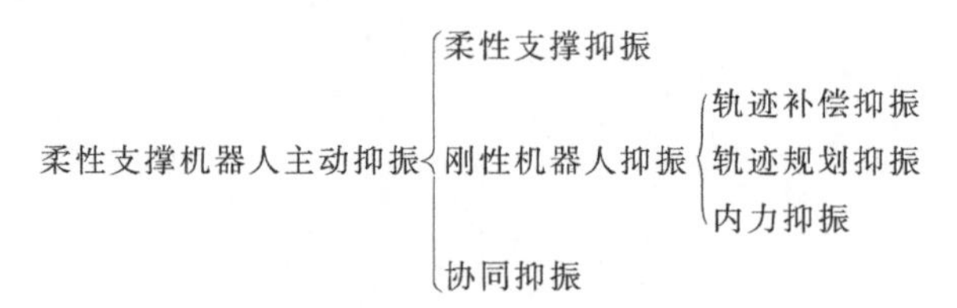

图 8-1　柔性支撑机器人主动抑振控制分类

轨迹补偿抑振是通过实时测量柔性基础的姿态误差，解算出全局坐标系下系统终端误差(也可以直接测量系统终端误差)，然后将误差转换到刚性机器人的关节坐标系进行补偿。Staffetti 等[8] 和 Yoshikawa 等[9] 利用运动学冗余的微机器人补偿低刚度运动基础的弹性变形，并将补偿量最小原则用于整个系统的轨迹规划。Cho 等[10] 采用摄像头进行柔性支撑终端位置的测量，利用刚性微机器人最终完成轨迹补偿，实现了汽车轮胎的自动装配。

轨迹规划抑振是指通过合理规划刚性机器人的运动轨迹，保证柔性支撑的振动尽可能小。Nenchev[11] 利用柔性支撑机器人的冗余性，在无限组关节空间解中选择系统振动最小的用于实现控制。Torres 等[12] 通过合理选择给定的终点和起点之间的轨迹，来避免系统产生较大的振动。

内力抑振控制是指通过刚性机器人的反作用力来抵消柔性支撑的振动，从而保证系统整体的稳定和终端精度。Xie 和 Kalaycioglu 等[13] 在柔性支撑上安装传感器，并利用传感器的反馈控制刚性机器人产生与基座相反的激振力，抵消基座原有振动。Lew 等[14] 应用工业串联机器人进行了内力抑振实验。Parsa 等[15] 利用柔性支撑机器人的运动学冗余性，建立了内力抑振控制算法，并针对平面柔性支撑机器人进行了控制性能的仿真验证。

目前针对柔性支撑并联机构(机器人)的抑振控制研究较少。国外主要是加拿大围绕大型射电望远镜(large adaptive reflector，LAR)展开的研究工作(见图 2-1)。该项目是加拿大的平方公里阵大射电望远镜工程(square kilometer array telescope，SKA)[16]，开始于 2004 年，麦吉尔、拉瓦尔和哥伦比亚等多家大学参与。LAR 的馈源支撑系统分两级：第一级为大跨度 8 索并联机构；第二级在馈源舱内部为小型的 8 索并联机构，是一个典型的柔性支撑并联机构。Taghirad 和 Nahon[17-18] 将该 8 索空间并联机构简化为 4 索平面并联机构，分析了该柔性支撑并联机构的运动学和奇异性，并对该冗余机构的轨迹规划和动力学控制进行了研究，但该项目一直处于理论研究状态。

国内关于柔性支撑并联机器人的研究主要是围绕 FAST 项目展开的。西安电子科技大学段宝岩院士提出的 FAST 馈源支撑系统模型如图 2-2(b)所示，由 6 索并联机构和刚性 Stewart 并联机构两级串联而成，索并联机构独立完成终端的位置和姿态控制。[19-23] 随后，清华大学任革学和张辉老师提出了 4 索并联机构、A-C 转台和 Stewart 并联机构 3 级串联的馈源支撑系统结构形式，并搭建了 FAST 50m 模型(见图 2-2(a))。该 4 索并联机构仅实现空间 3 自由度平动功能。采用承力索和配重索相结合的方法，建立索并联机构完整的相似模型。清华大学随后完成了 Stewart 并联机构的运动学建模和分析，提出速度差分预测算法，并进行了馈源支撑系统稳定性分析和结构优化等方面的研究工作。[24-27]

8.2 馈源支撑系统的轨迹规划

最终确定的 FAST 馈源支撑系统由索并联机构、A-B 转台和精调 Stewart 平台 3 级串联而成。其中，索并联机构采用 Stewart 构型，具有 6 个自由度，A-B 转台具有 2 个转动自由度，精调 Stewart 平台具有 6 个自由度。理论上，仅用索并联机构就可以实现终端馈源接收器的 5 自由度空间轨迹跟踪任务。馈源支撑系统具有较多的冗余自由度。在进行精调平台的抑振控制研究之前，必须完成馈源支撑系统的整体轨迹规划，即将馈源支撑系统终端的运动轨迹合理且唯一地分配为 3 个子部分的运动轨迹，以便实施控制。轨迹规划是 FAST 馈源支撑系统研究的基础[28]，也是精调平台实现抑振控制的前提。

为完成该冗余机构的轨迹规划，通过添加优化限制条件，保证在给定终端轨迹的情况下获得唯一的轨迹规划结果。通过考虑 FAST 馈源支撑系统控制功能的实现，提出两个限制条件：

(1) 保证索并联机构的运动控制模型尽可能简单，且满足终端控制精度要求。

(2) 在理想情况下(无外界扰动)，精调 Stewart 平台无需运动即可保证馈源支撑系统终端的轨迹精度，从而将其用于扰动下的抑振控制。

如图 8-2 所示，FAST 馈源支撑系统的工作空间——馈源接收面，是一个球冠面。在工作空间的每个位置点，馈源支撑系统终端的接收器都需要保持一定的姿态角，保证接收器的法向向量通过反射面球心。当接收器沿馈源接收面从中心移动到边界时，姿态角的绝对值也随之从 0°逐渐变为 40°。为将索并联机构的驱动索等效为直线模型，同时保证索并联机构控制精度的限制条件。通过本书第 2～3 章的分析可知[29-30]：索并联机构在整个工作空间内，将索的拉力均匀化，且保证在一定范围内变化，即可满足限制条件(1)。根据索拉力优化结果，建立索并联机构的姿态耦合要求：在工作空间不同位置处，索并联机构的动平台必须保持一定的自然倾角。

索平台的自然倾角与要求达到的观测姿态角之间存在一定的数学关系，可简化为

$$\phi_{\text{cable}} = \frac{3}{8}\phi_{\text{receiver}} \tag{8-1}$$

其中，ϕ_{cable} 为索平台(馈源舱)的自然倾角；ϕ_{receiver} 为馈源接收器需要达到的观测姿态角。两者关系的直观描述如图 8-3 所示。索并联机构在满足限制条件(1)的情况下，工作空间的每个位置点会对应一个确定的索平台自然倾角。自然倾角仅能够实现所需观测姿态角的 3/8，剩余的 5/8 由 A-B 转台进行补偿。

综上，为在控制中将索并联机构的运动学模型简化，必须保证索拉力的均匀和变化幅度在一定范围内的优化条件。索拉力优化条件决定索平台(馈源舱)在馈源接收面上的每一个

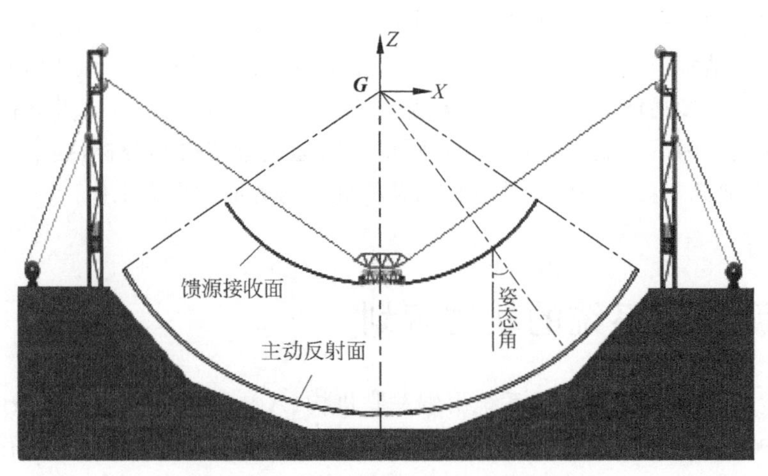

图 8-2 FAST 馈源支撑系统的工作空间

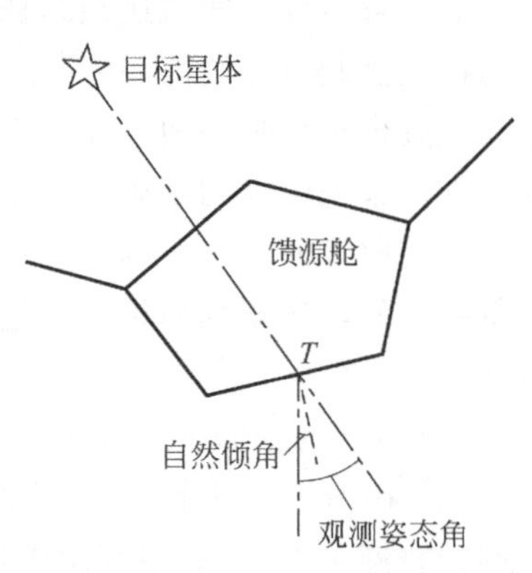

图 8-3 索平台的自然倾角

位置点都必须保证一定的自然倾角。索并联机构的姿态和位置耦合后,等价于带有转动伴随运动的三平动机构。A-B 转台具有 2 个转动自由度,负责补偿观测姿态角与自然倾角之间的差值。在理想情况下,索并联机构和 A-B 转台即可实现馈源接收器的空间 5 自由度轨迹跟踪运动,理想情况下精调 Stewart 平台无需运动,满足限制条件(2)。下面推导馈源支撑系统轨迹规划的计算过程。

如图 8-2 所示,在主动反射面球心建立全局惯性坐标系$\{\boldsymbol{G}\}$:$O\text{-}XYZ$。目标姿态的描述点为馈源接收器的中心,即精调 Stewart 平台动平台的几何中心。已知目标姿态为${}^{G}\boldsymbol{X}_{\mathrm{P}}=[x_{\mathrm{t}},y_{\mathrm{t}},z_{\mathrm{t}},\alpha_{\mathrm{t}},\beta_{\mathrm{t}},\gamma_{\mathrm{t}}]^{\mathrm{T}}$。通过轨迹规划可将该终端轨迹折算为索并联机构的轨迹${}^{G}\boldsymbol{X}_{\mathrm{C}}=[x_{\mathrm{C}},y_{\mathrm{C}},z_{\mathrm{C}},\alpha_{\mathrm{C}},\beta_{\mathrm{C}},\gamma_{\mathrm{C}}]^{\mathrm{T}}$和 A-B 转台的转角$\boldsymbol{\theta}=[\theta_A,\theta_B]^{\mathrm{T}}$。

根据第 6 章的推导,可以得出在全局坐标系$\{\boldsymbol{G}\}$下,馈源支撑系统终端的位置和姿态表达式:

$$ {}^{G}\boldsymbol{t}_{\mathrm{P}}={}^{G}\boldsymbol{t}_{\mathrm{C}}+{}^{G}\boldsymbol{R}_{\mathrm{C}}{}^{C}\boldsymbol{t}_{\mathrm{M}}+{}^{G}\boldsymbol{R}_{\mathrm{B}}(-{}^{B}\boldsymbol{t}_{\mathrm{M}})+{}^{G}\boldsymbol{R}_{\mathrm{B}}{}^{B}\boldsymbol{t}_{\mathrm{P}} \tag{8-2} $$

和

$$ {}^{G}\boldsymbol{R}_{\mathrm{P}}={}^{G}\boldsymbol{R}_{\mathrm{C}}{}^{C}\boldsymbol{R}_{\mathrm{B}}{}^{B}\boldsymbol{R}_{\mathrm{P}} \tag{8-3} $$

其中,${}^{C}\boldsymbol{t}_{\mathrm{M}}$表示在索平台坐标系$\{\boldsymbol{C}\}$下中间坐标系原点($M$ 点)的位置向量;${}^{B}\boldsymbol{t}_{\mathrm{M}}$表示在坐标系$\{\boldsymbol{B}\}$下 M 点的位置向量;${}^{B}\boldsymbol{R}_{\mathrm{P}}$为单位矩阵;${}^{B}\boldsymbol{t}_{\mathrm{P}}$为初始状态下,精调 Stewart 平台的动平台在基础坐标系$\{\boldsymbol{B}\}$下的位置向量。

索并联机构动平台的自然倾角可以描述为索平台位置的函数,表达式如下:

$$ \phi_{\text{cable}}=\frac{3}{8}\phi_{\text{receiver}}=\frac{3}{8}\arccos\left(\frac{-z_{\mathrm{t}}}{\sqrt{x_{\mathrm{t}}^{2}+y_{\mathrm{t}}^{2}+z_{\mathrm{t}}^{2}}}\right) \tag{8-4} $$

为简化后续的偏微分计算,索平台的旋转矩阵采用四元数[28]的形式进行描述,并表示为${}^{G}\boldsymbol{t}_{\mathrm{C}}$的函数:

$$
{}^{G}\boldsymbol{R}_{\mathrm{C}}=f({}^{G}\boldsymbol{t}_{\mathrm{C}})=\begin{bmatrix}\cos\left(\dfrac{\phi_{\mathrm{cable}}}{2}\right)\\ \dfrac{y}{\sqrt{x_{\mathrm{C}}^{2}+y_{\mathrm{C}}^{2}}}\sin\left(\dfrac{\phi_{\mathrm{cable}}}{2}\right)\\ -\dfrac{x}{\sqrt{x_{\mathrm{C}}^{2}+y_{\mathrm{C}}^{2}}}\sin\left(\dfrac{\phi_{\mathrm{cable}}}{2}\right)\\ 0\end{bmatrix} \tag{8-5}
$$

将式(8-5)代入式(8-2)，利用牛顿迭代法将其转化为自变量为${}^{G}\boldsymbol{t}_{\mathrm{C}}$的方程：

$$
F({}^{G}\boldsymbol{t}_{\mathrm{C}})={}^{G}\boldsymbol{t}_{\mathrm{C}}+f({}^{G}\boldsymbol{t}_{\mathrm{C}}){}^{C}\boldsymbol{t}_{\mathrm{M}}+{}^{G}\boldsymbol{R}_{\mathrm{B}}(-{}^{B}\boldsymbol{t}_{\mathrm{M}})+{}^{G}\boldsymbol{R}_{\mathrm{B}}{}^{B}\boldsymbol{t}_{\mathrm{P}}-{}^{G}\boldsymbol{t}_{\mathrm{P}}=0 \tag{8-6}
$$

进一步可以将上式整理为下面线性方程组的形式，即

$$
\boldsymbol{K}{}^{G}\boldsymbol{t}_{\mathrm{C}}=0 \tag{8-7}
$$

其中，

$$
F({}^{G}\boldsymbol{t}_{\mathrm{C}})=\begin{bmatrix}f_1(x_{\mathrm{C}},y_{\mathrm{C}},z_{\mathrm{C}})\\ f_2(x_{\mathrm{C}},y_{\mathrm{C}},z_{\mathrm{C}})\\ f_3(x_{\mathrm{C}},y_{\mathrm{C}},z_{\mathrm{C}})\end{bmatrix},\quad \boldsymbol{K}=\begin{bmatrix}\partial f_1/\partial x_{\mathrm{C}} & \partial f_1/\partial y_{\mathrm{C}} & \partial f_1/\partial z_{\mathrm{C}}\\ \partial f_2/\partial x_{\mathrm{C}} & \partial f_2/\partial y_{\mathrm{C}} & \partial f_2/\partial z_{\mathrm{C}}\\ \partial f_3/\partial x_{\mathrm{C}} & \partial f_3/\partial y_{\mathrm{C}} & \partial f_3/\partial z_{\mathrm{C}}\end{bmatrix}
$$

求出${}^{G}\boldsymbol{t}_{\mathrm{C}}$后，就可以代入式(8-5)求出${}^{G}\boldsymbol{R}_{\mathrm{C}}$，利用式(8-3)求出${}^{C}\boldsymbol{R}_{\mathrm{B}}$。然后就可以利用索并联机构的运动学逆解方程和欧拉角求解驱动索长度和 A-B 转台绕 A 轴和 B 轴的转动角度。

根据索拉力优化的结果，索并联机构在控制中可以等效为刚性并联机构。因此其运动学逆解与第 6 章中的求解过程基本相同。驱动索的长度为

$$
L_j=\|{}^{G}\boldsymbol{S}_{\mathrm{C}j}\| \tag{8-8}
$$

$$
{}^{G}\boldsymbol{S}_{\mathrm{C}j}={}^{G}\boldsymbol{t}_{\mathrm{C}}+{}^{G}\boldsymbol{R}_{\mathrm{C}}\boldsymbol{d}_j-\boldsymbol{c}_j \tag{8-9}
$$

其中，j 为驱动索序号；$\boldsymbol{d}_j$ 为索平台上铰链点的位置向量；$\boldsymbol{c}_j$ 为索塔出索点的位置向量。

以 1∶15 缩尺模型(40m 缩尺模型)为例，A-B 转台的机械结构如图 8-4 所示，A 轴由电机经过减速器后直接驱动，逆解方程非常简单，为

$$
n_A=\frac{\eta\theta_A}{360} \tag{8-10}
$$

其中，η 为减速器的减速比；θ_A 为 A 轴的转动角度；n_A 为电机转动的周数。B 轴由伸缩支链驱动，利用余弦定理很容易获得其逆解方程：

$$
h_B=\sqrt{a^2+b^2-2ab\cos(\theta_B+\theta_{B0})} \tag{8-11}
$$

其中，$h_B=\|O_2O_3\|$，$a=\|O_1O_2\|$，$b=\|O_1O_3\|$，θ_{B0} 是 A-B 转台初始状态下 O_1O_2 和 O_1O_3 的夹角。

将 FAST 馈源支撑系统轨迹规划过程用流程图表示，如图 8-5 所示，其中 ε 为迭代精度，一般选为 10^{-6}m。为验证馈源支撑系统轨迹规划方法的正确性和迭代算法的计算效率，下面利用 Matlab 软件进行数值仿真实验。仿真采用馈源支撑系统 1∶15 缩尺模型的参数。在全局坐标系下，馈源支撑系统的终端轨迹描述为

$$
\begin{cases}x_t=r\times\sin(\omega t)\\ y_t=r\times\cos(\omega t)\\ z_t=-9.6\end{cases}
$$

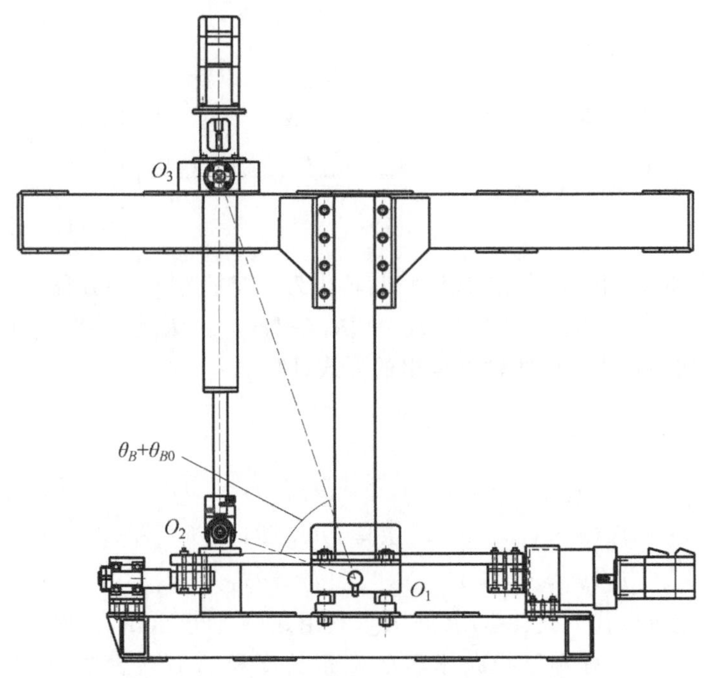

图 8-4 40m 缩尺模型中 A-B 转台机械结构示意图

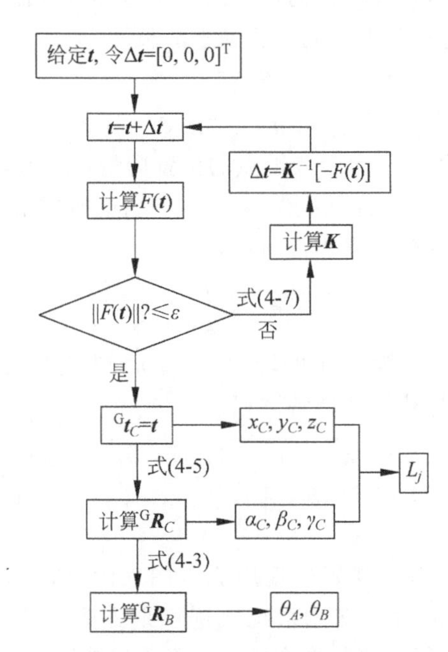

图 8-5 FAST 馈源支撑系统轨迹规划计算流程图

其中，$r=2\mathrm{m}$；t 为仿真时间，ω 为圆周运动的角速度，$\omega t\in[0,360°)$。根据给定的终端位置，利用四元数表示出此时终端观测姿态的旋转矩阵：

$$
{}^{G}\boldsymbol{R}_{\mathrm{P}}=\begin{bmatrix}\cos\left(\dfrac{\psi}{2}\right)\\ \dfrac{y_t}{\sqrt{x_t^2+y_t^2}}\sin\left(\dfrac{\psi}{2}\right)\\ -\dfrac{x_t}{\sqrt{x_t^2+y_t^2}}\sin\left(\dfrac{\psi}{2}\right)\\ 0\end{bmatrix},\quad \psi=\arccos\left(\frac{-z_{\mathrm{t}}}{\sqrt{x_{\mathrm{t}}^2+y_{\mathrm{t}}^2+z_{\mathrm{t}}^2}}\right)
$$

根据前面给出的轨迹规划方法,可以求出索平台的轨迹和 A-B 转台的转角分别如图 8-6 的(a)和(b)所示。当取 $\varepsilon=10^{-6}$m 时,牛顿迭代法的平均迭代次数为 4 次,最大迭代次数不超过 10 次,具有快速收敛性,完全能够用于馈源支撑系统的实时轨迹解算。

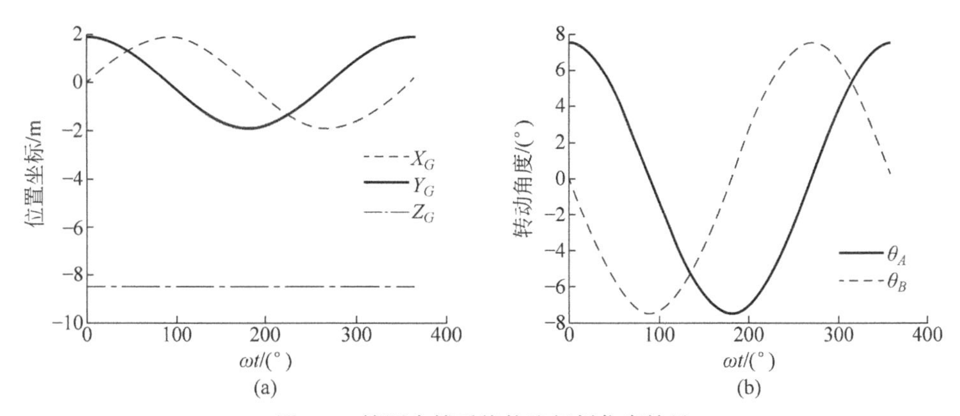

图 8-6 馈源支撑系统轨迹规划仿真结果

(a) 索平台轨迹；(b) A-B 转台的转角

8.3 轨迹补偿抑振控制

FAST 馈源一级支撑系统的索并联机构具有大跨度和低刚度的特点,对风和外力的扰动非常敏感,容易产生变形和振动,影响终端误差。为提高 FAST 馈源支撑系统的终端轨迹精度,保证其综合性能指标,必须对精调平台实施有效的抑振控制。精调平台的抑振控制是 FAST 项目的关键理论和实践问题。

由刚性机器人实施的主动抑振控制策略主要有 3 种: ①轨迹规划抑振控制; ②轨迹补偿抑振控制; ③内力抑振控制。由于 FAST 馈源支撑系统本身需要跟踪给定的观测天体,无法随意选择运动轨迹,因此不能采用轨迹规划抑振控制方法。本节重点研究轨迹补偿抑振控制,8.4 节重点研究内力抑振控制。

本节以精调平台为研究对象,提出模糊 PD 控制器,实现精调 Stewart 平台的轨迹补偿抑振控制。最后,进行抑振控制实验研究。实验证明: 馈源支撑系统 1∶15(40m)缩尺模型的终端轨迹精度达到设计要求,轨迹补偿抑振控制效果明显。

8.3.1 轨迹补偿抑振方法

根据前面的轨迹规划,精调 Stewart 平台可以完全用于馈源支撑系统的振动抑制。

FAST 馈源支撑系统是一个典型的柔性支撑并联机构系统，柔性支撑由索并联机构和 A-B 转台组成，在受到风扰等因素的影响时会产生一定的弹性变形和振动，精调 Stewart 平台则通过采用轨迹补偿抑振策略保证馈源支撑系统的终端轨迹精度，避免终端精度受到柔性支撑变形和振动的影响。在轨迹补偿抑振策略下，精调 Stewart 平台的控制系统结构如图 8-7 所示。

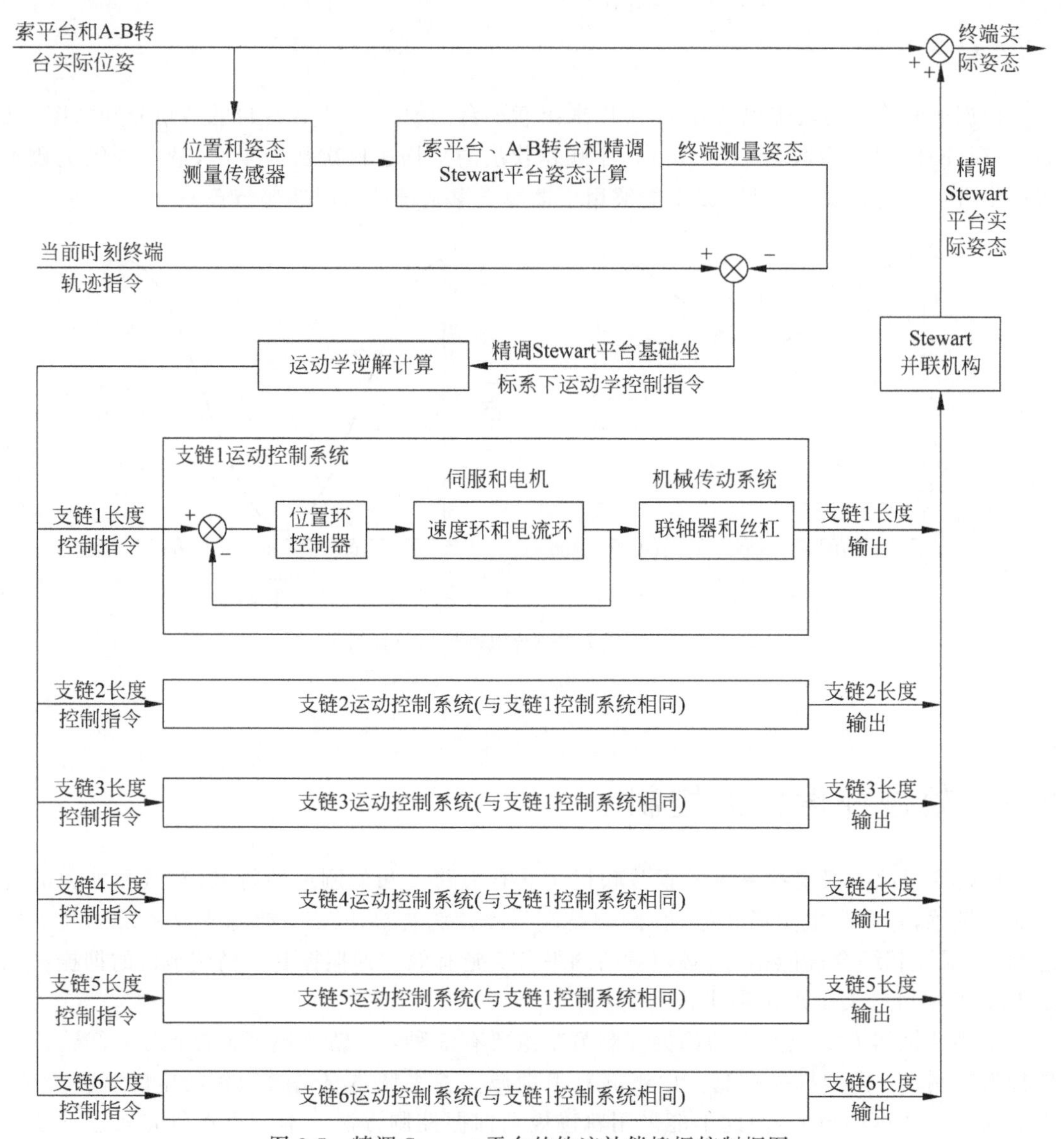

图 8-7 精调 Stewart 平台的轨迹补偿抑振控制框图

FAST 馈源支撑系统终端实际姿态由索平台、A-B 转台和精调 Stewart 平台 3 部分共同决定。精调平台的轨迹补偿抑振控制是通过实时检测索平台的姿态，解算出馈源支撑系统终端的实际姿态。根据天文轨迹给出的理论终端轨迹，获得终端的实际姿态误差，控制精调平台进行实时的终端姿态误差补偿。

精调平台的轨迹补偿抑振控制是一种跟踪控制，没有预先给定的运动轨迹。精调平台实施轨迹补偿抑振控制后，馈源支撑系统的实际终端误差主要受 3 个因素的影响：①抑振控制的频率；②馈源舱(索平台)所受扰动；③抑振控制方法。下面分别进行讨论。

馈源支撑系统的控制频率由传感器的反馈频率决定。轨迹补偿抑振控制中，当前周期内补偿的误差是上一周期传感器反馈计算获得的。因此传感器反馈频率越高，轨迹补偿的滞后性越小，越有利于终端精度的提高。索并联机构为工作空间巨大的柔性并联机构，需要采用全闭环控制，即非接触式测量设备直接反馈索平台的姿态；A-B转台和精调 Stewart 平台的运动状态则可以采用伺服电机轴端的编码器进行反馈，完成半闭环控制。非接触式测量难度大，反馈频率相对较低，精调 Stewart 平台轨迹补偿抑振控制的频率主要受限于索平台的姿态反馈频率。目前 FAST 馈源支撑系统 1∶15 缩尺模型中所采用的全站仪，其反馈频率仅为 10Hz，由于客观条件限制暂时无法进一步提高。

在轨迹补偿的同时，馈源舱会受到多种因素的扰动，产生新的终端姿态误差。扰动可分为外力扰动和内力扰动两个部分。外力扰动主要是风扰，是风作用于馈源舱的保护罩产生的，风扰力的能量在一段时间内相对稳定。内力扰动(即自身扰动)主要是指馈源舱内，A-B转台和精调 Stewart 平台运动而对索平台产生的反作用力激励。由于天文观测中 A-B 转台运动缓慢，因此自身扰动主要来自于精调 Stewart 平台的轨迹补偿运动。在精调 Stewart 平台进行轨迹补偿抑振控制中，需要考虑运动反作用力对馈源舱造成的扰动作用。

在对精调 Stewart 平台进行轨迹补偿抑振控制时，由于补偿的目标具有随机性，轨迹补偿抑振的最优策略是在一个控制周期内，补偿已经检测到的终端误差。然而，如果精调平台的动平台加速度过大，产生的运动反作用力必然较大，最终可能适得其反地破坏终端精度。在每个轨迹补偿控制周期内，精调平台的抑振控制通过支链位置环控制器控制伺服电机具体完成。因此，必须合理选择精调平台的支链位置环控制器，以便实现保证终端轨迹精度和系统稳定性的双重目标。

首先考虑采用传统的 PD 控制器。在调节比例和微分参数时发现，当采用较大的比例增益和较小的微分增益时，馈源支撑系统的终端精度提高明显，但是精调 Stewart 平台会产生位置过冲，容易对索并联机构产生激振作用。而当采用较小的比例增益和较大的微分增益时，精调 Stewart 平台的补偿效果较差，无法达到要求的终端轨迹精度。采用馈源支撑系统 1∶15 缩尺模型展开实验研究(通过运动学相似性可以算出，馈源支撑系统 1∶15 缩尺模型的终端位置精度要求为均方根 2mm，指向精度要求为 0.2°)。传统 PD 控制器获得的一组较好的实验结果如图 8-8 所示。终端均方根误差为 1.912mm，满足位置精度要求，但是位置过冲现象明显。

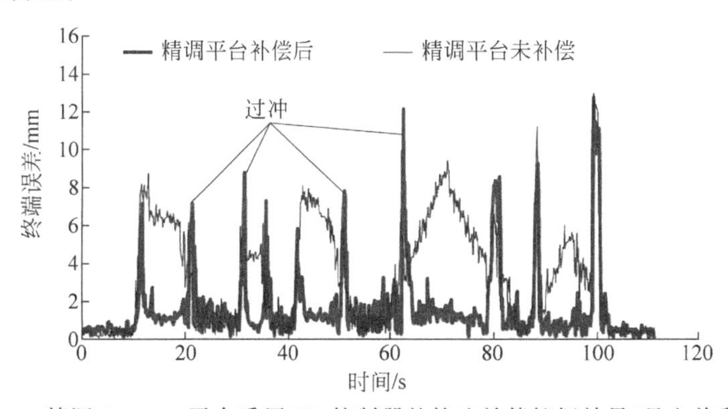

图 8-8 精调 Stewart 平台采用 PD 控制器的轨迹补偿抑振效果(见文前彩图)

考虑到精调 Stewart 平台反作用力对馈源支撑系统精度影响的复杂性(模糊性)和随机误差的不确定性,将模糊控制引入精调 Stewart 平台轨迹补偿抑振的实轴位置环,构成运动支链的模糊 PD 控制器。模糊控制对于复杂、非线性、滞后和耦合系统的控制具有较好的效果。模糊控制是一种基于自然语言的控制方法,采用模糊逻辑推理,无需建立系统的数学模型[31]。模糊控制的核心是模糊规则,本书主要是通过馈源支撑系统 1∶15 缩尺模型的实验获得。采用模糊 PD 控制后,精调 Stewart 平台单支链的控制框图如图 8-9 所示。[32]

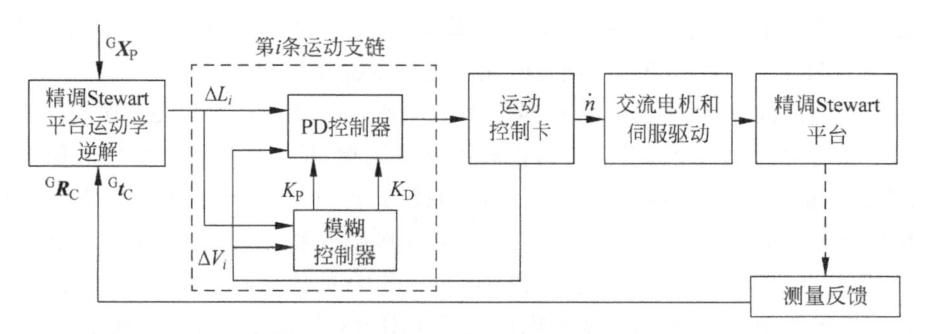

图 8-9 支链模糊 PD 控制器逻辑框图

模糊控制器的设计主要包括模糊化、清晰化和模糊控制规则 3 部分。模糊化是把输入参数映射到模糊子集的过程。清晰化就是把模糊控制规则生成的模糊输出转换为清晰量的过程。模糊控制器的输入量为支链长度变化量$|\Delta L_i|$和支链伸缩速度的变化量$|\Delta V_i|$,输出量为支链位置 PD 控制器的比例增益 K_P 和微分增益 K_D。模糊子集均采用三角形隶属函数,支链长度变化量域和速度变化量域均被划分为 3 个隶属函数,分别是“小”(S)、“中”(M)和“大”(L),其分布如图 8-10 和图 8-11 所示。

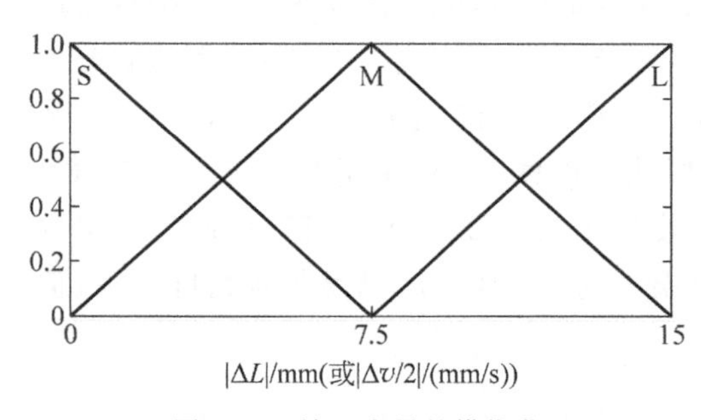

图 8-10 输入变量的模糊化

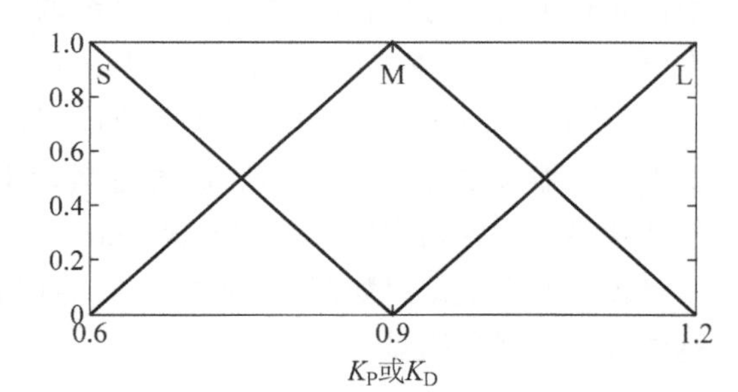

图 8-11 输出变量的模糊化

由于支链的长度和速度各有 3 个隶属度函数,共需要 9 条规则,如表 8-1 和表 8-2 所示。模糊规则根据馈源支撑系统 1∶15 缩尺模型的实验结果获得。具体步骤如下:首先采用不同比例和微分参数进行大量 PD 控制实验;然后根据支链的长度变化量和速度变化量进行分段 PD 控制研究;最后将分段 PD 控制器细化获得模糊控制逻辑,进行调整,直至满足要求。在支链速度变化量和长度误差较大时,适当降低补偿速度,避免过冲;长度误差和速度变化量都中等时,进行快速的补偿,提高精度;在误差较小时,减小速度波动。

表 8-1　比例增益模糊控制规则

$\lvert\Delta V\rvert$	$\lvert\Delta L\rvert$		
	L	M	S
L	S	S	M
M	M	L	L
S	L	L	L

表 8-2　微分增益模糊控制规则

$\lvert\Delta V\rvert$	$\lvert\Delta L\rvert$		
	L	M	S
L	S	M	S
M	M	M	S
S	L	L	S

模糊推导的结果不能够直接用于控制，必须经过清晰化变换。清晰化的方法主要有最大隶属度法、Mamdani（马丹尼）法和重心法。[32] 本书采用 Mamdani 法。该方法通过截取各输出隶属度函数在对应隶属值处的下半段（隶属值由模糊规则算出），经过“或”运算合并为新区域，求出新区域的重心，即为模糊输出的清晰值。

通过采用模糊 PD 控制器，精调 Stewart 平台在保证终端轨迹精度满足要求的同时避免了位置过冲，有效地减小了精调平台对柔性支撑的反作用力冲击，保证了馈源支撑系统的稳定性。具体的实验过程和结果在 8.3.2 节给出。

8.3.2　馈源支撑系统 1∶15 缩尺模型抑振实验

轨迹补偿抑振控制实验采用 FAST 馈源支撑系统 1∶15 缩尺模型，如图 8-12 所示。实验重点在于实际验证精调平台轨迹补偿抑振控制的终端精度和系统稳定性。将索并联机构进行适当简化，馈源舱缩尺模型通过 3 根钢索悬挂于固定支架下方。实验采用两套非接触式测量系统。在馈源舱的边沿安装有 3 个徕卡 TC2003 全站仪的靶标，且成圆周均匀分布。根据 3 台全站仪的反馈，解算出索平台的姿态用于实时抑振控制。另外，采用 API 公司的激光跟踪仪 Tracker3 测量精调平台动平台的实际位置，检验轨迹补偿抑振控制的终端位置精度。全站仪 TC2003 的采样频率为 5～10Hz，分辨率为 0.01mm，静态测量精度为 1mm＋1ppm（part per million），跟踪测量精度为 1mm＋2ppm；Tracker3 的采样频率最高为 300Hz，分辨率为 1μm，静态测量精度为 5ppm，跟踪测量精度为 10ppm。虽然激光跟踪仪精度高、频响快，但是由于仅有一台激光跟踪仪，只能进行终端位置的测量，无法测量终端的姿态。TC2003 全站仪和 Tracker3 激光跟踪仪如图 8-13 所示。

首先，采用激光跟踪仪检验精调平台的运动学精度。激光跟踪仪记录精调平台执行给定轨迹的运动精度，检验其加工和装配精度以及控制系统运动学逆解模型的准确性。精调平台的动平台在工作空间中心保持水平，然后沿 X 轴正方向运动，直至达到工作空间边界，最后返回工作空间中心。激光跟踪仪记录的精调平台的终端运动轨迹如图 8-14 所示。横坐标为激光跟踪仪的采样点数，实验中激光跟踪仪的采样频率为 35Hz；纵坐标为精调平台

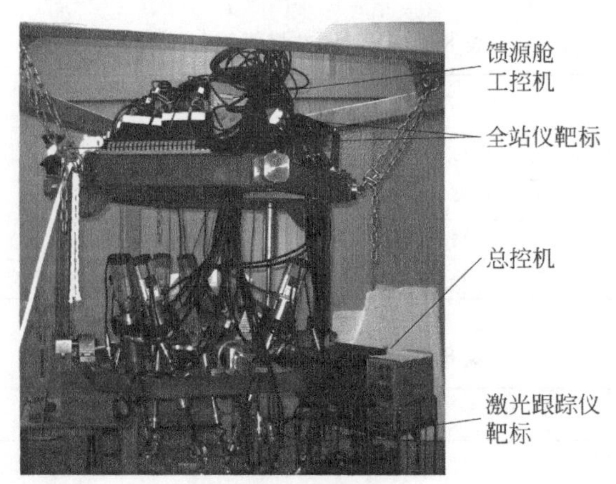

图 8-12 FAST 馈源支撑系统 1∶15 缩尺模型

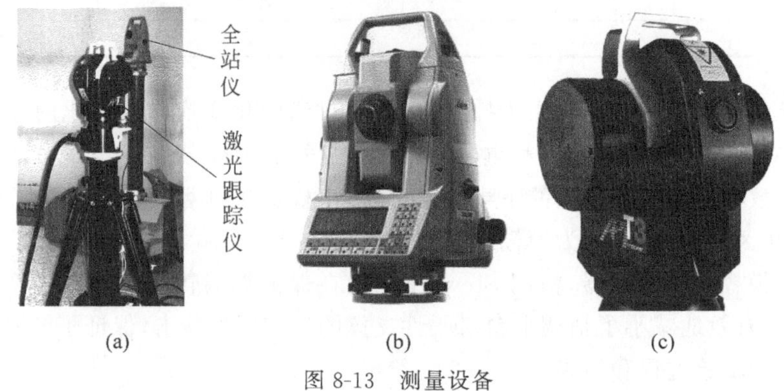

图 8-13 测量设备

(a) 实际工作图；(b) 徕卡 TC2003；(c) API Tracker 3

的终端位移。通过与数控系统中记录的指令轨迹相比较，得出精调平台的最大终端轨迹误差仅为 0.06mm，完全达到设计要求。

下面测试精调平台对特定频率正弦信号的跟踪能力。FAST 原型的仿真得出，馈源支撑系统的低阶共振频率在 0.2Hz 左右。因此，控制精调平台跟踪频率为 0.2Hz 的正弦信号，激光跟踪仪测得其动平台终端轨迹如图 8-15 所示。终端均方根位置误差为 0.104mm。

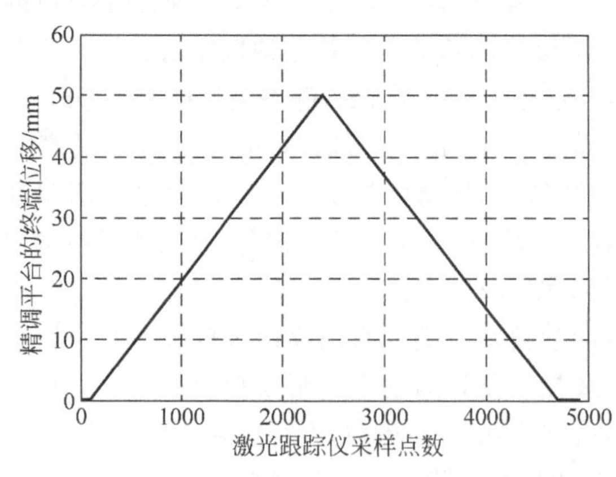

图 8-14 精调平台终端运动轨迹

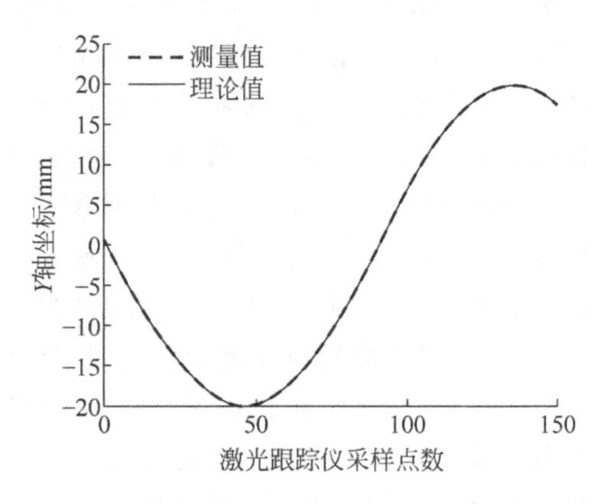

图 8-15 精调平台 0.2Hz 正弦信号跟踪实验

由于全站仪反馈频率的限制，精调平台控制系统的控制频率仅为10Hz。轨迹的插补点较少。此外，主控机和馈源舱工控机之间采用网络通信，网络延时也会对跟踪误差产生不利的影响，网络延时一般都在毫秒量级。馈源舱工控机每0.1s接收到一组指令信号，可以算出网络延时一般会给伸缩支链引入单位运动距离(0.1s内的运动距离)百分之几的误差。由于上述两方面的原因，精调平台的跟踪误差稍有增大，但仍具有良好的跟踪精度，满足轨迹补偿控制的要求。

跟踪0.2Hz正弦信号时，精调Stewart平台伸缩支链的长度误差如图8-16所示。支链长度误差的最大值约为0.05mm。支链2、3、4和5的伸缩变化量较大，即运动速度较快，因此，插补误差和网络延时产生的误差都较大。刚性Stewart并联机构铰链点的分布关于Y轴对称，所以运动过程中，伸缩支链运动状态两两对称相同，误差也对应地两两相似。

通过上面两个实验可以发现，馈源支撑系统1∶15缩尺模型的精调平台具有良好的运动学精度，对0.2Hz正弦信号的跟踪性能也完全能够满足设计要求。

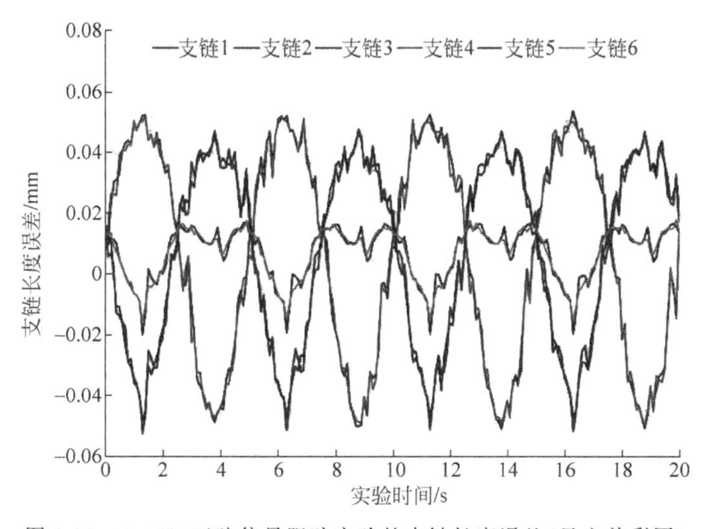

图8-16 0.2Hz正弦信号跟踪实验的支链长度误差(见文前彩图)

下面实验验证精调平台轨迹补偿抑振控制的效果。实验中，采用外力对索平台施加扰动，利用模糊PD控制器实现精调平台的轨迹补偿抑振控制，实时补偿馈源支撑系统的终端误差。实验中，激光跟踪仪实时记录馈源支撑系统终端的实际位置精度；全站仪实时反馈索平台的实际姿态用于完成控制。为明确精调平台轨迹补偿抑振控制的效果，根据索平台的实际轨迹，通过馈源支撑系统运动学正解，求出未实施轨迹补偿抑振时的馈源支撑系统终端位置误差。最终获得的实验结果如图8-17所示(蓝线代表未采取轨迹补偿抑振控制时的终端误差，红线代表实施抑振控制后的终端误差)。精调平台采取轨迹补偿抑振控制后，馈源支撑系统的终端误差得到有效降低，达到均方根1.861mm，满足2mm均方根精度的设计要求。同时，实验中未出现位置过冲，验证模糊PD控制器能够有效提高整个馈源支撑系统的稳定性。

轨迹补偿抑振控制过程中，馈源支撑系统终端沿全局坐标系各坐标轴方向的位置偏移量如图8-18所示。方波阶跃点的对应时刻，馈源支撑系统终端存在较大的位置偏移量。这主要是由于本实验的总体控制策略是轨迹补偿抑振控制，属于跟踪控制，控制系统对一个控制周期内的位置突变无法补偿，且控制周期稍长，所以存在较大的瞬间位置跟随误差。

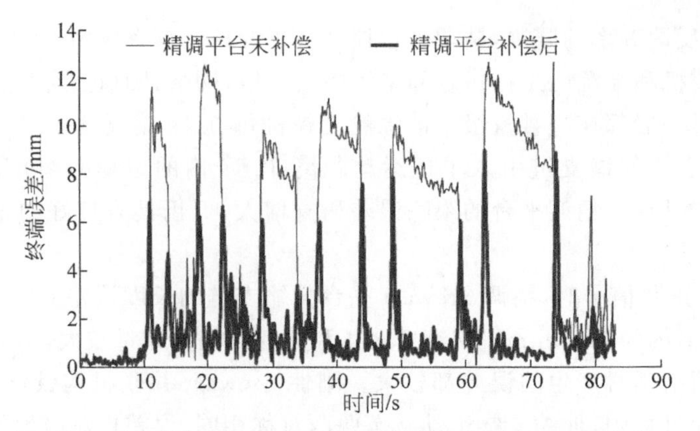

图 8-17 采用模糊 PD 控制器的轨迹补偿抑振效果(见文前彩图)

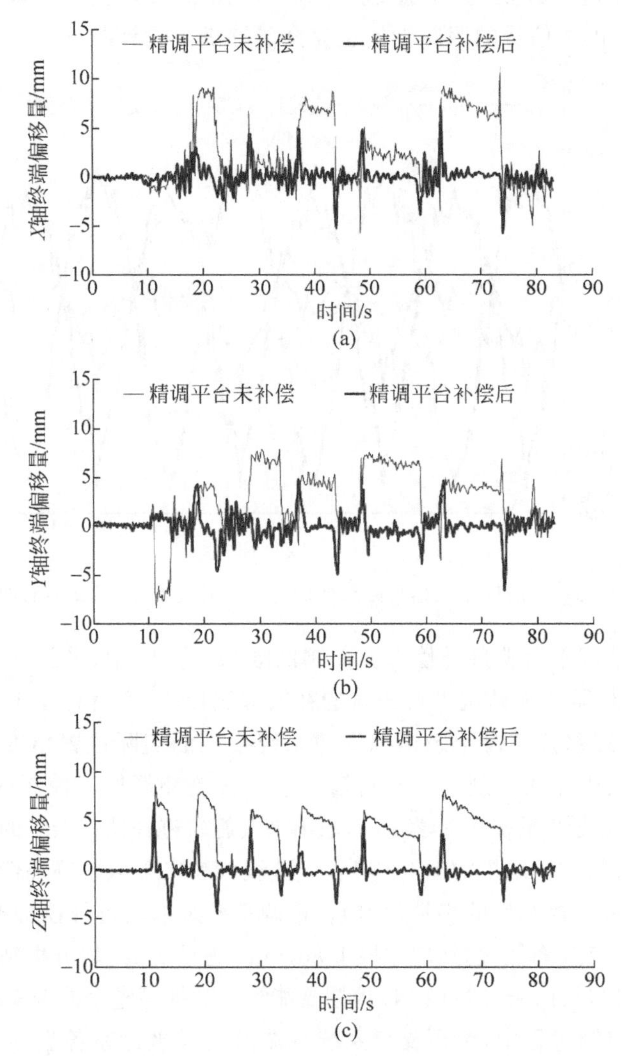

图 8-18 轨迹补偿抑振中,各坐标轴方向的终端位置偏移量(见文前彩图)

(a) 终端沿 X 轴的位置偏移量;(b) 终端沿 Y 轴的位置偏移量;(c) 终端沿 Z 轴的位置偏移量

FAST 的天文观测仅要求终端的动态精度，采用均方根误差描述，所以瞬间的位置偏移不会给整体观测效果造成影响。实验结果说明：在精调平台施加轨迹补偿抑振控制后，各坐标轴方向的终端位置误差会迅速稳定在零附近，具有快速的收敛性。总的均方根精度满足工程设计要求。

8.4 内力抑振控制

8.3 节中建立了模糊 PD 控制器，实现了精调平台的轨迹补偿抑振控制，使 FAST 馈源支撑系统 1∶15 缩尺模型达到了要求的终端轨迹精度，但是始终无法消除精调 Stewart 平台加减速运动对整个馈源支撑系统造成的反作用力扰动。因此，本节进行柔性支撑并联机构的内力抑振控制研究，利用精调平台的运动反作用力来抑制馈源支撑系统振动，提高终端轨迹精度。

FAST 精调 Stewart 平台的一个显著特点就是动平台质量较大，原型机达到 3t，为典型的重载并联机构。精调 Stewart 平台的动平台非常小的加减速运动，就可以对馈源支撑系统产生明显的反作用力。具备利用运动反作用力抑制柔性支撑振动、提高整个系统终端精度和稳定性的客观条件。

8.4.1 内力抑振方法

柔性支撑并联机构内力抑振控制策略的本质是充分利用刚性并联机构运动产生的反作用力来抑制柔性支撑的振动，提高整个系统的终端轨迹精度和稳定性。[30] 相对于轨迹补偿抑振控制，内力抑振控制可以从根本上消除刚性并联机构反作用力对柔性支撑的负面影响。8.3 节虽然通过采用轨迹补偿抑振控制，使精调平台 1∶15 缩尺模型达到了终端精度要求，并减弱了精调平台轨迹补偿运动对系统的冲击力，但无法消除这种内力扰动。此外，如图 8-19 所示，1∶15 缩尺模型和原型机的动平台质量和质量分布均存在较大的差异。1∶15 缩尺模型的精调 Stewart 平台的动平台质量为 2kg，馈源舱总质量为 200kg，动平台与馈源舱的质量比为 1∶100；FAST 原型机的精调 Stewart 平台的动平台质量高达 3t，馈源舱总质量为 30t，两者的质量比仅为 1∶10。精调平台原型机的重载特性会使其动平台的微小加速度产生显著的反作用力冲击，轨迹补偿抑振控制实施将面临一定挑战。因此，本节将内力抑振控制用于精调平台的控制，充分利用其重载特性，抑制馈源支撑系统的风扰振动。

针对 FAST 馈源支撑系统精调平台建立的内力抑振控制的逻辑框图如图 8-20 所示。相对于轨迹补偿控制策略，内力抑振控制具有以下优点：

(1) 内力抑振控制可以充分利用精调 Stewart 平台的重载特性，发挥动平台质量大的优势，采用较小的加速度就可以产生较大的反作用力。

(2) 内力抑振策略直接根据馈源舱的加速度，控制精调平台产生反作用力，抑制振动。对姿态误差来说是一种超前补偿，可以在姿态误差较小的时候就给予有效的补偿，避免产生较大的跟随误差。

(3) 加速度传感器的反馈频率远高于非接触式位置传感器的反馈频率，从而可以有效提高控制系统的控制频率。

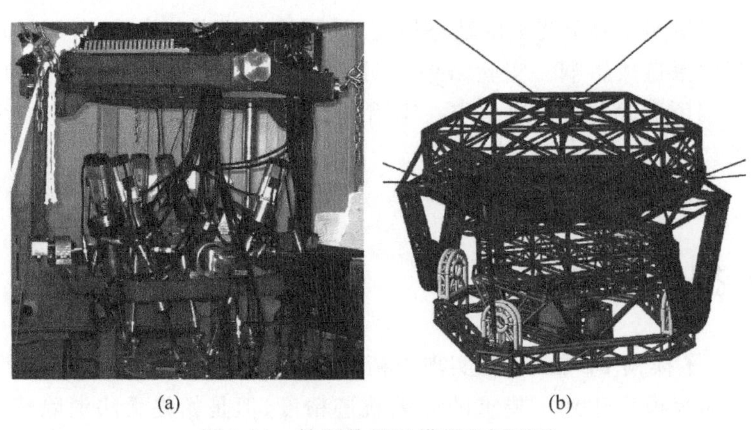

图 8-19 馈源舱缩尺模型和原型机

(a) 1∶15 缩尺模型；(b) 原型机

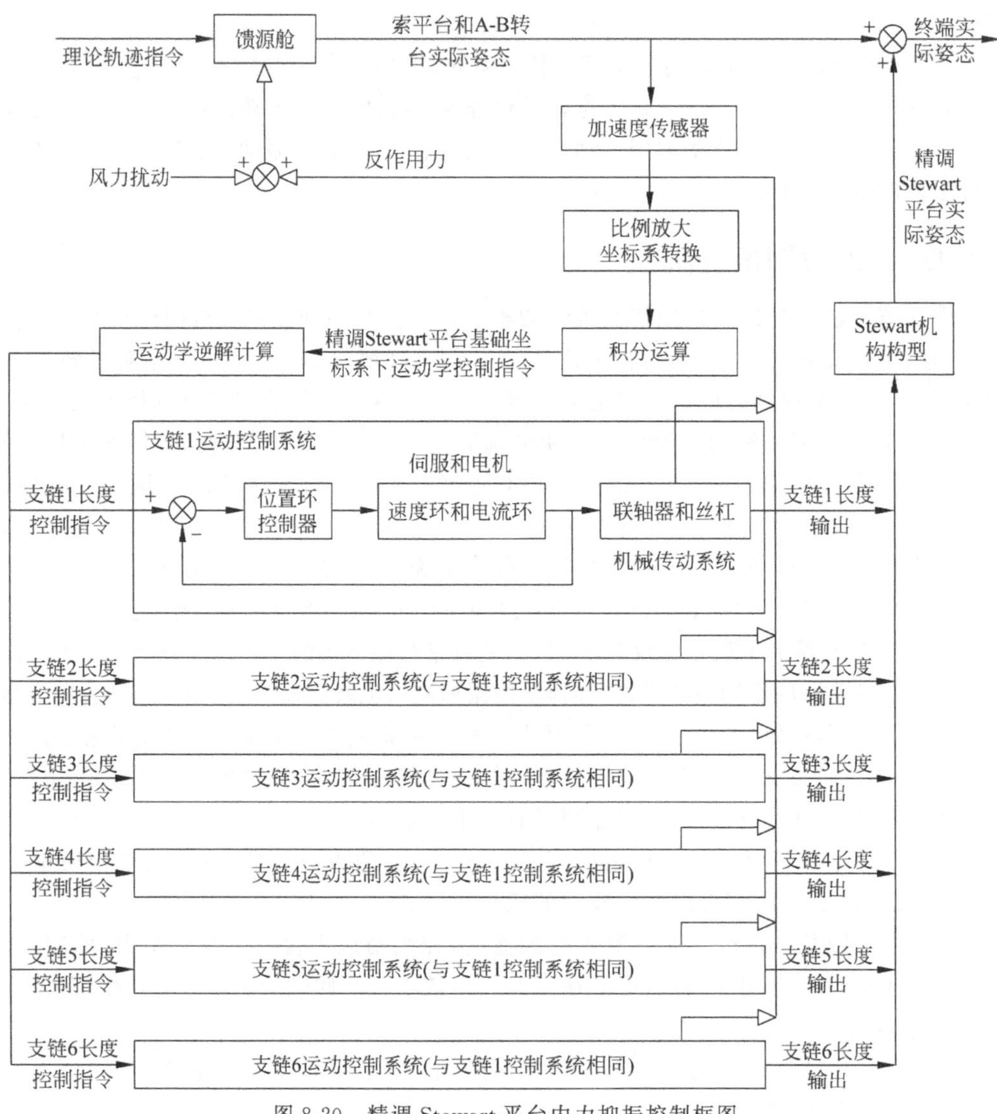

图 8-20 精调 Stewart 平台内力抑振控制框图

在馈源舱内安装加速度传感器，测量得到的馈源舱线加速度和角加速度是在全局坐标系下进行描述的。为保证精调 Stewart 平台产生同扰动力方向相反、大小相当的反作用力，需要对测得的馈源舱加速度进行比例控制和坐标系转化。索平台加速度和精调 Stewart 平台用于产生抑振反作用力的加速度之间的关系可以表示为

$$^{B}\ddot{\boldsymbol{t}}_{\mathrm{P}} = \lambda_{\mathrm{P}}({}^{G}\boldsymbol{R}_{\mathrm{C}}{}^{C}\boldsymbol{R}_{\mathrm{B}})^{\mathrm{T}}\,{}^{G}\ddot{\boldsymbol{t}}_{\mathrm{C}} \tag{8-12}$$

$$^{B}\ddot{\boldsymbol{\theta}}_{\mathrm{P}} = \lambda_{\mathrm{A}}({}^{G}\boldsymbol{R}_{\mathrm{C}}{}^{C}\boldsymbol{R}_{\mathrm{B}})^{\mathrm{T}}\,{}^{G}\ddot{\boldsymbol{\theta}}_{\mathrm{C}} \tag{8-13}$$

其中，λ_{P} 和 λ_{A} 分别为线加速度增益和角加速度增益。由于柔性支撑并联机构的动力学逆解求解耗时较长，无法进行实时求解计算，为保证精调 Stewart 平台内力抑振的控制频率，此处采用力环包容位置环的力位混合控制。力环的内部仍采用位置控制器进行控制，通过加速度积分计算获得单位插补周期内精调平台的目标位移量。由于位置指令是根据力(加速度)指标产生的，最终精调 Stewart 平台运动产生的反作用力会对馈源舱的振动趋势产生直接抑制作用，从而减小馈源支撑系统的终端振动误差。

精调平台内力抑振控制的具体实施流程如下：

(1) 根据馈源舱和精调 Stewart 平台之间的力传递关系，确定加速度的比例增益系数，进而求出精调 Stewart 平台在全局惯性坐标系下所需达到的加速度大小。

(2) 将求出的所需加速度进行坐标系转化，转化为精调 Stewart 平台局部坐标系(基础平台坐标系)下描述的加速度。

(3) 根据加速度和当前速度参数积分获得精调 Stewart 平台的进给量，通过运动学逆解求出精调 Stewart 平台各伸缩支链的伸缩长度，由位置控制器直接控制伺服电机完成相应运动，最终实现内力抑振控制。

8.4.2　抑振控制仿真实验

本节重点考虑提高馈源支撑系统的终端位置精度，因此可以取 $\lambda_{\mathrm{P}}=\lambda$，$\lambda_{\mathrm{A}}=0$。将风载样本沿 X 轴正方向作用于馈源舱的几何中心，精调平台实施内力抑振控制。通过仿真，确定加速度比例系数 λ 与馈源支撑系统终端 X 轴方向均方根误差的关系。关系曲线如图 8-21 所示。当 $\lambda=2.6$ 时，馈源支撑系统终端沿 X 轴方向的均方根误差最小，为 4.1mm。此时，馈源支撑系统终端的总体误差也最小，均方根值为 4.2mm，能够较好地满足终端位置精度的设计要求。

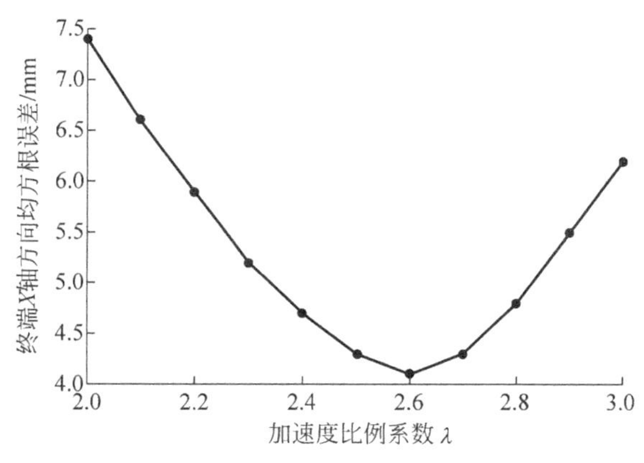

图 8-21　加速度比例系数与终端误差

馈源支撑系统的主要抑振方向沿全局坐标系的 X 轴方向，因此，给出索平台的加速度与精调 Stewart 平台的反作用力沿 X 轴方向的关系图，如图 8-22 所示。在内力抑振过程中，精调 Stewart 平台对索平台的反作用力和索平台的加速度(均在全局坐标系下描述)能够很好地保证符号相反，变化趋势一致。即精调 Stewart 平台对索平台的反作用力同风扰力起到了很好的相互抵消作用。

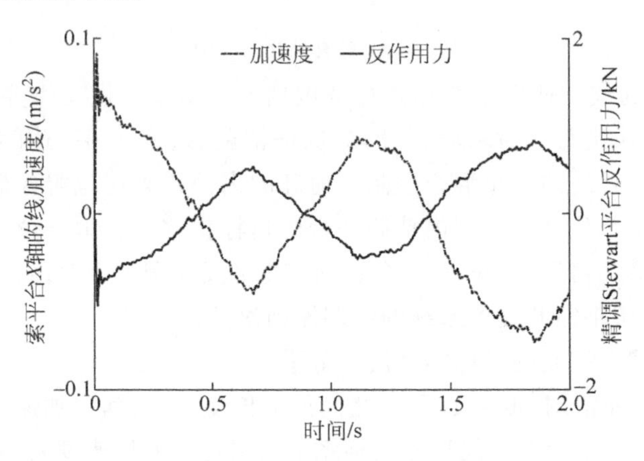

图 8-22 索平台加速度与精调 Stewart 平台的反作用力

当 $\lambda=2.6$ 时，采用内力抑振控制策略得到的馈源支撑系统终端的实际轨迹误差如图 8-23 所示。由于风扰沿 X 轴方向作用于馈源舱，馈源支撑系统沿 X 轴方向的终端误差较大，沿 Y 轴和 Z 轴方向的终端误差较小。对比实施内力抑振控制前的终端误差曲线可以发现，馈源支撑系统的终端误差得到了明显的减小。终端的最大位置误差由 82.17mm 减小到 12mm 左右，减小了约 85%。

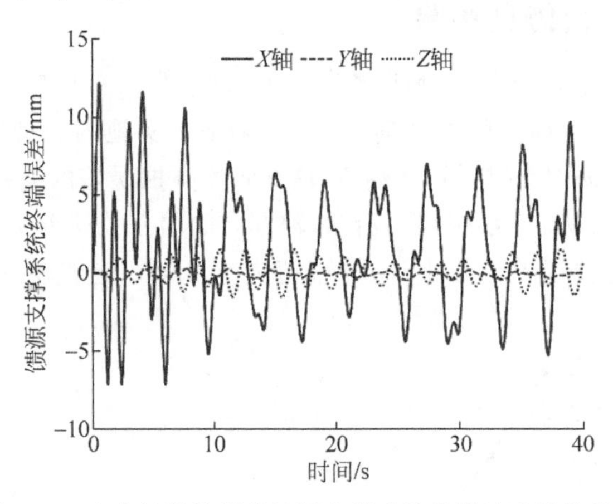

图 8-23 内力抑振控制的馈源支撑系统终端轨迹误差曲线

实施内力抑振控制过程中，精调 Stewart 平台伸缩支链的驱动力变化如图 8-24 所示。从图中可以看出，伸缩支链的驱动力在初始值附近作周期变化，其中支链 1、2、5 和 6 的驱动力变化幅度大于支链 3 和 4 的变化幅度。总体来说，精调 Stewart 平台伸缩支链驱动力的最大值和最小值分别为 8.1kN 和 6.8kN，变化幅度不大，支链的受力情况良好。

内力抑振控制过程中，精调 Stewart 平台在其基础平台局部坐标系下，动平台相对基础

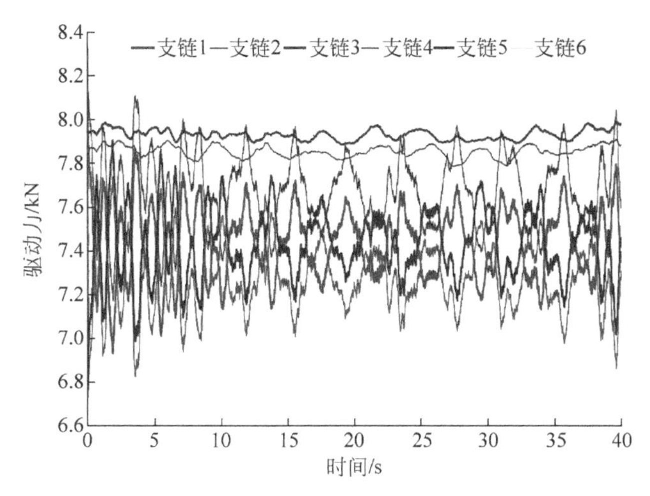

图 8-24　精调 Stewart 平台的支链驱动力(见文前彩图)

平台的运动轨迹如图 8-25 所示。动平台的最大位移偏移量发生在沿局部坐标系的 x' 轴方向,最大约为 50mm。FAST 原型机的精调 Stewart 平台设计工作空间是半径为 250mm 的球体。可见,精调 Stewart 平台在进行内力抑振时没有超出其工作空间。

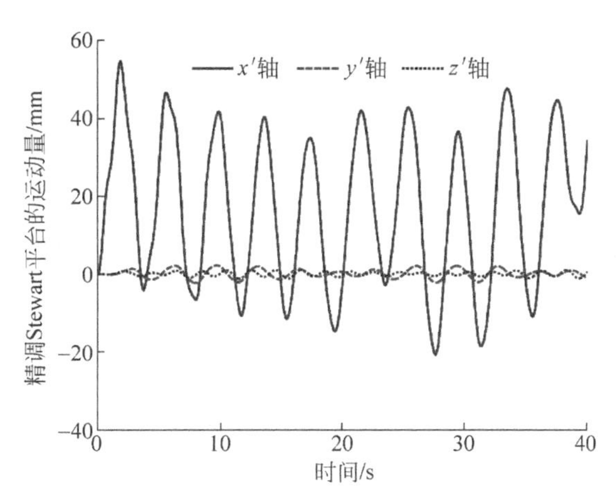

图 8-25　精调 Stewart 平台的内力抑振运动

综上所述,内力抑振控制策略充分利用精调 Stewart 平台的反作用力,可以有效地抵消作用于馈源舱的风扰力,减小 FAST 馈源支撑系统的振动,显著提高其终端的轨迹精度。此外,从上述仿真结果可以看出,当采用内力抑振控制时,精调 Stewart 平台的伸缩支链受力情况良好,运动范围合理。内力抑振策略完全可以用于实现 FAST 原型机的精调 Stewart 平台控制。

8.5　小结

(1) 对现有的柔性支撑机器人抑振控制方法进行了梳理,总体可以分为两大类,即被动抑振控制和主动抑振控制。由于柔性支撑本身刚度较低、控制带宽有限,使其能够实施的抑

振作用受到制约。目前柔性支撑机器人的主动抑振控制主要采用刚性机器人实施。

（2）基于工程应用的考虑，在工作空间不同位置处，索并联机构的动平台必须要保持一定的自然倾角。索并联机构的姿态和位置耦合后，等价于带有转动伴随运动的三平动机构。A-B转台具有两个转动自由度，负责补偿观测姿态角与自然倾角之间的差值。精调Stewart平台用于通过抑振控制提高终端精度。

（3）引入模糊PD控制器，建立了基于轨迹补偿的FAST馈源支撑系统抑振控制方法，在提高终端轨迹精度的同时有效避免了自激振动。

（4）内力抑振控制策略的本质是充分利用刚性并联机构运动产生的反作用力来抑制柔性支撑的振动，提高整个系统的终端轨迹精度和稳定性。内力抑振适用于重载工况，且对姿态误差可以实现超前补偿，易于实现高频的闭环控制。

参考文献

[1] YOSHIDA K. Space robot dynamics and control: to orbit, from orbit, and future[C]//Proceedings of Robotics Research, The 9th International Symposium, Berlin, Springer, 1999: 449-456.

[2] NISHITANI A, INOUE Y. Overview of the application of active/semi-active control to building structures in Japan[J]. Earthquake Engineering and Structure Dynamics. 2001, 30(11): 1565-1574.

[3] VLLET I V, SHARF I. Frequency matching algorithm for active damping of macro-micro manipulator vibrations[C]//Proceedings of the IEEE/RSJ International Conference on Intelligent Robots and System. Piscataway, 1998: 782-787.

[4] NENCHEV D N, YOSHIDA K, VICHITKULSAWAT P, et al. Experiments on reaction null-space base decoupled control of a flexible structure mounted manipulator system[C]//Proceedings of IEEE International Conference on Robotics and Automation. New York, 1997(3): 2528-2534.

[5] TORRES M A, DUBOWSKY S, PISONI A C. Vibration control of deployment Structures'long-reach space manipulators: the P-PED method[C]//Proceedings of the IEEE International Conference on Robotics and Automation. Minneapolis, 1996: 2498-2504.

[6] LEW J Y, TRUDNOWSKI D J. Vibration control of a micro/macro-manipulator system[J]. IEEE Control System, 1996,16(1): 26-31.

[7] YOSHIKAWA T, HARADA K, MATSUMOTO A. Hybrid position/force control of flexible-macro/rigid-micro manipulator systems[J]. IEEE Trans. On Robotics and Automation, 1996, 12(4): 633-640.

[8] STAFFETTI E, BRUYNINCKX H, SCHUTTER J. On the invariance of manipulability indices[J]. Advances in Robot Kinematics, 2002: 57-66.

[9] YOSHIKAWA T, HOSODA K, DOI T, et al. Quasi-static trajectory tracking control of flexible manipulator by macro-micro manipulator system[C]//Proceedings of IEEE International Conference on Robotics and Automation. Atlanta, 1993: 210-214.

[10] CHO C, KANG S, KIM M, et al. Macro-micro manipulation with visual tracking and its application to wheel assembly[J]. International Journal of Control, Automation, and Systems, 2005, 3(3): 461-468.

[11] NGUYEN L A, WAKLER I D, DEFIGUEIREDO R J P. Dynamic control of flexible, kinematically redundant robot manipulator[J]. IEEE Trans. Rob. Control, 1992, 8(6): 759-767.

[12] TORRES M A, DUBOWSKY S, PISONI A C. Path-planning for elastically mounted space

manipulators: experimental evaluation of the coupling map[C]//Proceedings of IEEE International Conference on Robotics and Automation. San Diego, 1994: 2227-2233.

[13] XIE H P, KALAYCIOGLU S, PATEL R V. Control of residual vibrations in the space shuttle remote manipulator system[J]. International Journal of Robotics and Automation, 2000, 15(2): 68-77.

[14] LEW J, TRUDNOWSKI D, EVANS M, et al. Micro-manipulator motion control to suppress macro-manipulator structure vibrations[C]//Proceedings of the IEEE International Conference on Robotics and Automation. Nagoya, 1995: 3116-3120.

[15] PARSA K, ANGELES J, MISRA A K. Control of macro-micro manipulators revisited[J]. Transactions of the ASME, 2005, 127(2): 688-699.

[16] ZHU B, NIE Y, NAN R, et al. The FAST/SKA site selection in Guizhou province[J]. Physics and Astronomy, 2001, 278(1-2): 213-218.

[17] TAGHIRAD H D, NAHON M. Kinematic analysis of a macro-micro redundantly actuated parallel manipulator[J]. Advanced Robotics, 2008, 22: 657-687.

[18] TAGHIRAD H D, NAHON M. Dynamic analysis of a macro-micro redundantly actuated parallel manipulator[J]. Advanced Robotics, 2008, 24: 949-981.

[19] SU Y X, DUAN B Y. The mechanical design and kinematics accuracy analysis of a fine tuning stable platform for the large spherical radio telescope[J]. Mechatronics, 2000, 10(7): 819-834.

[20] ZI B, DUAN B Y, DU J L, et al. Trajectory tacking sliding mode control of a cable parallel manipulator based on fuzzy logic[C]//Proceedings of the World Congress on Intelligent Control and Automation. Dalian, 2006: 9203-9207.

[21] ZI B, DUAN B Y, DU J L, et al. Dynamic modeling and active control of a cable-suspended parallel robot[J]. Mechatronics, 2008, 18(1): 1-12.

[22] 保宏，段宝岩，陈光达. 缓慢运动索的振动主动控制研究[J]. 电子机械工程，2005，20(3)：62-64.

[23] 魏强，仇原鹰，段宝岩. 八根索系大型射电望远镜馈源舱运动轨迹规划[J]. 中国机械工程，2002，12(23)：2036-2039.

[24] ZHOU Q, ZHANG H. Simulation and experimental analysis of the Stewart parallel mechanism for vibration control[C]//IEEE International Conference on Systems, Man & Cybernetics. Washington D. C., 2003(4): 3548-3552.

[25] QI L, ZHANG H, DUAN G H. Task-space position/attitude tracking control of FAST fine tuning system[J]. Frontiers of Mechanical Engineering in China, 2008, 3(4): 392-399.

[26] 周潜，綦麟，张辉，等. Stewart 机构大幅主动减振耦合控制实验研究[J]. 中国机械工程，16(18)：1599-1602.

[27] 张辉，王启明，汪劲松，等. Stewart 平台机构的减振控制插补策略[N]. 清华大学学报(自然科学版)，42(11)：1473-1476.

[28] TANG X Q, SHAO Z F. Trajectory generation and tracking control of a multi-level hybrid support manipulator in FAST[J]. Mechatronics, 2013, 23(8): 1113-1122.

[29] 屈林，唐晓强，姚蕊，等. 40 米口径射电望远镜索支撑系统误差分析与补偿[J]. 高技术通信，2010,20(03)：303-308.

[30] SHAO Z F, TANG X Q, WANG L P, et al. Dynamic modeling and wind vibration control of the feed support system in FAST[J]. Nonlinear Dynamics, 2012, 67(2): 965-985.

[31] WANG H O, TANAKA K, GRIFFIN M F. An approach to fuzzy control of nonlinear systems: stability and design issue[J]. IEEE Transactions on Fuzzy Systems, 2002, 4(1): 14-23.

[32] SHAO Z F, TANG X Q, WANG L P, et al. A fuzzy PID approach for the vibration control of the FSPM[J]. International Journal of Advanced Robotic Systems, 2013, 10(1): 59.

第9章

并联机构的惯量匹配

在第8章的柔性支撑并联机构抑振控制实验中发现惯量对并联机构的动态性能具有显著影响,是决定精调平台抑振控制效果的重要因素。此外,惯量匹配还涉及并联机构驱动电机和传动链选型等工程设计问题。因此,本章对并联机构的惯量匹配进行研究。

惯量匹配是指机构(包括负载)折算到驱动电机轴端的负载惯量与电机惯量的比例处于恰当的比例范围内,从而能够充分发挥电机效能并保证机构动态性能(加减速性能)。

目前,惯量匹配的研究主要集中在串联机构[1-3],特别是高性能数控加工中心,而针对并联机构的研究非常有限。并联机构,尤其是具有重载、高速和姿态敏感特点的并联机构,必须进行惯量匹配方面的研究。在进行并联机构电机和传动链的选择时,只考虑功率、速度和扭矩因素是不充分的,还必须综合考虑机构的惯量匹配关系。否则,容易引起振动、过冲甚至控制系统失稳等问题。虽然部分电机生产厂商会提供推荐的电机负载要求,但都只是针对传统的串联机构,并且不同厂商给出的标准差别较大,让人感到无所适从。

本章首先采用虚功原理推导Stewart并联机构关节空间的惯量矩阵,分析惯量矩阵的耦合性,提出并联机构等效惯量指标。随后,研究Stewart并联机构等效惯量的分布规律。最后,以并联机构等效惯量为切入点,以保证机构动态性能为目标,建立并联机构的惯量匹配准则。本章中,9.1节简要介绍惯量匹配的相关知识,并给出并联机构关节空间惯量矩阵的求解思路;9.2节应用虚功原理推导出Stewart并联机构关节空间惯量矩阵的解析表达式;9.3节分析Stewart并联机构关节空间惯量矩阵,提出并联机构等效惯量指标;9.4节综合考查支链的共振频率、加减速性能和动态特性目标,提出并联机构惯量匹配的原则。

本章主要内容:

(1) 惯量匹配及并联机构的关节空间惯量矩阵;

(2) Stewart并联机构关节空间惯量矩阵;

(3) 并联机构的等效惯量指标;

(4) 并联机构的惯量匹配准则。

9.1 惯量匹配及并联机构的关节空间惯量矩阵

并联机构实轴(关节)空间和虚轴空间之间存在非线性的运动学映射关系。并联机构的运动轨迹通常定义在虚轴空间,虚轴空间内的匀速直线运动映射到实轴空间通常对应着运动支链的变速(加减速)运动。因此,针对并联机构,其运动支链的动态性能(惯量属性)不仅影响着并联机构终端的加减速性能,还会影响其匀速运动下的轨迹精度。[4-6]随着并联机构的工业应用向着高加速度、高速度和重载方向发展,并联机构的惯量匹配开始引起学者的关注。目前,并联机构的惯量研究主要包括两个方面:并联惯量矩阵特性研究和惯量匹配原则研究。[7-8]

学者 Codourey[9]对 Delta 并联机构进行动力学建模,提出了其质量矩阵的估算方法,并将其用于计算力矩控制。杨灏泉等[10]在进行 Stewart 并联机构的工程建模中重点研究了支链惯量的影响。Ogbobe 等[11]基于关节空间惯量矩阵的奇异值分解,分析了 6 自由度飞行模拟器的频域耦合问题。何景峰等[12]利用凯恩方法对 6 自由度并联机器人的关节空间动力学模型进行了研究,分析表明并联机器人各运动支链之间存在较强的耦合关系,且耦合作用会影响支链的负载惯量。姚郁等[13]对 Stewart 平台关节空间惯量矩阵的块对角占优性进行了理论推导和证明。黄田教授等[14-15]在考虑并联机器关节空间惯量矩阵数值分布的情况下,对少自由度并联机构(并联三平动加工中心和两自由度并联高速机器手)进行了伺服电机的选型。并联机构的惯量表现为矩阵的形式,且在工作空间内随动平台的姿态变化而改变。

并联机构由支链电机驱动,因此并联机构的惯量匹配问题必须转换到实轴空间,通过支链的惯量属性进行讨论。为将并联机构的惯量匹配问题转换到并联机构的实轴空间,需要求解并联机构的关节空间惯量矩阵。并联机构关节空间惯量矩阵是在其动力学模型的基础上推导而来的。并联机构的动力学模型通常是建立在虚轴空间,即将伸缩支链的驱动力表示为并联机构运动参数、结构尺寸和质量参数的函数,其标准型如下:

$$\boldsymbol{M}_{\mathrm{P}}(\boldsymbol{X}_{\mathrm{P}})\ddot{\boldsymbol{X}}_{\mathrm{P}}+\boldsymbol{V}_{\mathrm{P}}(\dot{\boldsymbol{X}}_{P},\boldsymbol{X}_{\mathrm{P}})+\boldsymbol{G}_{\mathrm{P}}(\boldsymbol{X}_{\mathrm{P}})=\boldsymbol{\tau} \tag{9-1}$$

其中,$\boldsymbol{\tau}$ 为伸缩支链的驱动力向量;$\boldsymbol{M}_{\mathrm{P}}(\boldsymbol{X}_{\mathrm{P}})$ 为虚轴空间的惯量矩阵;$\boldsymbol{V}_{\mathrm{P}}(\dot{\boldsymbol{X}}_{\mathrm{P}},\boldsymbol{X}_{\mathrm{P}})$ 为向心力、科氏力和摩擦力向量;$\boldsymbol{G}_{\mathrm{P}}(\boldsymbol{X}_{\mathrm{P}})$ 为重力向量;$\boldsymbol{X}_{\mathrm{P}}$ 为动平台的姿态向量;$\dot{\boldsymbol{X}}_{\mathrm{P}}$ 为动平台的速度向量;$\ddot{\boldsymbol{X}}_{\mathrm{P}}$ 为动平台的加速度向量。

为获得与终端坐标系选择无关、反映并联机构本身惯量属性的并联机构关节空间惯量矩阵,将运动学逆解方程($\boldsymbol{J}$ 为逆向雅克比矩阵)

$$\ddot{\boldsymbol{L}}=\boldsymbol{J}\ddot{\boldsymbol{X}}_{\mathrm{P}}+\dot{\boldsymbol{J}}\dot{\boldsymbol{X}}_{\mathrm{P}} \tag{9-2}$$

代入式(9-1)可整理获得并联机构关节空间的惯量矩阵,可表示为

$$\boldsymbol{M}_{\mathrm{L}}=\boldsymbol{M}_{\mathrm{P}}(\boldsymbol{X}_{\mathrm{P}})\boldsymbol{J}^{-1} \tag{9-3}$$

并联机构动力学方程的求解具有多种方法。根据分析可知,牛顿-欧拉法推导出的动力学模型虽然物理意义明确,但难以整理为标准形式,不易获得惯量矩阵;拉格朗日法和虚功法都可以得到动力学方程的标准形式,相对而言,虚功法的求解过程更加简单和方便,因此9.2 节采用虚功法来求解 Stewart 并联机构的关节空间惯量矩阵。

采用虚功法进行并联机构动力学建模的过程中,为便于支链雅克比矩阵的求解,需要用到以下数学公式:

$$\boldsymbol{a}\times\boldsymbol{b}=[\boldsymbol{a}\times]\boldsymbol{b} \tag{9-4}$$

其中,$[\boldsymbol{a}\times]$定义为左叉乘矩阵,可以描述为

$$[\boldsymbol{a}\times]\triangleq\begin{bmatrix}0 & -a_3 & a_2\\ a_3 & 0 & -a_1\\ -a_2 & a_1 & 0\end{bmatrix}$$

式中，a_1,a_2,a_3 为向量 $\boldsymbol{a}$ 的 3 个元素。同理可以定义右叉乘矩阵：

$$\boldsymbol{a}\times\boldsymbol{b}=[\times\boldsymbol{b}]\boldsymbol{a} \tag{9-5}$$

其中，$[\times\boldsymbol{b}]$为右叉乘矩阵，可表示为

$$[\times\boldsymbol{b}]\triangleq\begin{bmatrix}0 & b_3 & -b_2\\ -b_3 & 0 & b_1\\ b_2 & -b_1 & 0\end{bmatrix}$$

式中，b_1,b_2,b_3 为向量 $\boldsymbol{b}$ 的 3 个元素。

9.2 Stewart 并联机构关节空间惯量矩阵

Stewart 并联机构的典型结构如图 9-1 所示。基础平台由运动支链的胡克铰转动中心(B_1,B_2,B_3,B_4,B_5,B_6)定义。基础坐标系$\{\boldsymbol{B}\}$：O-XYZ，固联于基础平台的几何中心。X 轴指向 B_1B_2 线段的中点，Z 轴竖直向下。动平台由球铰的转动中心(P_1,P_2,P_3,P_4,P_5,P_6)定义。动平台坐标系$\{\boldsymbol{P}\}$：o-xyz 固联于动平台的几何中心。x 轴指向 P_1P_6 线段的中点，z 轴垂直于动平台向下。

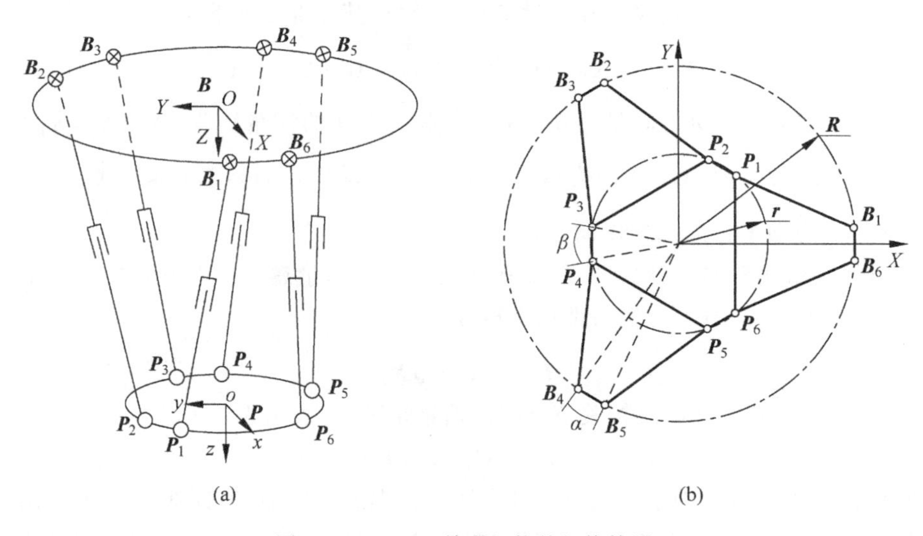

图 9-1 Stewart 并联机构的机构简图

(a) 轴测图；(b) 仰视图

为简化虚功法的求解过程，运动支链的虚功在支链的局部坐标系下求解。局部坐标系$\{\boldsymbol{N}_i\}$：O_i-$X_iY_iZ_i$ 固联于第 i 条伸缩支链的胡克铰转动中心，X_i 轴指向基础平台几何中心，Z_i 轴竖直向下。局部坐标系$\{\boldsymbol{K}_i\}$：o_i-$x_iy_iz_i$ 同样固联于第 i 条伸缩支链的胡克铰转动中心，z_i 轴沿伸缩支链指向球铰转动中心，y_i 轴沿胡克铰水平转轴的轴线方向；x_i 轴方向

可由 z_i 轴和 y_i 轴单位方向向量的叉乘积决定。最后，为描述伸缩支链的下半段，建立局部坐标系$\{\boldsymbol{M}_i\}$（未在图上标出），坐标原点固结于球铰转动中心，且坐标轴方向平行于局部坐标系$\{\boldsymbol{K}_i\}$。局部坐标系$\{\boldsymbol{N}_i\}$是建立基础坐标系$\{\boldsymbol{B}\}$和局部坐标系$\{\boldsymbol{K}_i\}$之间关系的纽带。在局部坐标系$\{\boldsymbol{K}_i\}$下，各支链的质心、惯量矩阵等参数完全相同，便于参数的测量和赋值。但在后续建模中需要求解$\{\boldsymbol{K}_i\}$相对$\{\boldsymbol{N}_i\}$的旋转矩阵。如图 9-2 所示，通过两次连续转动，可以描述局部坐标系$\{\boldsymbol{N}_i\}$与$\{\boldsymbol{K}_i\}$的关系。局部坐标系$\{\boldsymbol{N}_i\}$绕 Z_i 轴转过 α_i 得到坐标系 O_i-$U_iV_iW_i$，再围绕 V_i 转过 β_i 得到坐标系$\{\boldsymbol{K}_i\}$。

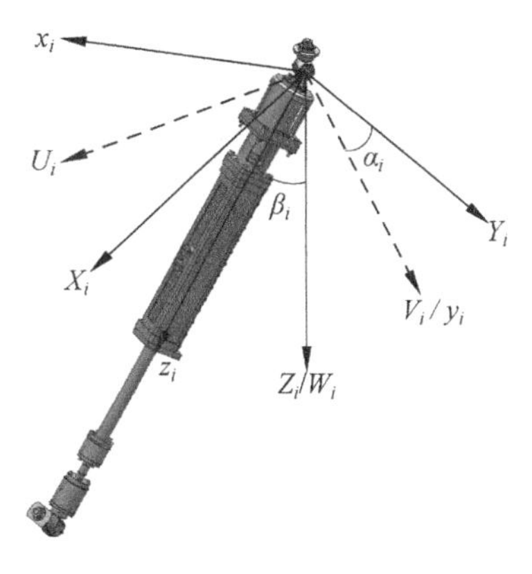

图 9-2 伸缩支链的坐标系变化简图

9.2.1 姿态分析

Stewart 并联机构动平台的姿态由向量 $\boldsymbol{X}$ 表示，且 $\boldsymbol{X}=[x,y,z,\psi,\theta,\varphi]^{\mathrm{T}}$。其中，$x,y,z$ 为动平台坐标系$\{\boldsymbol{P}\}$的坐标原点在基础坐标系下的位置坐标；ψ,θ,ϕ 为动平台的姿态欧拉角，根据 RPY 方式定义，表示动平台坐标系相对于基础坐标系绕固定的 X、Y 和 Z 轴依次转动 ψ、θ、ϕ 3 个角度。因此，动平台相对于基础平台的旋转矩阵可以写为

$$^{B}\boldsymbol{R}_{\mathrm{P}}=\begin{bmatrix}\mathrm{c}\phi\,\mathrm{c}\theta & \mathrm{c}\phi\,\mathrm{s}\theta\,\mathrm{s}\psi-\mathrm{s}\phi\,\mathrm{c}\psi & \mathrm{c}\phi\,\mathrm{s}\theta\,\mathrm{c}\psi+\mathrm{s}\phi\,\mathrm{s}\psi\\ \mathrm{s}\phi\,\mathrm{c}\theta & \mathrm{s}\phi\,\mathrm{s}\theta\,\mathrm{s}\psi+\mathrm{c}\phi\,\mathrm{c}\psi & \mathrm{s}\phi\,\mathrm{s}\theta\,\mathrm{c}\psi-\mathrm{c}\phi\,\mathrm{s}\psi\\ -\mathrm{s}\theta & \mathrm{c}\theta\,\mathrm{s}\psi & \mathrm{c}\theta\,\mathrm{c}\psi\end{bmatrix}$$

其中，s 代表正弦运算；c 代表余弦运算。

由前面的定义可知，坐标系$\{\boldsymbol{N}_i\}$的 X_i 轴指向基础平台几何中心，Z_i 轴竖直向下，因此可以得出局部坐标系$\{\boldsymbol{N}_i\}$相对于基础坐标系$\{\boldsymbol{B}\}$的旋转矩阵表达式：

$$^{B}\boldsymbol{R}_{\mathrm{N}i}(:,3)=[0,0,1]^{\mathrm{T}}$$

$$^{B}\boldsymbol{R}_{\mathrm{N}i}(:,1)=\frac{-\boldsymbol{b}_i}{\|\boldsymbol{b}_i\|}$$

$$^{B}\boldsymbol{R}_{\mathrm{N}i}(:,2)={}^{B}\boldsymbol{R}_{\mathrm{N}i}(:,3)\times{}^{B}\boldsymbol{R}_{\mathrm{N}i}(:,1)$$

如图 9-2 所示，坐标系$\{\boldsymbol{K}_i\}$相对于$\{\boldsymbol{N}_i\}$的旋转矩阵$^{N}\boldsymbol{R}_{\mathrm{K}i}$ 可用转动角度 α_i 和 β_i 描述为

$$^{N}\boldsymbol{R}_{\mathrm{K}i}=\begin{bmatrix}\mathrm{c}\beta_i\,\mathrm{c}\alpha_i & -\mathrm{s}\beta_i & \mathrm{c}\beta_i\,\mathrm{s}\alpha_i\\ \mathrm{s}\beta_i\,\mathrm{c}\alpha_i & \mathrm{c}\beta_i & \mathrm{s}\beta_i\,\mathrm{s}\alpha_i\\ -\mathrm{s}\alpha_i & 0 & \mathrm{c}\alpha_i\end{bmatrix} \tag{9-6}$$

伸缩支链局部坐标系$\{\boldsymbol{K}_i\}$相对于基础坐标系$\{\boldsymbol{B}\}$的旋转矩阵可以表示为上述两个旋转矩阵的乘积：

$$^{B}\boldsymbol{R}_{\mathrm{K}i}={}^{B}\boldsymbol{R}_{\mathrm{N}i}\,{}^{N}\boldsymbol{R}_{\mathrm{K}i} \tag{9-7}$$

其中，$^{B}\boldsymbol{R}_{\mathrm{N}i}$ 可以直接根据基础平台铰链点的布置方式求出。因此，要获得$^{B}\boldsymbol{R}_{\mathrm{K}i}$，必须求出$^{N}\boldsymbol{R}_{\mathrm{K}i}$。

下面求解转动角度 α_i 和 β_i。动平台球铰转动中心在基础坐标系$\{\boldsymbol{B}\}$下可以表示为

$$^{B}\boldsymbol{P}_i={}^{B}\boldsymbol{R}_{\mathrm{P}}\boldsymbol{P}_i+\boldsymbol{t}$$

其中，$\boldsymbol{P}_i$ 为动平台坐标系下球铰转动中心的位置向量；$\boldsymbol{t}$ 为基础坐标系下动平台的位置向量，即 $\boldsymbol{t}=[x,y,z]^{\mathrm{T}}$。

根据第6章的推导，很容易得出运动支链的向量：

$$^{B}\boldsymbol{S}_i={}^{B}\boldsymbol{R}_{\mathrm{P}}\boldsymbol{P}_i+t-\boldsymbol{b}_i$$

进一步可以求得运动支链单位方向向量为

$$^{B}\boldsymbol{s}_i=\frac{^{B}\boldsymbol{S}_i}{L}$$

其中，$L=\|{}^{B}\boldsymbol{S}_i\|$ 为运动支链的长度。

根据旋转矩阵的性质可得

$$^{N}\boldsymbol{R}_{\mathrm{K}i}(:,3)=\begin{bmatrix}\mathrm{c}\beta_i\,\mathrm{s}\alpha_i\\ \mathrm{s}\beta_i\,\mathrm{s}\alpha_i\\ \mathrm{c}\alpha_i\end{bmatrix}={}^{N}\boldsymbol{s}_i={}^{B}\boldsymbol{R}_{\mathrm{N}i}^{\mathrm{T}}\cdot{}^{B}\boldsymbol{s}_i$$

通过该式可以求出转动角度 α_i 和 β_i：

$$\alpha_i=-\arccos({}^{N}\boldsymbol{s}_{iz})$$

$$\beta_i=\arctan\left(\frac{^{N}\boldsymbol{s}_{iy}}{^{N}\boldsymbol{s}_{ix}}\right)$$

其中，$^{N}\boldsymbol{s}_{ix}$、$^{N}\boldsymbol{s}_{iy}$ 和 $^{N}\boldsymbol{s}_{iz}$ 依次为 $^{N}\boldsymbol{s}_i$ 向量的第1、2和3个元素。将求出的两个转动角度代入方程(9-6)就可以求出 $^{N}\boldsymbol{R}_{\mathrm{K}i}$。应用方程(9-7)可以求出旋转矩阵 $^{B}\boldsymbol{R}_{\mathrm{K}i}$，确定基础坐标系$\{\boldsymbol{B}\}$和局部坐标系$\{\boldsymbol{K}_i\}$之间的关系。

9.2.2 速度分析及支链雅克比矩阵

支链雅克比矩阵是从支链速度(包括摆动角速度、伸缩线速度和上下段质心的线速度)到动平台终端执行器速度的映射。根据雅克比矩阵的定义，其表达形式为

$$\boldsymbol{J}_{\mathrm{link}}=\left[\frac{\partial\boldsymbol{v}_{\mathrm{link}}}{\partial\dot{x}},\frac{\partial\boldsymbol{v}_{\mathrm{link}}}{\partial\dot{y}},\frac{\partial\boldsymbol{v}_{\mathrm{link}}}{\partial\dot{z}},\frac{\partial\boldsymbol{v}_{\mathrm{link}}}{\partial\dot{\psi}},\frac{\partial\boldsymbol{v}_{\mathrm{link}}}{\partial\dot{\theta}},\frac{\partial\boldsymbol{v}_{\mathrm{link}}}{\partial\dot{\phi}}\right]\tag{9-8}$$

其中，$\boldsymbol{v}_{\mathrm{link}}$ 为支链速度，末端执行器的速度为 $\dot{\boldsymbol{X}}=[\dot{x},\dot{y},\dot{z},\dot{\psi},\dot{\theta},\dot{\phi}]^{\mathrm{T}}$。支链雅克比矩阵仅含有机构的位型参数、姿态参数和惯量参数。通过支链雅克比矩阵可以将建立在局部坐标系下用支链速度表示的虚功方程转化为关于终端执行器速度的虚功方程，便于获得并联机构的动力学标准形式。下面进行运动学分析，推导支链雅克比矩阵。

动平台球铰转动中心点的速度可以表示为

$$^{B}\dot{\boldsymbol{P}}_i=\boldsymbol{\omega}\times\boldsymbol{q}_i+\dot{\boldsymbol{t}}=\boldsymbol{J}_{\mathrm{P}i}\dot{\boldsymbol{X}}\tag{9-9}$$

其中，$\boldsymbol{q}_i={}^{B}\boldsymbol{R}_{\mathrm{P}}\boldsymbol{P}_i$。根据式(9-5)可以得出

$$\boldsymbol{J}_{\mathrm{P}i}=\begin{bmatrix}1&0&0&0&q_{iz}&-q_{iy}\\0&1&0&-q_{iz}&0&q_{ix}\\0&0&1&q_{iy}&-q_{ix}&0\end{bmatrix}$$

将上述表达式转换到局部坐标系$\{\boldsymbol{K}_i\}$下，可以改写为

$$^{K}\dot{\boldsymbol{P}}_i={}^{K}\boldsymbol{R}_{\mathrm{B}i}{}^{B}\dot{\boldsymbol{P}}_i={}^{K}\boldsymbol{R}_{\mathrm{B}i}\boldsymbol{J}_{\mathrm{P}i}\dot{\boldsymbol{X}}\tag{9-10}$$

动平台球铰转动中心的速度也可以用支链的伸缩速度 $\dot{L}_i$ 和支链的摆动速度${}^K\boldsymbol{W}_i$ 表示：

$${}^K\dot{\boldsymbol{P}}_i={}^K\dot{\boldsymbol{S}}_i=\dot{L}_i{}^K\boldsymbol{s}_i+L_i{}^K\boldsymbol{W}_i\times{}^K\boldsymbol{s}_i$$

将上式两边同时点乘${}^K\boldsymbol{s}_i$，整理得

$$\dot{L}_i={}^K\boldsymbol{s}_i\cdot{}^K\dot{\boldsymbol{P}}_i={}^K\dot{P}_{iz} \tag{9-11}$$

上式两边同时叉乘${}^K\boldsymbol{s}_i$，应用式(9-4)化简后，可得到伸缩支链的摆动角速度表达式：

$${}^K\boldsymbol{W}={}^K\boldsymbol{s}\times\frac{{}^K\dot{\boldsymbol{S}}}{L}=\frac{1}{L}\begin{bmatrix}0 & -1 & 0\\1 & 0 & 0\\0 & 0 & 0\end{bmatrix}{}^K\dot{\boldsymbol{S}}=\boldsymbol{J}_{\mathrm{W}i}\dot{\boldsymbol{X}} \tag{9-12}$$

其中，

$$\boldsymbol{J}_{\mathrm{W}i}=\frac{1}{L}\begin{bmatrix}0 & -1 & 0\\1 & 0 & 0\\0 & 0 & 0\end{bmatrix}{}^K\boldsymbol{R}_{\mathrm{B}i}\boldsymbol{J}_{\mathrm{P}i}$$

伸缩支链上段质心的速度可以通过支链的摆动角速度和质心的坐标求出，表示如下：

$${}^K\boldsymbol{v}_{\mathrm{U}i}={}^K\boldsymbol{W}_i\times{}^K\boldsymbol{r}_{\mathrm{U}i}$$

根据式(9-5)化简后可得

$${}^K\boldsymbol{v}_{\mathrm{U}i}=\begin{bmatrix}0 & {}^K\boldsymbol{r}_{\mathrm{U}iz} & -{}^K\boldsymbol{r}_{\mathrm{U}iy}\\-{}^K\boldsymbol{r}_{\mathrm{U}iz} & 0 & {}^K\boldsymbol{r}_{\mathrm{U}iy}\\{}^K\boldsymbol{r}_{\mathrm{U}iy} & -{}^K\boldsymbol{r}_{\mathrm{U}ix} & 0\end{bmatrix}{}^K\boldsymbol{W}_i=\boldsymbol{J}_{\mathrm{U}i}\dot{\boldsymbol{X}} \tag{9-13}$$

其中，

$$\boldsymbol{J}_{\mathrm{U}i}=\frac{1}{L_i}\begin{bmatrix}r_{\mathrm{U}iz} & 0 & 0\\0 & r_{\mathrm{U}iz} & 0\\-r_{\mathrm{U}ix} & -r_{\mathrm{U}iy} & 0\end{bmatrix}{}^K\boldsymbol{R}_{\mathrm{B}i}\boldsymbol{J}_{\mathrm{P}i}$$

伸缩支链上段在局部坐标系$\{\boldsymbol{K}_i\}$下的质心坐标${}^K\boldsymbol{r}_{\mathrm{U}i}=[r_{\mathrm{U}ix},r_{\mathrm{U}iy},r_{\mathrm{U}iz}]^{\mathrm{T}}$。

伸缩支链下段质心的速度可以表示为摆动角速度与质心坐标的叉乘积同伸缩速度之和。同上，应用式(9-5)可化简为

$${}^K\boldsymbol{v}_{\mathrm{L}i}={}^K\boldsymbol{W}_i\times(L_i{}^K\boldsymbol{s}_i+\boldsymbol{r}_{\mathrm{L}i})+\dot{L}_i{}^K\boldsymbol{s}_i=\boldsymbol{J}_{\mathrm{L}i}\dot{\boldsymbol{X}} \tag{9-14}$$

其中，

$$\boldsymbol{J}_{\mathrm{L}i}=\frac{1}{L_i}\begin{bmatrix}L_i+r_{\mathrm{L}iz} & 0 & 0\\0 & L_i+r_{\mathrm{L}iz} & 0\\-r_{\mathrm{L}ix} & -r_{\mathrm{L}iy} & 1\end{bmatrix}{}^K\boldsymbol{R}_{\mathrm{B}i}\boldsymbol{J}_{\mathrm{P}i}$$

伸缩支链下段在局部坐标系$\{\boldsymbol{M}_i\}$下的质心坐标${}^M\boldsymbol{r}_{\mathrm{L}i}=[r_{\mathrm{L}ix},r_{\mathrm{L}iy},r_{\mathrm{L}iz}]^{\mathrm{T}}$。

下面进行 Stewart 并联机构的逆雅克比矩阵求解。将动平台球铰转动中心的两种速度表达式联立，可得

$$\dot{\boldsymbol{t}}+\boldsymbol{\omega}\times({}^B\boldsymbol{R}_{\mathrm{P}}\boldsymbol{p}_i)=L_i{}^B\boldsymbol{W}_i\times{}^B\boldsymbol{s}_i+\dot{L}_i{}^B\boldsymbol{s}_i$$

两边同时点乘${}^{B}\boldsymbol{s}_i$向量，并利用向量混合积公式($(a,b,c)=(b,c,a)=(c,a,b)$)整理为矩阵形式，可得

$$\boldsymbol{J}\dot{\boldsymbol{X}}=\dot{\boldsymbol{L}} \tag{9-15}$$

其中，Stewart 并联机构的逆雅克比矩阵为

$$\boldsymbol{J}=\begin{bmatrix} {}^{B}\boldsymbol{s}_1^{\mathrm{T}} & ({}^{B}\boldsymbol{R}_{\mathrm{P}}\boldsymbol{P}_1\times{}^{B}\boldsymbol{s}_1)^{\mathrm{T}} \\ {}^{B}\boldsymbol{s}_2^{\mathrm{T}} & ({}^{B}\boldsymbol{R}_{\mathrm{P}}\boldsymbol{P}_2\times{}^{B}\boldsymbol{s}_2)^{\mathrm{T}} \\ {}^{B}\boldsymbol{s}_3^{\mathrm{T}} & ({}^{B}\boldsymbol{R}_{\mathrm{P}}\boldsymbol{P}_3\times{}^{B}\boldsymbol{s}_3)^{\mathrm{T}} \\ {}^{B}\boldsymbol{s}_4^{\mathrm{T}} & ({}^{B}\boldsymbol{R}_{\mathrm{P}}\boldsymbol{P}_4\times{}^{B}\boldsymbol{s}_4)^{\mathrm{T}} \\ {}^{B}\boldsymbol{s}_5^{\mathrm{T}} & ({}^{B}\boldsymbol{R}_{\mathrm{P}}\boldsymbol{P}_5\times{}^{B}\boldsymbol{s}_5)^{\mathrm{T}} \\ {}^{B}\boldsymbol{s}_6^{\mathrm{T}} & ({}^{B}\boldsymbol{R}_{\mathrm{P}}\boldsymbol{P}_6\times{}^{B}\boldsymbol{s}_6)^{\mathrm{T}} \end{bmatrix}$$

9.2.3 加速度分析

Stewart 并联机构的加速度参数和速度参数的求解过程相似。动平台球铰转动中心的加速度可以表示为

$${}^{B}\ddot{\boldsymbol{P}}_i=\ddot{\boldsymbol{t}}+\boldsymbol{\varepsilon}\times\boldsymbol{q}_i+\boldsymbol{\omega}\times(\boldsymbol{\omega}\times\boldsymbol{q}_i)=\boldsymbol{J}_{\mathrm{P}i}\ddot{\boldsymbol{X}}+\boldsymbol{\omega}\times(\boldsymbol{\omega}\times\boldsymbol{q}_i) \tag{9-16}$$

Stewart 并联机构伸缩支链的摆动角加速度可以表示为

$${}^{K}\boldsymbol{A}=\frac{{}^{K}\boldsymbol{s}\times{}^{K}\ddot{\boldsymbol{S}}-2\dot{L}\,{}^{K}\boldsymbol{W}}{L}=\boldsymbol{J}_{\mathrm{A}}\ddot{\boldsymbol{X}}+{}^{K}\boldsymbol{A}' \tag{9-17}$$

其中，

$${}^{K}\boldsymbol{A}'_i=\frac{1}{L_i}\begin{bmatrix}0 & -1 & 0\\ 1 & 0 & 0\\ 0 & 0 & 0\end{bmatrix}{}^{K}\boldsymbol{R}_{\mathrm{B}i}[\boldsymbol{\omega}\times(\boldsymbol{\omega}\times\boldsymbol{q}_i)]$$

支链的伸缩加速度为

$$\ddot{L}_i=L_i\,{}^{K}\boldsymbol{W}_i\cdot{}^{K}\boldsymbol{W}_i+{}^{K}\boldsymbol{s}_i\cdot{}^{K}\ddot{\boldsymbol{S}}_i={}^{K}\ddot{\boldsymbol{S}}_{iz}+L_i\,{}^{K}\boldsymbol{W}_i\cdot{}^{K}\boldsymbol{W}_i \tag{9-18}$$

进一步，可以得出伸缩支链上、下段质心的运动加速度：

$${}^{K}\boldsymbol{a}_{\mathrm{U}i}=\boldsymbol{J}_{\mathrm{U}i}\ddot{\boldsymbol{X}}+{}^{K}\boldsymbol{a}'_{\mathrm{U}i} \tag{9-19}$$

$${}^{K}\boldsymbol{a}_{\mathrm{L}i}=\boldsymbol{J}_{\mathrm{L}i}\ddot{\boldsymbol{X}}+{}^{K}\boldsymbol{a}'_{\mathrm{L}i} \tag{9-20}$$

其中，

$${}^{K}\boldsymbol{a}'_{\mathrm{U}i}=\frac{1}{L_i}\begin{bmatrix}r_{\mathrm{U}iz} & 0 & 0\\ 0 & r_{\mathrm{U}iz} & 0\\ -r_{\mathrm{U}ix} & -r_{\mathrm{U}iy} & 0\end{bmatrix}{}^{K}\boldsymbol{R}_{\mathrm{B}i}[\boldsymbol{\omega}\times(\boldsymbol{\omega}\times\boldsymbol{q})]+\frac{2\dot{L}_i\,{}^{K}\boldsymbol{W}_i\times\boldsymbol{r}_{\mathrm{U}i}}{L_i}+{}^{K}\boldsymbol{W}_i\times({}^{K}\boldsymbol{W}_i\times\boldsymbol{r}_{\mathrm{U}i})$$

$${}^{K}\boldsymbol{a}'_{\mathrm{L}i}=\frac{2\dot{L}_i\,{}^{K}\boldsymbol{W}_i\times({}^{K}\boldsymbol{s}_i+r_{\mathrm{L}})}{L_i}+L_i\,{}^{K}\boldsymbol{W}_i^2\,{}^{K}\boldsymbol{s}_i+{}^{K}\boldsymbol{W}_i\times[{}^{K}\boldsymbol{W}_i\times({}^{K}\boldsymbol{S}_i+\boldsymbol{r}_{\mathrm{L}i})]+2\dot{L}_i\,{}^{K}\boldsymbol{W}_i\times{}^{K}\boldsymbol{s}_i$$

至此，伸缩支链上、下段的支链雅克比矩阵和 Stewart 并联机构的逆雅克比矩阵都求解完成。并联机构各部件的运动参数均可通过动平台的运动参数进行描述。

9.2.4 力系分析

根据虚功法联立并联机构的动力学方程之前,需要分析各部件的受力情况。在润滑良好的情况下,并联机构铰链处的摩擦很小,可以忽略。因此,在下面的力分析中不再考虑铰链摩擦力。动平台的惯性力在基础坐标系{$\boldsymbol{B}$}下求解,运动支链的惯性力则在各自的局部坐标系{$\boldsymbol{K}_i$}下求解。

动平台在几何中心点的合力和合力矩为

$$\boldsymbol{F}_{\mathrm{P}}=\begin{bmatrix} \boldsymbol{f}_{\mathrm{E}}+m_{\mathrm{P}}\boldsymbol{g}-m_{\mathrm{P}}\ddot{\boldsymbol{t}} \\ \boldsymbol{n}_{\mathrm{E}}+m_{\mathrm{P}}\boldsymbol{e}\times\boldsymbol{g}-{}^{B}\boldsymbol{I}_{\mathrm{P}}\boldsymbol{\varepsilon}-\boldsymbol{\omega}\times({}^{B}\boldsymbol{I}_{\mathrm{P}}\boldsymbol{\omega}) \end{bmatrix} \tag{9-21}$$

其中,$\boldsymbol{f}_{\mathrm{E}}$、$\boldsymbol{n}_{\mathrm{E}}$ 为作用于动平台的外力和外力矩;$\boldsymbol{g}=[0,0,9.8]^{\mathrm{T}}\mathrm{m/s^2}$ 为重力加速度;m_{P} 为动平台的质量;$\boldsymbol{e}=[e_x,e_y,e_z]^{\mathrm{T}}$ 为动平台坐标系下质心的坐标;${}^{B}\boldsymbol{I}_{\mathrm{P}}$ 为全局坐标系{$\boldsymbol{B}$}下动平台相对于几何中心的惯量矩阵,可以通过平行轴定理解算:

$${}^{B}\boldsymbol{I}_{\mathrm{P}}={}^{B}\boldsymbol{R}_{\mathrm{P}}\left\{\boldsymbol{I}_{\mathrm{PC}}+m_{\mathrm{P}}\cdot\mathrm{diag}\left(\left[\sqrt{e_z^2+e_y^2},\sqrt{e_z^2+e_x^2},\sqrt{e_x^2+e_y^2}\right]\right)\right\}{}^{B}\boldsymbol{R}_{\mathrm{P}}^{\mathrm{T}} \tag{9-22}$$

其中,$\boldsymbol{I}_{\mathrm{PC}}$ 为动平台坐标系下动平台相对质心的惯量矩阵。

根据并联机构动力学标准形式(9-1),可将 $\boldsymbol{F}_{\mathrm{P}}$ 分解为 4 个组成部分,即惯性力系、重力系、外力系和科氏力及向心力系。表达式为

$$\boldsymbol{F}_{\mathrm{P}}=\begin{bmatrix} -m_{\mathrm{P}}\ddot{\boldsymbol{t}} \\ -{}^{B}\boldsymbol{I}_{\mathrm{P}}\boldsymbol{\varepsilon} \end{bmatrix}+\begin{bmatrix} m_{\mathrm{P}}\boldsymbol{g} \\ m_{\mathrm{P}}\boldsymbol{e}\times\boldsymbol{g} \end{bmatrix}+\begin{bmatrix} \boldsymbol{f}_{\mathrm{E}} \\ \boldsymbol{n}_{\mathrm{E}} \end{bmatrix}+\begin{bmatrix} 0 \\ -\boldsymbol{\omega}\times({}^{B}\boldsymbol{I}_{\mathrm{P}}\omega) \end{bmatrix}=\boldsymbol{F}_{\mathrm{PA}}+\boldsymbol{F}_{\mathrm{PG}}+\boldsymbol{F}_{\mathrm{PE}}+\boldsymbol{F}'_{\mathrm{P}}$$

伸缩支链局部坐标系{$\boldsymbol{K}_i$}下 Stewart 并联机构伸缩支链上段在 B_i 点处的合力及合力矩为

$$\boldsymbol{F}_{\mathrm{U}i}=\begin{bmatrix} m_{\mathrm{U}}{}^{K}\boldsymbol{R}_{\mathrm{B}i}\boldsymbol{g}-m_{\mathrm{U}}{}^{K}\boldsymbol{a}_{\mathrm{U}i} \\ m_{\mathrm{U}}{}^{K}\boldsymbol{r}_{\mathrm{U}i}\times({}^{K}\boldsymbol{R}_{\mathrm{B}i}\boldsymbol{g})-\boldsymbol{I}_{\mathrm{U}}{}^{K}\boldsymbol{A}_i-{}^{K}\boldsymbol{W}_i\times(\boldsymbol{I}_{\mathrm{U}}{}^{K}\boldsymbol{W}_i) \end{bmatrix} \tag{9-23}$$

其中,m_{U} 为伸缩支链上段的质量;$\boldsymbol{I}_{\mathrm{U}}$ 为局部坐标系{$\boldsymbol{K}_i$}下伸缩支链上段相对于点 B_i 的转动惯量矩阵。

根据方程(9-1)的定义,可将 $\boldsymbol{F}_{\mathrm{U}i}$ 分解为 3 个组成部分,即惯性力系、重力系和科氏力及向心力系,具体表达式如下所示:

$$\begin{aligned}\boldsymbol{F}_{\mathrm{U}i}&=\begin{bmatrix} -m_{\mathrm{U}}\boldsymbol{J}_{\mathrm{U}i}\ddot{\boldsymbol{X}} \\ -\boldsymbol{I}_{\mathrm{U}}(\boldsymbol{J}_{\mathrm{W}i}\ddot{\boldsymbol{X}}) \end{bmatrix}+\begin{bmatrix} m_{\mathrm{U}}{}^{K}\boldsymbol{R}_{\mathrm{B}i}\boldsymbol{g} \\ m_{\mathrm{U}}{}^{K}\boldsymbol{r}_{\mathrm{U}i}\times({}^{K}\boldsymbol{R}_{\mathrm{B}i}\boldsymbol{g}) \end{bmatrix}+\begin{bmatrix} -m_{\mathrm{U}}{}^{K}\boldsymbol{a}'_{\mathrm{U}i} \\ -\boldsymbol{I}_{\mathrm{U}}{}^{K}\boldsymbol{A}'_i-{}^{K}\boldsymbol{W}_i\times(\boldsymbol{I}_{\mathrm{U}}{}^{K}\boldsymbol{W}_i) \end{bmatrix}\\&=\boldsymbol{F}_{\mathrm{UA}i}+\boldsymbol{F}_{\mathrm{UG}i}+\boldsymbol{F}'_{\mathrm{U}i}\end{aligned}$$

其中,$\boldsymbol{I}_{\mathrm{U}}$ 可以通过平行轴定理获得,即

$$\boldsymbol{I}_{\mathrm{U}}=\boldsymbol{I}_{\mathrm{UC}}+m_{\mathrm{U}}\cdot\mathrm{diag}\left(\left[\sqrt{r_{\mathrm{U}iz}^2+r_{\mathrm{U}iy}^2},\sqrt{r_{\mathrm{U}iz}^2+r_{\mathrm{U}ix}^2},\sqrt{r_{\mathrm{U}ix}^2+r_{\mathrm{U}iy}^2}\right]\right) \tag{9-24}$$

其中,$\boldsymbol{I}_{\mathrm{UC}}$ 为局部坐标系{$\boldsymbol{K}_i$}下伸缩支链上段相对其质心的惯量矩阵。

在伸缩支链局部坐标系{$\boldsymbol{K}_i$}下,Stewart 并联机构伸缩支链下段在 B_i 点处的合力及合力矩可表示为

$$\boldsymbol{F}_{\mathrm{L}i}=\begin{bmatrix} m_{\mathrm{L}}{}^{K}\boldsymbol{R}_{\mathrm{B}i}\boldsymbol{g}-m_{\mathrm{L}}{}^{K}\boldsymbol{a}_{\mathrm{L}i} \\ {}^{K}\boldsymbol{r}_{\mathrm{L}i}\times({}^{K}\boldsymbol{R}_{\mathrm{B}i}\boldsymbol{g})-\boldsymbol{I}_{\mathrm{L}}{}^{K}\boldsymbol{A}_{i}-{}^{K}\boldsymbol{W}_{i}\times({}^{K}\boldsymbol{I}_{\mathrm{L}}{}^{K}\boldsymbol{W}_{i}) \end{bmatrix} \tag{9-25}$$

其中，m_{L} 为伸缩支链下段的质量；$\boldsymbol{I}_{\mathrm{L}}$ 为局部坐标系$\{\boldsymbol{K}_i\}$下伸缩支链下段相对于点 B_i 的转动惯量矩阵，可以通过下述公式求解：

$$\boldsymbol{I}_{\mathrm{L}}=\boldsymbol{I}_{\mathrm{LC}}+m_{\mathrm{L}}\cdot\mathrm{diag}([\sqrt{(L+r_{\mathrm{L}iz})^2+r_{\mathrm{U}iy}^2},\sqrt{(L+r_{\mathrm{L}iz})^2+r_{\mathrm{L}ix}^2},\sqrt{r_{\mathrm{L}ix}^2+r_{\mathrm{L}iy}^2}]) \tag{9-26}$$

其中，$\boldsymbol{I}_{\mathrm{LC}}$ 为局部坐标系$\{\boldsymbol{M}_i\}$下伸缩支链下段相对其质心的惯量矩阵。

根据方程(9-1)的定义，也将 $\boldsymbol{F}_{\mathrm{L}i}$ 分解为 3 个组成部分，即惯性力系、重力系和科氏力及向心力系，表达式如下：

$$\begin{aligned}\boldsymbol{F}_{\mathrm{L}i}&=\begin{bmatrix} -m_{\mathrm{L}}\boldsymbol{J}_{\mathrm{L}i}\ddot{\boldsymbol{X}} \\ -\boldsymbol{I}_{\mathrm{L}}(\boldsymbol{J}_{\mathrm{A}i}\ddot{\boldsymbol{X}}) \end{bmatrix}+\begin{bmatrix} m_{\mathrm{L}}{}^{K}\boldsymbol{R}_{\mathrm{B}i}\boldsymbol{g} \\ {}^{K}\boldsymbol{r}_{\mathrm{L}i}\times({}^{K}\boldsymbol{R}_{\mathrm{B}i}\boldsymbol{g}) \end{bmatrix}+\begin{bmatrix} -m_{\mathrm{L}}{}^{K}\boldsymbol{a}'_{\mathrm{L}i} \\ -\boldsymbol{I}_{\mathrm{L}}{}^{K}\boldsymbol{A}'_{i}-{}^{K}\boldsymbol{W}_{i}\times(\boldsymbol{I}_{\mathrm{L}}{}^{K}\boldsymbol{W}_{i}) \end{bmatrix} \\ &=\boldsymbol{F}_{\mathrm{LA}i}+\boldsymbol{F}_{\mathrm{LG}i}+\boldsymbol{F}'_{\mathrm{L}i}\end{aligned}$$

9.2.5 关节空间惯量矩阵

本节利用虚功法联立求解 Stewart 并联机构的关节空间惯量矩阵。假设 Stewart 并联机构的终端产生一个 $\delta\boldsymbol{X}$ 的虚位移，且这个虚位移在并联机构的工作空间内，不会破坏机构的运动规律。根据虚功原理建立 Stewart 并联机构的动力学方程如下：

$$\sum_{i=1}^{6}(\delta\boldsymbol{t}_{\mathrm{L}i}^{\mathrm{T}}\boldsymbol{F}_{\mathrm{L}i}+\delta\boldsymbol{t}_{\mathrm{U}i}^{\mathrm{T}}\boldsymbol{F}_{\mathrm{U}i})+\delta\boldsymbol{L}^{\mathrm{T}}\boldsymbol{F}+\delta\boldsymbol{X}^{\mathrm{T}}\boldsymbol{F}_{\mathrm{P}}=0 \tag{9-27}$$

其中，$\boldsymbol{F}$ 为 Stewart 并联机构的支链驱动力。根据 9.2.2 节的推导可得到下列关系式：

$$\begin{aligned}\delta\boldsymbol{t}_{\mathrm{U}i}&=[{}^{K}\boldsymbol{v}_{\mathrm{U}i},{}^{K}\boldsymbol{W}]=[\boldsymbol{J}_{\mathrm{U}i},\boldsymbol{J}_{\mathrm{W}i}]\delta\boldsymbol{X} \\ \delta\boldsymbol{t}_{\mathrm{L}i}&=[{}^{K}\boldsymbol{v}_{\mathrm{L}i},{}^{K}\boldsymbol{W}]=[\boldsymbol{J}_{\mathrm{L}i},\boldsymbol{J}_{\mathrm{W}i}]\delta\boldsymbol{X} \\ \delta\boldsymbol{L}&=\boldsymbol{J}\delta\boldsymbol{X}\end{aligned}$$

将式(9-21)、式(9-23)、式(9-25)代入式(9-27)，并将 Stewart 并联机构的动力学方程化为标准形式，得到

$$\begin{aligned}\boldsymbol{F}=&-\boldsymbol{J}^{-\mathrm{T}}\left[\sum_{i=1}^{6}(\boldsymbol{J}'^{\mathrm{T}}_{\mathrm{L}i}\boldsymbol{F}_{\mathrm{LA}i}+\boldsymbol{J}'^{\mathrm{T}}_{\mathrm{U}i}\boldsymbol{F}_{\mathrm{UA}i})+\boldsymbol{F}_{\mathrm{PA}}\right]-\boldsymbol{J}^{-\mathrm{T}}\left[\sum_{i=1}^{6}(\boldsymbol{J}'^{\mathrm{T}}_{\mathrm{L}i}\boldsymbol{F}_{\mathrm{LG}i}+\boldsymbol{J}'^{\mathrm{T}}_{\mathrm{U}i}\boldsymbol{F}_{\mathrm{UG}i})+\boldsymbol{F}_{\mathrm{PG}}\right]- \\ &\boldsymbol{J}^{-\mathrm{T}}\left[\sum_{i=1}^{6}(\boldsymbol{J}'^{\mathrm{T}}_{\mathrm{L}i}\boldsymbol{F}'_{\mathrm{L}i}+\boldsymbol{J}'^{\mathrm{T}}_{\mathrm{U}i}\boldsymbol{F}'_{\mathrm{U}i})+\boldsymbol{F}'_{\mathrm{P}}\right]-\boldsymbol{J}^{-\mathrm{T}}\boldsymbol{F}_{\mathrm{PE}}\end{aligned} \tag{9.28}$$

其中，

$$\boldsymbol{J}'_{\mathrm{U}i}=[\boldsymbol{J}_{\mathrm{U}i},\boldsymbol{J}_{\mathrm{W}i}],\quad \boldsymbol{J}'_{\mathrm{L}i}=[\boldsymbol{J}_{\mathrm{L}i},\boldsymbol{J}_{\mathrm{W}i}]$$

本章主要研究 Stewart 并联机构关节空间的惯量矩阵，所以重点研究式(9-28)等号右侧的第一项，即加速度相关项。将式(9-28)等号右侧第一项展开可以得到

$$\boldsymbol{F}_{\mathrm{A}}=-\boldsymbol{J}^{-\mathrm{T}}\left[\sum_{i=1}^{6}(\boldsymbol{J}^{\mathrm{T}}_{\mathrm{L}i}\boldsymbol{F}_{\mathrm{LA}i}+\boldsymbol{J}^{\mathrm{T}}_{\mathrm{U}i}\boldsymbol{F}_{\mathrm{UA}i})+\boldsymbol{F}_{\mathrm{PA}}\right]$$

$$=\boldsymbol{J}^{-\mathrm{T}}\left[\sum_{i=1}^{6}\left(\boldsymbol{J}'^{\mathrm{T}}_{\mathrm{L}i}\begin{bmatrix}m_{\mathrm{L}}\boldsymbol{J}_{\mathrm{L}i}\\ \boldsymbol{I}_{\mathrm{L}}\boldsymbol{J}_{\mathrm{W}i}\end{bmatrix}\ddot{\boldsymbol{X}}+\boldsymbol{J}'^{\mathrm{T}}_{\mathrm{U}i}\begin{bmatrix}m_{\mathrm{U}}\boldsymbol{J}_{\mathrm{U}i}\\ \boldsymbol{I}_{\mathrm{U}}\boldsymbol{J}_{\mathrm{W}i}\end{bmatrix}\ddot{\boldsymbol{X}}\right)+\begin{bmatrix}m_{\mathrm{P}}\boldsymbol{E} & 0_{3\times3}\\ 0_{3\times3} & {}^{B}\boldsymbol{I}_{\mathrm{P}}\end{bmatrix}\ddot{\boldsymbol{X}}\right]$$

进一步整理可获得反映伸缩支链电机转矩与电机加速度之间的 Stewart 并联机构关节空间惯量矩阵：

$$\boldsymbol{I}=(\eta\boldsymbol{J})^{-\mathrm{T}}\left[\sum_{i=1}^{6}\left(\boldsymbol{J}'^{\mathrm{T}}_{\mathrm{L}i}\begin{bmatrix}m_{\mathrm{L}}\boldsymbol{E} & 0_{3\times3}\\ 0_{3\times3} & \boldsymbol{I}_{\mathrm{L}}\end{bmatrix}\boldsymbol{J}'_{\mathrm{L}i}+\boldsymbol{J}'^{\mathrm{T}}_{\mathrm{U}i}\begin{bmatrix}m_{\mathrm{U}}\boldsymbol{E} & 0_{3\times3}\\ 0_{3\times3} & \boldsymbol{I}_{\mathrm{U}}\end{bmatrix}\boldsymbol{J}'_{\mathrm{U}i}\right)+\begin{bmatrix}m_{\mathrm{P}}\boldsymbol{E} & 0_{3\times3}\\ 0_{3\times3} & {}^{B}\boldsymbol{I}_{\mathrm{P}}\end{bmatrix}\right](\eta\boldsymbol{J})^{-1}$$

其中，$\eta=2n\pi/\xi$，ξ 为丝杠的导程，n 为减速器的减速比，$\boldsymbol{E}$ 为 3×3 单位对角阵。

至此，Stewart 并联机构的关节空间惯量矩阵推导完成。下面对关节空间惯量矩阵的特点进行研究，提出 Stewart 并联机构的惯量指标。

9.3 并联机构的等效惯量

惯量匹配实验的研究对象如图 9-3 所示，为精调平台 1：10 缩尺模型。为保证理论仿真结果与实际实验结果的统一，采用第 6 章动力学验证实验中标定获得的机构惯量和尺寸参数，如下所示：

$$\boldsymbol{e}=[0\quad 0\quad 0.0089]^{\mathrm{T}}\quad(\mathrm{m})$$

$$\boldsymbol{I}_{\mathrm{PC}}=\begin{bmatrix}0.0865 & 0 & 0\\ 0 & 0.0865 & 0\\ 0 & 0 & 0.1494\end{bmatrix}\quad(\mathrm{kg}\cdot\mathrm{m}^2)$$

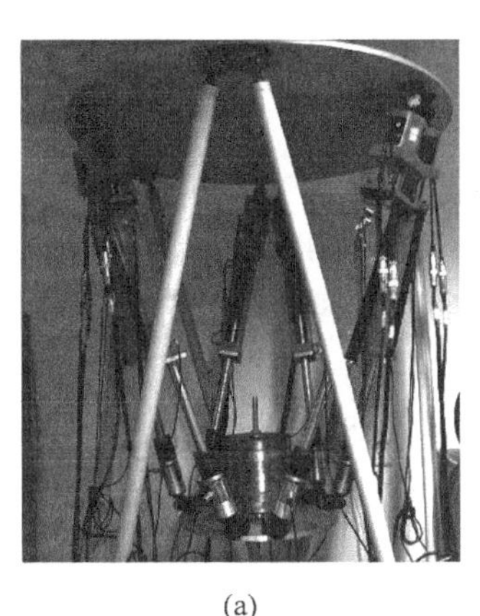

(a)

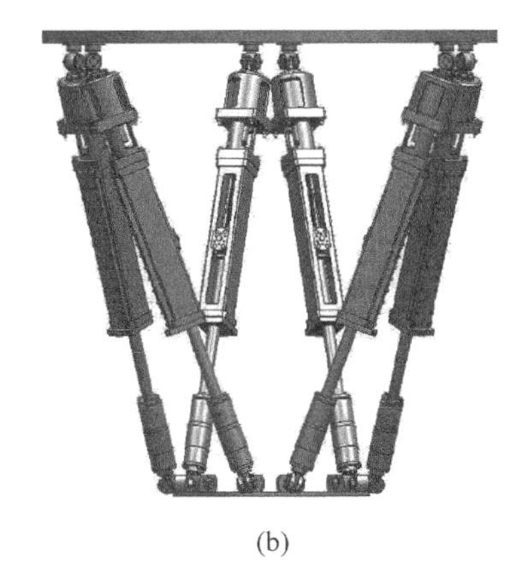

(b)

图 9-3 Stewart 并联机构实验模型

(a) 实物图；(b) 三维模型

坐标系$\{\boldsymbol{K}_i\}$下运动支链 i 上半段的质心坐标及相对自身质心处的惯量矩阵分别为

$${}^{K}\boldsymbol{r}_{\mathrm{U}i}=[0.0051, 0.0002, 0.2538]^{\mathrm{T}}\quad(\mathrm{m})$$

$$\boldsymbol{I}_{\mathrm{UC}}=\begin{bmatrix}0.2167 & 0 & 0.0057\\ 0 & 0.2175 & -0.0001\\ 0.0057 & -0.0001 & 0.0075\end{bmatrix}\quad(\mathrm{kg}\cdot\mathrm{m}^2)$$

坐标系$\{\boldsymbol{M}_i\}$下运动支链 i 下半段的质心坐标及相对自身质心处的惯量矩阵分别为

$$^{M}\boldsymbol{r}_{Li}=[-0.0007,0.0001,-0.2752]^{T}\quad(\text{m})$$

$$\boldsymbol{I}_{LC}=\begin{bmatrix}0.1444 & 0 & 0.0001\\ 0 & 0.1446 & 0.0001\\ 0.0001 & 0.0001 & 0.0011\end{bmatrix}\quad(\text{kg}\cdot\text{m}^2)$$

实验对象的其他相关参数如表 9-1 所示：

表 9-1 精调平台 1∶10 缩尺模型相关参数

参数名称	数值
动平台铰链点分布半径 r_a/mm	225
基础平台铰链点分布半径 r_b/mm	450
动平台相邻铰链点圆心角 β/(°)	25
基础平台相邻铰链点圆心角 α/(°)	10
动平台质量 m_P/kg	6.513
运动支链上段质量 m_U/kg	7.470
运动支链下段质量 m_L/kg	3.355

将上述参数代入 Stewart 并联机构的关节空间惯量矩阵公式，可以求出任意姿态下精调平台 1∶10 缩尺模型的关节空间惯量矩阵。当动平台在工作空间给定姿态处($\boldsymbol{X}=[0\text{m},0\text{m},0.967\text{m},0°,0°,0°]^T$)时，求解出的关节空间惯量矩阵为

$$\boldsymbol{I}=\begin{bmatrix}0.3492 & -0.2926 & -0.0755 & 0.1653 & -0.0755 & -0.0397\\ -0.2926 & 0.3492 & -0.0397 & -0.0755 & 0.1653 & -0.0755\\ -0.0755 & -0.0397 & 0.3492 & -0.2926 & -0.0755 & 0.1653\\ 0.1653 & -0.0755 & -0.2926 & 0.3492 & -0.0397 & -0.0755\\ -0.0755 & 0.1653 & -0.0755 & -0.0397 & 0.3492 & -0.2926\\ -0.0397 & -0.0755 & 0.1653 & -0.0755 & -0.2926 & 0.3492\end{bmatrix}\times10^{-4}\quad(\text{kg}\cdot\text{m}^2)$$

关节空间惯量矩阵反映 Stewart 并联机构支链电机扭矩和支链电机加速度之间的关系，且具有 3 个显著的特点：①关节空间惯量矩阵的量纲统一，可以转化为标准惯量单位($\text{kg}\cdot\text{m}^2$)；②关节空间惯量矩阵为实对称阵；③关节空间惯量矩阵具有块对角占优特性(对角线上的 2×2 小矩阵数值较大)。前两个特点比较容易解释，下面结合 Stewart 并联机构的构型特点，对其关节空间惯量矩阵的对角占优特性进行定性分析。

如图 9-1(b)所示，支链 1 和 2、支链 3 和 4、支链 5 和 6 两两互为 Stewart 并联机构动平台上安装位置相邻的运动支链。将动平台上安装位置相邻的两条运动支链等效地简化为平面 2-R$\underline{\text{P}}$R 并联机构(R 代表转动关节，P 代表移动关节，下划线表示该关节为主动关节)，进行耦合性分析。由于 Stewart 并联机构的结构圆周对称，所以在这里不妨选取伸缩支链 1 和 2 进行分析，两者组成的 2-R$\underline{\text{P}}$R 机构简图如图 9-4 所示。假设从静止且左右对称的初始位置开始，在关节空间产生 $\boldsymbol{a}=[1,0]^T$ 的加速度(支链的伸长方向定义为正方向)，2-R$\underline{\text{P}}$R 伸缩支链 1 的电机会产生正向转矩，并在支链 1 内产生一个沿ς_1方向的驱动力。当两支链的夹角为锐角时，伸缩支链 2 为保证静止，必然产生一个沿ς_2方向的限制力，最终使动平台实际产生沿ς_3方向的加速度(垂直于支链 2 的轴向)。伸缩支链 2 的电机产生逆向限制转

矩，即限制力方向沿支链缩短的方向。此时，支链 2 对支链 1 运动的限制作用等效为一个圆弧面。这种限制（或耦合）作用表现在 2-R$\underline{P}$R 并联机构的关节空间惯量矩阵的数值分布上，就会在主对角线以外出现负的非零元素，如下所示：

$$\boldsymbol{I}_{\mathrm{U}}=\begin{bmatrix} A & -B \\ -B & A \end{bmatrix}$$

其中，A 和 B 均为正实数。2-R$\underline{P}$R 并联机构的关节空间惯量矩阵的对角线元素 A 反映在该构型下支链的惯量属性；非对角线元素 B 反映机构支链之间的耦合作用。

另外，可将 Stewart 并联机构动平台上安装位置相距较远的两个运动支链等效简化为 R$\underline{P}$R-R$\underline{P}$R 机构（如支链 1 和支链 3），如图 9-5 所示。该机构本身是一个欠约束机构，动平台连接点之间的距离可以起到一定的协调作用，降低两运动支链相互间的制约关系，支链 1 的加速运动受到支链 3 的约束作用较小。体现在惯量矩阵的效果为：相对于 2-R$\underline{P}$R 构型，R$\underline{P}$R-R$\underline{P}$R 机构关节空间惯量矩阵的非对角线元素与对角线元素的绝对值之比减小，反映耦合关系的降低。

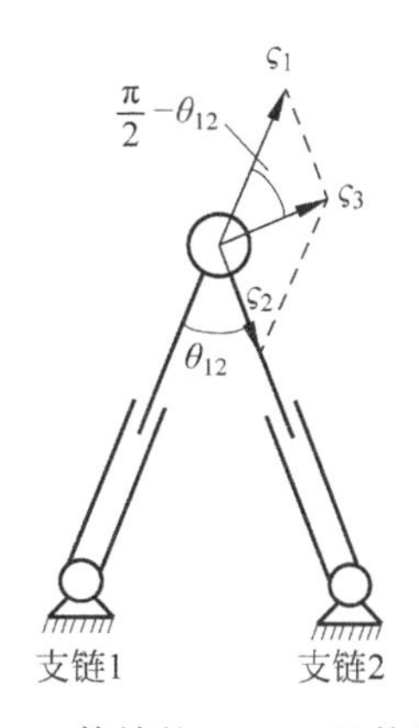

图 9-4　等效的 2-R$\underline{P}$R 机构简图

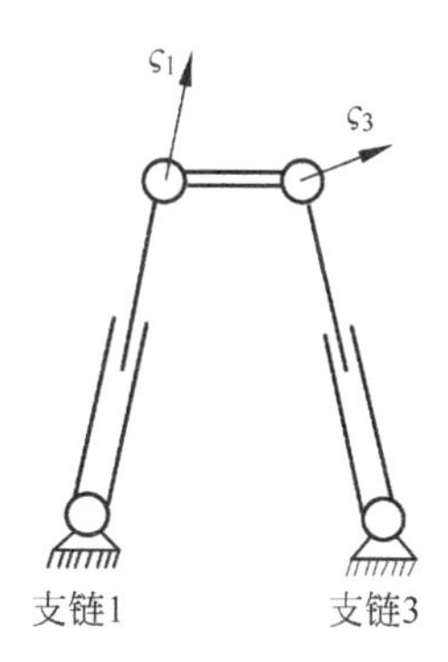

图 9-5　等效的 R$\underline{P}$R-R$\underline{P}$R 机构简图

通过上述分析过程发现：①并联机构关节空间惯量矩阵的对角线元素反映对应支链的惯量属性，非对角线元素反映支链之间的耦合关系；②Stewart 并联机构动平台上位置相邻的两支链具有较强的耦合性，决定其关节空间惯量矩阵具有块对角占优特性。

下面通过数值仿真验证动平台上位置相邻支链的耦合性与 Stewart 并联机构位型的关系。前面的定性分析发现：当 Stewart 并联机构动平台上位置相邻两支链夹角减小时，耦合性增强，关节空间惯量矩阵对角线上小矩阵的 B/A 值增大；当动平台上位置相邻两支链的球铰安装距离增大时，相互之间的运动约束作用减小，B/A 值减小。

Stewart 并联机构基础平台相邻铰链点对应的圆心角设为 α，动平台相邻铰链点对应的圆心角设为 β。令动平台处于工作空间中心，且姿态保持水平，$\alpha=10°$，β 由 5°逐渐增大到 50°，可以得到 Stewart 并联机构关节空间惯量矩阵对角线上 2×2 小矩阵的相邻元素绝对值之比（即 B/A），随 β 的变化情况。如图 9-6 所示，随着动平台铰链点圆心角逐渐变大，即动平台上安装位置最近的两个运动支链的球铰距离逐渐增大，B/A 的数值逐渐减小，与定性分析结果一致。

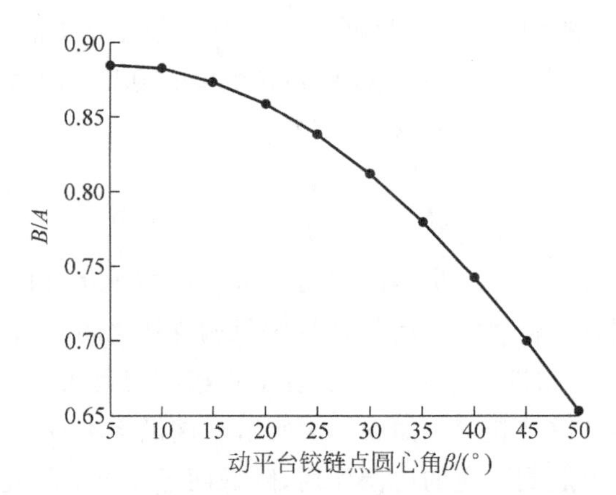

图 9-6 B/A 随动平台铰链点圆心角 β 的变化

与此相反，可以固定动平台相邻铰链点对应的圆心角 $\beta=10°$，基础平台相邻铰链点对应的圆心角 α 由 5°逐渐增大为 100°。此时，相当于动平台上安装位置最近的两伸缩支链的夹角逐渐减小。仿真结果如图 9-7 所示，随着两支链间的夹角减小，耦合性增强，B/A 的数值随 α 的变大而增大，验证了前面分析结论的正确性。

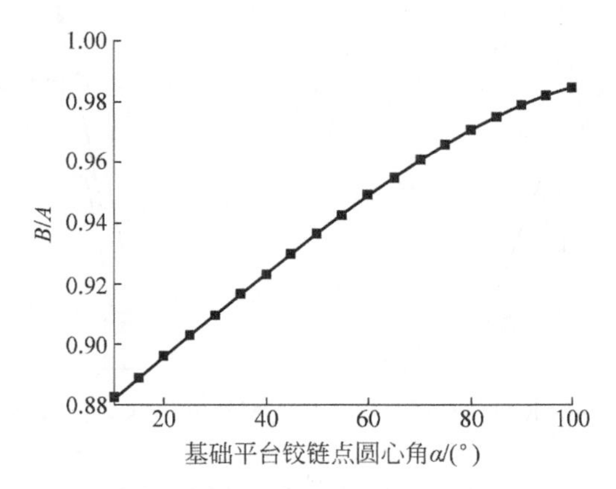

图 9-7 B/A 随基础平台铰链点圆心角 α 的变化

综上，Stewart 并联机构具有 6 条运动支链，1 条支链的运动趋势必然会受到其他 5 条支链的限制作用。支链之间相互作用的大小取决于支链在动平台上作用点的相对位置和支链轴向向量的夹角关系。同时，Stewart 并联机构关节空间惯量矩阵的主对角线元素反映各伸缩支链的惯量属性，非对角线元素反映并联机构支链间的相互耦合关系。

下面给出 Stewart 并联机构关节空间惯量矩阵主对角元素在工作空间最大水平截面内的分布情况，如图 9-8 所示。Stewart 并联机构的关节空间惯量矩阵主对角元素的分布趋势近似为一组同心圆弧曲线。结合 Stewart 并联机构的结构（见图 9-1）可以发现，惯量矩阵对角线元素分布的等高线近似为该伸缩支链的等长度曲线。以 I_{11} 为例，I_{11} 随伸缩支链 1 的伸长而变大，缩短而减小。即在工作空间最大水平截面内，Stewart 并联机构关节空间惯量矩阵的主对角线元素 I_{ii} 随伸缩支链 i 的伸长而变大，缩短而变小。支链伸长时，支链整体质心和动平台远离基础平台胡克铰转动中心，支链绕胡克铰的转动惯量增大。即再一次证明，Stewart 并联机构的关节空间惯量矩阵主对角元素反映对应伸缩支链的惯量属性。

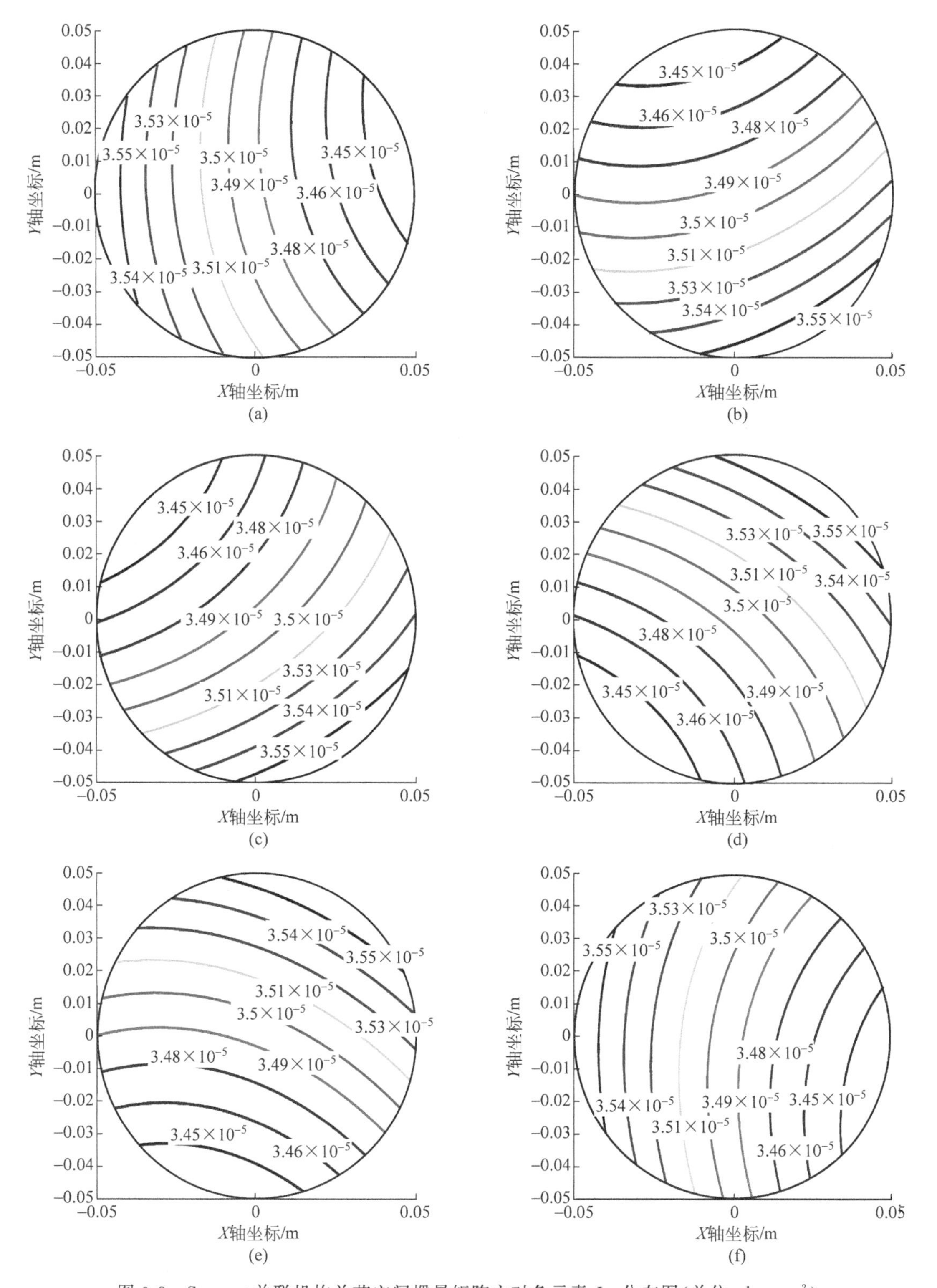

图 9-8 Stewart 并联机构关节空间惯量矩阵主对角元素 I_{ii} 分布图(单位：kg·m^2)

(a) I_{11}；(b) I_{22}；(c) I_{33}；(d) I_{44}；(e) I_{55}；(f) I_{66}

根据上述 Stewart 并联机构关节空间惯量矩阵的分析，建立其惯量指标——并联机构等效惯量 $\boldsymbol{I}_{\mathrm{E}}$。

定义 9.1 基于并联机构的关节空间惯量矩阵 $\boldsymbol{I}=(a_{ij})$，将其特征值的平均值定义为并联机构的等效惯量 $\boldsymbol{I}_{\mathrm{E}}$。

由于 Stewart 并联机构关节空间惯量矩阵的迹等于其特征值的加和，因此等效惯量也即为对角线元素的平均值。并联机构等效惯量是不同姿态下并联机构惯量属性的定量描述。Stewart 并联机构等效惯量可以表示为

$$\boldsymbol{I}_{\mathrm{E}}=\frac{1}{6}\sum_{i=1}^{6}(\lambda_i)=\frac{1}{6}\sum_{i=1}^{6}(a_{ii}) \tag{9-29}$$

其中，λ_i 和 a_{ii} 分别为关节空间惯量矩阵的特征值和主对角线元素。

9.4 并联机构的惯量匹配准则

关节空间惯量矩阵是并联机构惯量属性的集中体现。通过前面的分析可知，关节空间惯量矩阵的非对角元素仅反映支链之间的耦合关系，对角元素反映对应支链的惯量属性。并联机构等效惯量等于关节空间惯量矩阵对角元素的平均值。即并联机构等效惯量指标是各支链惯量属性的综合体现。因此，可以通过单支链的惯量匹配研究，解决 Stewart 并联机构的惯量匹配问题。为建立 Stewart 并联机构的惯量匹配原则，下面进行单支链惯量匹配的研究。主要从以下 3 个方面进行考虑：机械共振频率、加速转矩和动态性能。[5]

首先，研究支链的机械共振频率。Stewart 并联机构伸缩支链机械传动系统的结构如图 9-9 所示。可将支链的机械传动系统简化为弹簧和集中质量组成的扭振模型，其中刚度较低的环节为电机和联轴器。忽略系统阻尼后，Stewart 并联机构运动支链可简化为图 9-10 所示的扭振模型。

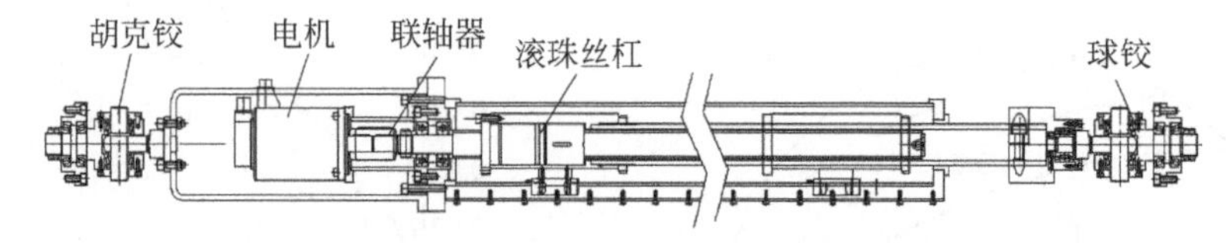

图 9-9 Stewart 并联机构伸缩支链机械传动结构

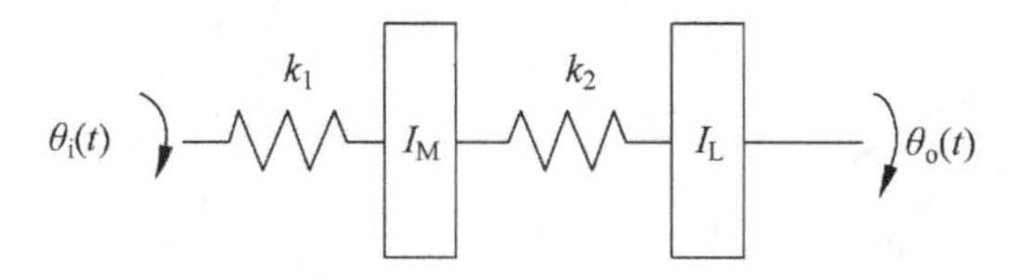

图 9-10 Stewart 并联机构伸缩支链的扭振模型

k_1 和 k_2 分别表示电机和联轴器(或带传动)的刚度，惯量 I_{M} 和 I_{L} 分别为电机惯量和折算到电机轴端的机构负载惯量 $I_{\mathrm{L}}=I_{\mathrm{load}}/\mu^2$，$\mu$ 为传动比。$\theta_{\mathrm{i}}(t)$ 为电机的输入转角(系统的输入)，$\theta_{\mathrm{o}}(t)$ 为传动系统的输出转角(系统的输出)。通过丝杠将电机的旋转运动转变为伸缩支链的直线进给。Stewart 并联机构伸缩支链的扭振模型系统方块图如图 9-11 所示。

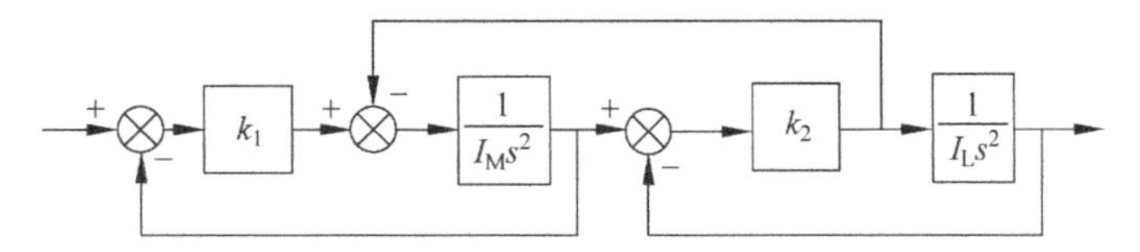

图 9-11 伸缩支链的扭振模型系统方块图

进一步可以得出 Stewart 并联机构伸缩支链机械传动系统的传递函数：

$$\mathrm{TF}=\frac{\dfrac{k_1k_2}{I_MI_L}}{s^4+\left(\dfrac{k_1+k_2}{I_M}+\dfrac{k_2}{I_L}\right)s^2}$$

当传递函数取得极大值，即分母为零时，机械系统发生共振，此时的频率即为 Stewart 并联机构伸缩支链传动系统的机械共振频率。伸缩支链机械传动系统的共振频率可以表示为机构惯量和刚度的函数：

$$f=\frac{1}{2\pi}\sqrt{\frac{k_1+k_2}{I_M}+\frac{k_2}{I_L}}$$

机械系统的共振频率应该远高于系统的最高控制频率，至少为控制频率的 5～10 倍。通过分析可以得出，增大 Stewart 并联机构伸缩支链传动系统的减速比（减小 I_L）是提高机械固有频率的有效措施。仅从提高机械共振频率的方面来说，Stewart 并联机构的伸缩支链应减小折算到电机端的负载惯量，选择尽可能大的减速比。

支链惯量匹配中需要考虑的第二个因素是加减速能力。Stewart 并联机构的支链驱动电机在进行加减速控制时，首先需要克服重力产生的负载力以及运动产生的负载力（科氏力、摩擦力等）。此时伸缩支链的牛顿第二定律方程可以表示为

$$T_{\mathrm{acc}}=T_{\mathrm{motor}}-T_G-T_V=I\cdot\ddot{\theta}_{\mathrm{motor}}$$

其中，

$$I=I_M+\frac{I_{\mathrm{load}}}{\mu^2}$$

$$\ddot{\theta}_M=\mu\ddot{\theta}_{\mathrm{load}}$$

I_{load} 为折算到减速器端的机构负载惯量。将上面 3 个方程联立，可以进一步推导出负载加速度（终端加速度）的表达式：

$$\ddot{\theta}_{\mathrm{load}}=\frac{T_{\mathrm{acc}}}{\mu I_M+\dfrac{I_{\mathrm{load}}}{\mu}} \tag{9-30}$$

在给定加速转矩 T_{acc} 的情况下，为获得最大的负载加速度，将上式分母对 μ 求导，得出能够使负载获得最大加速度的理想减速比：

$$\mu_{\mathrm{ideal}}=\sqrt{\frac{I_{\mathrm{load}}}{I_M}}$$

即在仅考虑加减速能力的情况下，最佳减速比应保证折算到电机轴端的负载惯量 I_{load}/μ^2 和电机惯量 I_M 相等。

为获得减速比的较优范围，下面分析加速转矩 T_{acc} 随减速比 μ 的变化关系。给定电机转子惯量、负载惯量和负载加速度，根据式(9-30)，可以得出所需加速转矩和减速比的关系，如图 9-12 所示。当实际减速比 μ 接近理想减速比 μ_{ideal} 时，所需的加速转矩较小；反之，随着实际减速比 μ 偏离理想减速比 μ_{ideal}，所需的加速转矩也逐渐增大。当实际减速比 μ 在理想减速比 μ_{ideal} 附近小范围内取值时，所需加速转矩增大的幅度较小。因此，如果仅考虑使伸缩支链获得较好的加减速能力，折算到电机轴端的负载惯量最好为电机惯量的 0.5～2 倍。

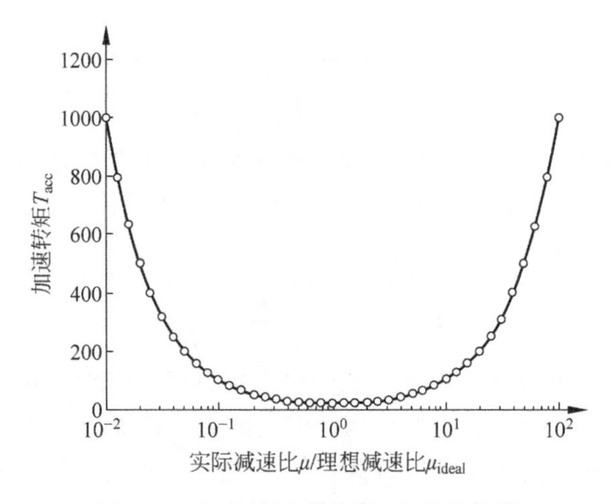

图 9-12 加速转矩随减速比变化的曲线

负载惯量同时也是影响支链动态性能的重要参数。应用 Simulink 软件进行 Stewart 并联机构单支链位置控制系统的仿真实验，分析支链负载惯量对系统响应特性的影响。首先，在 Simulink 软件内建立单支链的三环(位置环、速度环和电流环)位置控制系统模型。控制框图如图 9-13 所示，仿真参数如表 9-2 所示。为体现负载惯量对控制系统动态性能的影响，将输出加速度乘以机构折算到电机轴端的负载惯量，作为扰动力矩反作用于控制系统。

对建立的 Stewart 并联机构单支链的控制系统进行位置阶跃响应仿真实验，结果如图 9-14 所示。当折算到电机轴端的负载惯量与电机转子惯量的比例达到 4∶1 时，支链阶跃响应的稳定时间和超调量明显增加，表明控制系统的动态性能开始受到较大影响；而当支链折算到电机端的惯量与电机惯量比不大于 2∶1 时，系统的动态性能较空载时的动态性能没有较大差别，即具有较好的动态性能。

综合分析前面讨论的 3 个因素的限制作用，可以获得表 9-3。由于并联机构本身为闭环结构，刚度较高，机械共振频率并不是影响其性能的主要因素，同样不是决定惯量匹配的主要因素。因此，Stewart 并联机构的加速能力和动态性能成为决定其惯量匹配的主要条件。通过前面的分析，另外考虑电机的工作效率，可得到 Stewart 并联机构惯量匹配的原则为：并联机构等效惯量 I_E 与电机惯量 I_M 的比值应该保证在 1∶1～2∶1 的范围内，即保证并联机构整个工作空间内等效惯量与电机惯量的比例均在此范围内。由于并联机构等效惯量在工作空间内随其姿态变化，要完成并联机构整个工作空间的惯量匹配必须研究等效惯量的变化规律，确定工作空间内的并联机构等效惯量的极值。

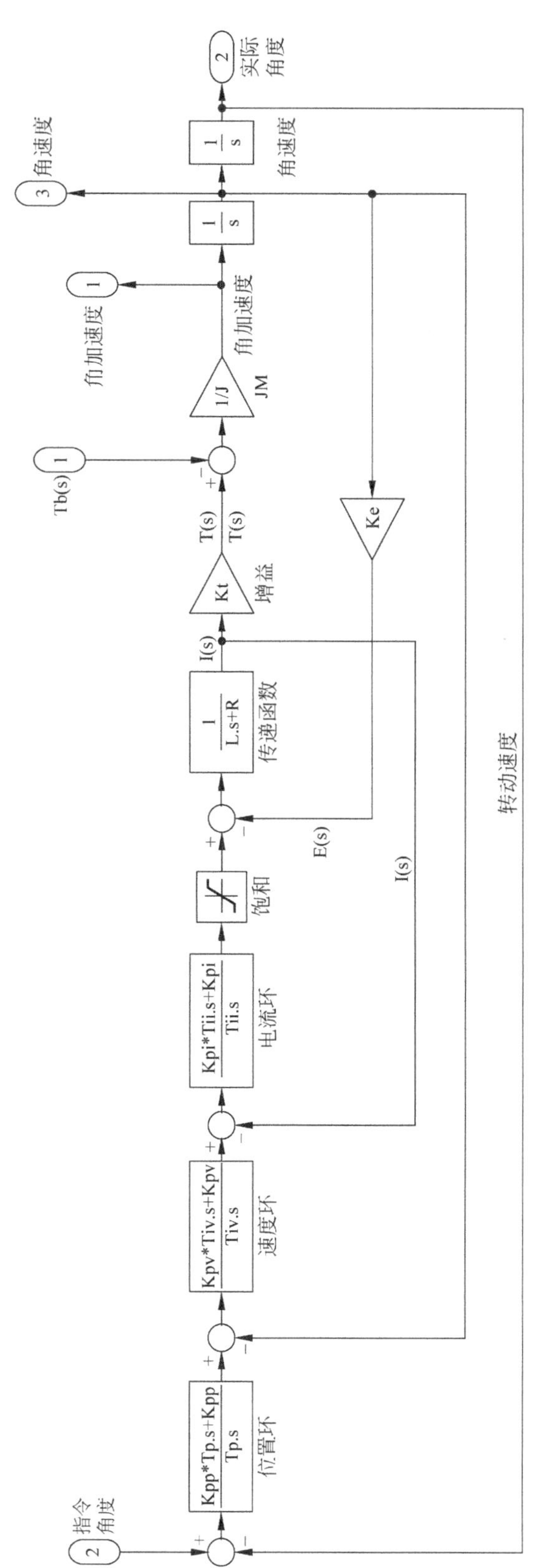

图 9-13 支链控制系统框图

表 9-2 Stewart 并联实验平台相关参数

参数符号	物理意义	数值	单位
L_M	电机电枢绕组电感	0.045	H
R_M	电机电枢绕组电阻	27.15	Ω
J_M	电机转子转动惯量	2.82×10^{-5}	kg·m²
K_E	电机反电动势常数	0.33	V·s/rad
K_T	电机力矩常数	0.57	N·m/A
K_{PI}	电流环比例系数	200	V/A
T_{II}	电流环积分时间常数	0.0017	s
K_{PV}	速度环比例系数	80	A·s/rad
T_{IV}	速度环积分时间常数	0.5	s
K_{PP}	位置环比例系数	35	1/s
T_P	位置环积分时间常数	0.1	s

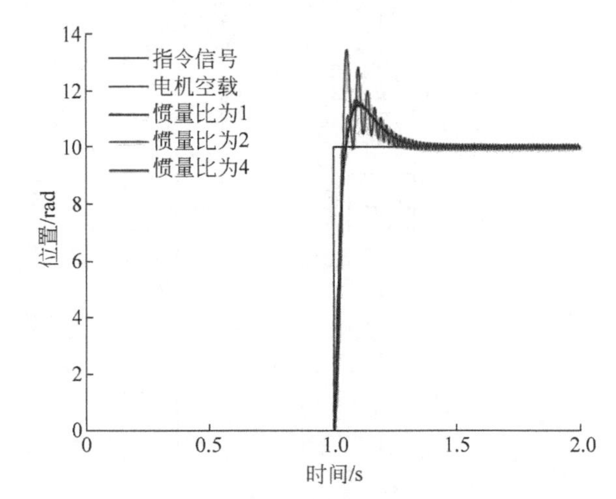

图 9-14 支链控制系统位置阶跃响应曲线(见文前彩图)

表 9-3 惯量匹配要求

机械共振频率	加速能力	动态性能
I_E 越小越好	$I_E/I_M\in[0.5,2]$	$I_E/I_M\in[1,2]$

9.5 小结

(1) 给出了装配惯量匹配的定义,并建立了并联机构关节空间惯量矩阵求解的一般方法。

(2) 在 Stewart 并联机构的伸缩支链建立统一的局部坐标系,选择伸缩支链的胡克铰中心为建模关键点,可以简化偏速度矩阵的求解。采用虚功法获得形式简洁的动力学逆解方程,推导出的 Stewart 并联机构关节空间惯量矩阵,量纲统一,且为标准惯量单位。

(3) Stewart 并联机构的构型特点决定其关节空间惯量矩阵为严格的对角块占优矩阵。对角线上子矩阵的元素耦合关系由并联机构的构型决定。动平台上相邻两支链安装位置近、夹角小，子矩阵的耦合程度高；反之亦然。基于关节空间惯量矩阵耦合特性分析，将并联机构的关节空间惯量矩阵特征值的平均值定义为并联机构的等效惯量，具有量纲统一和物理意义明确的特点。

(4) 通过综合考虑 Stewart 并联机构单支链的机械振动频率、加减速能力和动态性能等指标，确定了 Stewart 并联机构的惯量匹配原则，即为了保证良好的动态特性，并联机构等效惯量与电机惯量的比值最好保证在 1∶1～2∶1 的范围内。

参考文献

[1] 朱德志，刘洪亮．惯量匹配在改善数控龙门镗铣床性能中的作用[J]．设计与研究，2007(2)：61-63.

[2] ZHANG G G，FURUSHO J J. Speed control of two-inertia system by PI/PID control[C]//Proceedings of the IEEE International Conference on Power Electronics and Drive Systems. Hong Kong，1999：567-572.

[3] CETINKUNT S. Optimal design issues in high-speed high-precision motion servo systems[J]. Mechatronics，1991，1(2)：187-201.

[4] MO J，SHAO Z F，GUAN L，et al. Dynamic performance analysis of the X4 high-speed pick-and-place parallel robot[J]. Robotics and Computer-Integrated Manufacturing，2017，46，48-57.

[5] TANG X Q，LIU Z，SHAO Z，et al. Self-excited vibration analysis for the feed support system in FAST[J]. International Journal of Advanced Robotic Systems，2014，11 (4)：63.

[6] SHAO Z，TANG X Q，WANG L. Optimum design of 3-3 Stewart platform considering inertia property[J]. Advances in Mechanical Engineering，2013，5：1405-1413.

[7] SHAO Z，TANG X Q，CHEN X，et al. Inertia match of a 3-RRR Reconfigurable Planar Parallel Manipulator[J]. Chinese Journal of Mechanical Engineering，2009：22 (6)，791-799.

[8] SHAO Z，TANG X，CHEN X，et al. Research on the inertia matching of the Stewart parallel manipulator[J]. Robotics and Computer-Integrated Manufacturing，2012，28 (6)，649-659.

[9] CODOUREY A. Dynamic modeling and mass matrix evaluation of the DELTA parallel robot for axes decoupling control[C]//Proceedings of the IEEE/RSJ International Conference on Intelligent Robots and Systems. Osaka，Japan，1996(3)：1211-1218.

[10] 杨灏泉，吴盛林，曹健，等．考虑驱动分支惯量影响的 Stewart 平台动力学研究[J]．中国机械工程，2002，13(12)：1009-1012.

[11] OGBOBE P，JANG H Z，HE J F，et al. Analysis of coupling effects on hydraulic controlled 6 degrees of freedom parallel manipulator using joint space inverse mass matrix[C]//The Second International Conferences on Intelligent Computation Technology and Automation. Changsha，2009：845-848.

[12] 何景峰，叶正茂，姜洪州，等．基于关节空间模型的并联机器人耦合性分析[J]．机械工程学报，2006，42(6)：161-165.

[13] 姚郁，傅绍文，韩蕾．Stewart 平台关节空间惯性矩阵块对角占优分析与判别[J]．机械工程学报，2008，44(6)：101-106.

[14] HUANG T，ZHAO X Y，WANG Y，et al. Determination of servomotor parameters of a tripod-based parallel kinematic machine[J]. Progress in Nature Science，2001，11(8)：612-621.

[15] HUANG T，MEI J P，LI Z X，et al. A method for estimating servomotor parameters of a parallel robot for rapid pick-and-place operations[J]. Transactions of the ASME，2005，127(4)：596-601.

第10章

FAST馈源支撑系统缩尺模型实践

前面章节主要针对FAST馈源支撑系统展开了理论研究和数值仿真分析。然而,由于实际工程问题的复杂性,需要建立完整的功能模型,进行理论和方法的综合验证。FAST原型机尺寸巨大(开口直径520m),馈源支撑系统跨度600m,建造等比例的馈源支撑系统实验样机成本高,耗时长,因此采用运动学缩尺模型进行实验研究。在国家天文台北京密云站搭建完成了尺寸比为1∶15的40m跨度FAST缩尺模型,该模型完整验证了本书的研究内容,最终实现了天文观测功能,直接指导了原型机的工程建设。

本章首先介绍FAST 1∶15缩尺模型的机械结构和控制系统。然后,介绍了使用该缩尺模型进行控制实验研究的情况。最后,应用该缩尺模型进行了天文观察实验,全面检验了本书的研究内容。

本章主要内容:

(1) FAST 40m缩尺模型的机械结构;

(2) FAST 40m缩尺模型的开发实现;

(3) 大跨度索并联机构的控制实验;

(4) FAST 40m缩尺模型的天文观测实验。

10.1 缩尺模型的机械结构

在国家天文台密云观测站搭建完成的FAST 1∶15完整运动学缩尺模型如图10-1所示。反射面由三角形模块铰接而成,形成网状结构,采用分布式驱动单元对铰接点进行拖动控制,完成反射面的抛物面拟合。馈源舱悬挂在6索并联机构的动平台上,如图10-2所示。馈源舱的结构分为上、下两个部分。如图10-2(a)所示,舱体的上半部分内部安装电器控制系统(主要包括馈源舱工控机、交流伺服驱动器和光纤接驳器等)和微波信号接收设备;如图10-2(b)所示,舱体的下半部分安装A-B转台机构和精调Stewart并联机构。为减轻馈源舱的质量,精调平台多采用铝合金材料制作。馈源舱的外侧安装有3个全站仪靶标,成圆周均匀分布,用于实时测量馈源舱的姿态。通信光纤和供电电缆分别沿两条对称的驱动索从地面连接到馈源舱内,实现数据通信和电能配送。

图 10-1 FAST 1∶15 缩尺模型(见文前彩图)

(a)

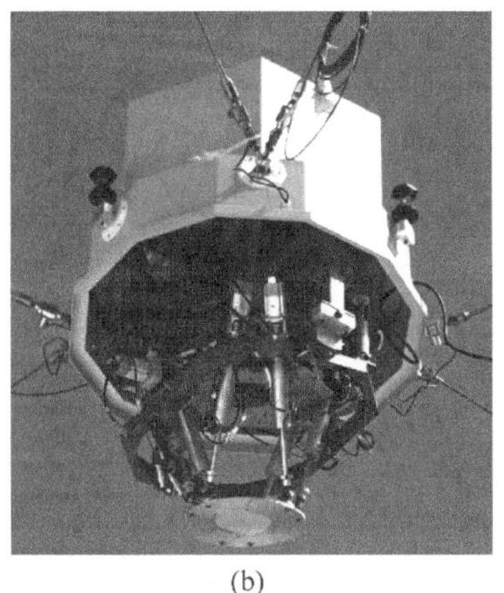

(b)

图 10-2 馈源舱缩尺模型

(a) 馈源舱上部结构；(b) 馈源舱下部结构

10.1.1 精调 Stewart 平台

对精调 Stewart 平台进行尺寸设计前，需要确定 Stewart 平台的工作空间要求，并完成 Stewart 平台的运动学建模。最终根据建模结果和工作空间要求，完成 Stewart 平台的优化设计。

1. Stewart 平台的工作空间要求

(1) 通过对绳索并联机构的分析，其终端精度可以达到 10mm，即 Stewart 平台的工作空间(含姿态转角情况下)半径至少为 10mm 的球。

(2) 为满足 Stewart 平台动平台中心位置的精度达到 RMS 2mm，除了给出一定的工作空间以外，仍需给予 Stewart 平台的动平台俯仰、滚转和偏航角±5°的转角调整范围。

(3) 根据天文台对 FAST 原型尺寸的初步设计，通过相似比计算，得到 Stewart 平台上下平台的尺寸为：上平台铰链点处直径为 550mm，下平台铰链点处直径为 350mm。

所以，结合(1)、(2)和(3)的要求，为保证取得具有良好的运动性能和工作空间，考虑其转角调整范围，给定其工作空间(含姿态转角情况下)为一个半径为 25mm 的球，动平台的转角范围为−5°～5°。

2. Stewart 平台的运动学建模

如图 10-3 所示，对 Stewart 平台建立坐标系：惯性坐标系$\mathcal{R}$：O-XYZ，原点位于 Stewart 平台静平台中心位置，Z 轴指向上；动坐标系$\mathcal{R}'$：O'-$X'Y'Z'$，原点位于 Stewart 平台中心位置，Z'轴指向动平台法线方向。机构中 $B_i(i=1,2,\cdots,6)$为静平台铰链点，$T_i(i=1,2,\cdots,6)$为动平台铰链点。

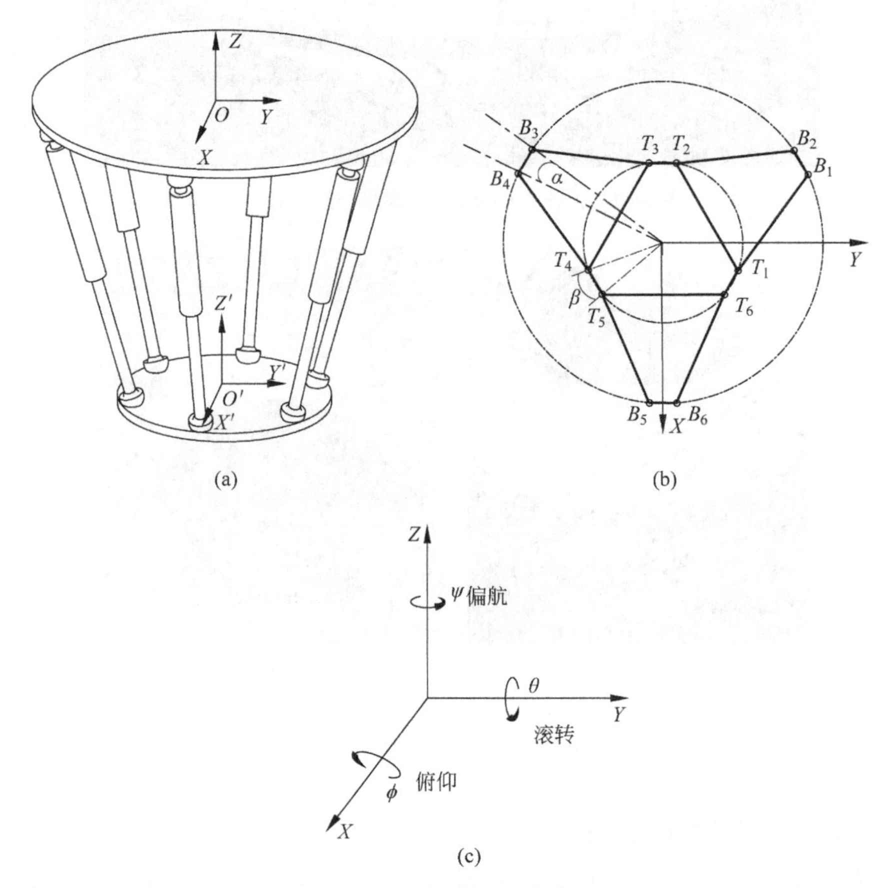

图 10-3 精调平台建模

(a) Stewart 平台模型；(b) Stewart 平台建模示意图；(c) 俯仰、滚转和偏航角示意图

为了对机构进行建模，符号定义如下：$\boldsymbol{O}'^{\mathcal{R}}$为动坐标系原点 O'在惯性坐标系下的向量表示；$\boldsymbol{B}_i^{\mathcal{R}}$ 为 B_i 在惯性坐标系下的向量表示；$\boldsymbol{T}_i^{\mathcal{R}}$ 为 T_i 在惯性坐标系下的向量表示；$\boldsymbol{T}_i^{\mathcal{R}'}$ 为 T_i 在动坐标系下的向量表示；r_b 是机构静平台半径；r_a 为机构动平台半径；α 为动平台铰链点分布夹角；β 为静平台铰链点分布夹角。

根据图 10-3，Stewart 平台的铰链点向量表示如下：

$$\boldsymbol{T}_i^{\mathcal{R}}=\boldsymbol{R}\boldsymbol{T}_i^{\mathcal{R}'}+\boldsymbol{O}'^{\mathcal{R}}$$

其中，$\boldsymbol{R}$ 为动坐标系相对于惯性坐标系的坐标转换矩阵。

$$\boldsymbol{R}=\begin{bmatrix} c\theta c\psi+s\phi s\theta s\psi & -c\theta s\psi+s\phi s\theta c\psi & c\phi s\theta \\ c\phi s\psi & c\phi c\psi & -s\phi \\ -s\theta c\psi+s\phi c\theta s\psi & s\theta s\psi+s\phi c\theta c\psi & c\phi c\theta \end{bmatrix}$$

其中，ϕ 为绕 X 轴的俯仰角；θ 为绕 Y 轴的滚转角；ψ 为绕 Z 轴的偏航角；c 表示余弦运算；s 表示正弦运算。

可以得到支链向量为

$$\boldsymbol{l}_i=\boldsymbol{B}_i^{\mathcal{R}}\boldsymbol{T}_i^{\mathcal{R}}$$

求出支链长度为

$$l_i=\|\boldsymbol{l}_i\|$$

3. Stewart 平台的尺度设计

通过上述已知的 Stewart 平台的尺寸参数及工作空间要求，通过优化得到一组优化结果：

(1) 静平台直径：550mm；

(2) 动平台直径：350mm；

(3) 静平台铰链点分布角度：$\alpha=30°$；

(4) 动平台铰链点分布角度；$\beta=15°$；

(5) 支链最短长度：$l_{\min}=360$mm；

(6) 支链最长长度：$l_{\max}=480$mm；

(7) 初始位置：$z_{\mathrm{m}}=-380$mm。

由此可以确定 Stewart 平台的工作空间如图 10-4 所示，其中的内圆为要求的工作空间，即半径为 25mm 的球。

由图 10-4 可知，优化所得的 Stewart 平台优化尺寸可以满足工作空间要求。

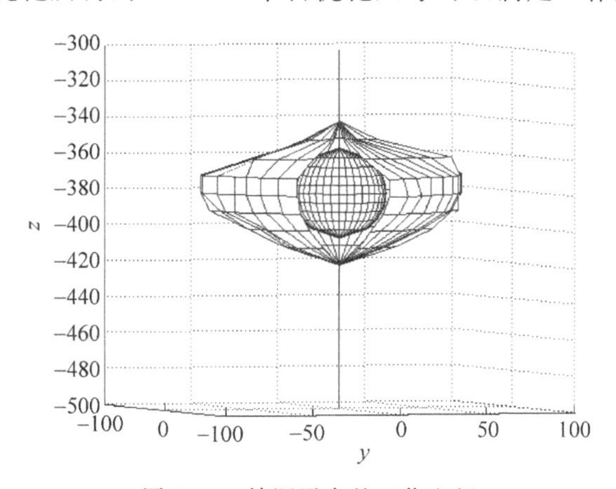

图 10-4　精调平台的工作空间

10.1.2　A-B 转台

下面给出的是 A-B 转台初步设计尺寸，满足角度±25°。A 轴通过控制伸缩杆的长度，实现 α 角；B 轴通过电机转动和减速器传动，实现 β 角。

图 10-5 所示为 A-B 转台的上下平台设计图。A-B 转台的上平台设计为六边形，下平台为八边形。

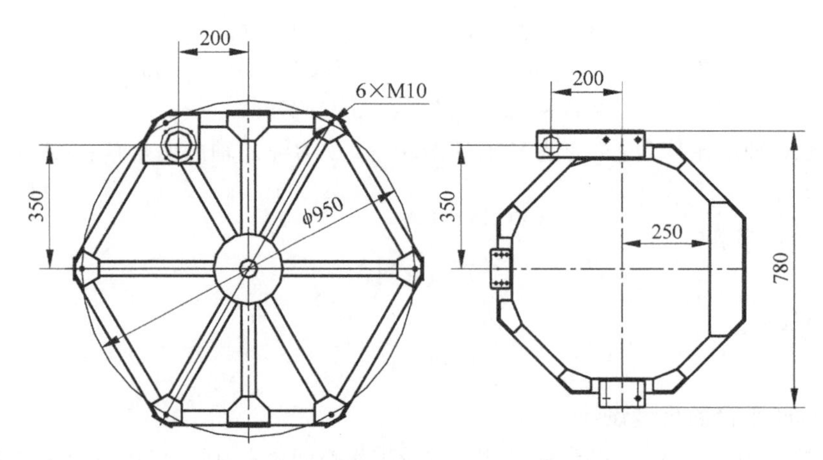

图 10-5　A-B 转台的上下平台设计图

图 10-6 为 A-B 转台在 A 轴两个极值位置的设计图，用于确定 A-B 转台伸缩杆的长度范围。

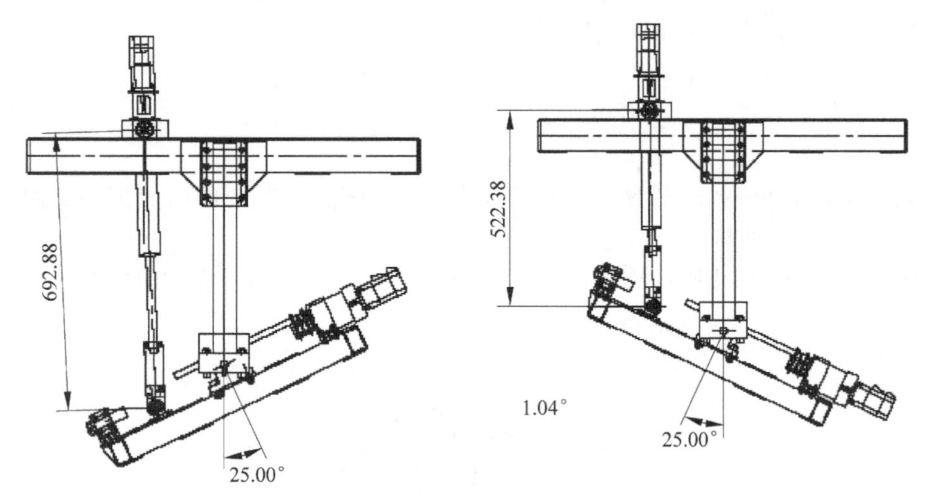

图 10-6　A-B 转台的极值位置设计图

最终得到 A-B 转台的伸缩杆运动范围为：692.88mm－522.38mm＝170.5mm。

下面分析 A-B 转台的控制精度。已知松下电机 10000 counts(脉冲)一转，丝杠导程为 4mm，电机动态跟随控制的最大误差不超过 100 counts，A-B 转台中的 A 轴伸缩杆作用距离为 350mm，因此可以得到 A 轴的角度误差为

$$\Delta = \frac{100}{10000} \times 4\text{mm} = 0.04\text{mm}$$

$$\Delta_{\text{rad}} = \arctan\left(\frac{0.04}{350}\right) = 0.006548° = 5.714 \times 10^{-5}\,\text{rad}$$

B 轴上有减速器，减速比为 1∶240，10000 counts(脉冲)电机一转，电机动态跟随控制的最大误差不超过 100 counts，因此可以得到 B 轴的角度误差：

$$\Delta_{\text{rad}} = \frac{100}{10000} \times 360° \times \frac{1}{240} = 0.015° = 1.309 \times 10^{-4}\ \text{rad}$$

以上精度完全满足 A-B 转台角的转角误差要求。

馈源舱为六边形，馈源舱外接圆直径为 1m，馈源舱高度为 450mm。在六边形的 6 个顶角设置 6 个安装接口。

10.1.3 绳索和电缆收放机构

索塔高度按照相似比计算，应为 18m。由于反射面底端离地面高度有－4.7m 左右，因此索塔高度为 15m。由于索的行程达到 12m，索塔绳索收放机构中的配重机构采用动滑轮，加倍绳索行程。

绳索收放机构设计如图 10-7 所示，主要包括 3 个部分：卷索机构、配重机构及出索机构。

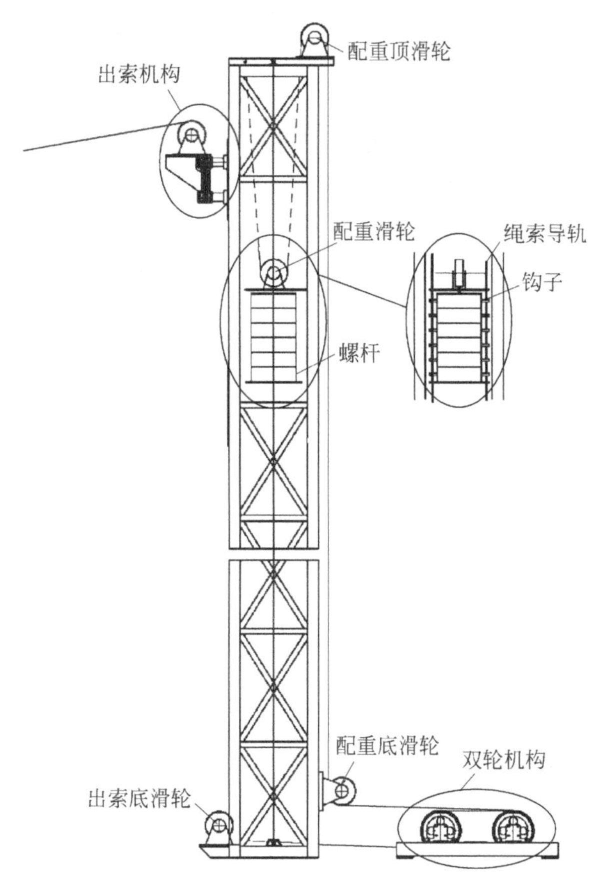

图 10-7 绳索收放机构整体图

索并联机构的样机建造中一般直接采用卷筒形式进行卷索工作，这样的方式除了电机负荷较大以外，螺旋式的滚筒装置会造成出索位置不统一，不利于机构的精度保证。本书提出一种加配重的双轮卷索机构，保证索的预紧与出索长度精度。

双轮机构如图 10-8 所示，由主动轮与从动轮构成。主动轮连接电机，由电机驱动。主动轮与从动轮的槽间距一致，但是安装时错开半个槽间距，使得这个双轮机构等效于一个螺旋轮，由于索只能绕在轮槽中，所以避免了螺旋轮索重叠或滑位等问题。滑轮直径为 240mm，索直径为 8mm。

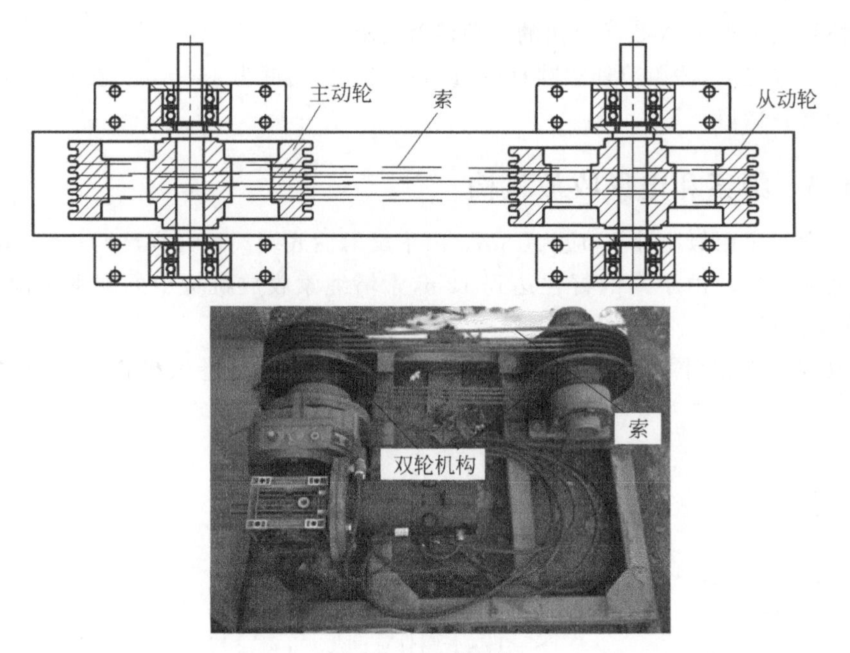

图 10-8 双轮机构

配重轮及导向轮直径均为 240mm。这一设计中为了降低电机负荷采用配重机构进行辅助控制，配重的重量 W_0 的计算方法参照电梯配重方式：

$$W_0 = \frac{\sigma_{\max} + \sigma_{\min}}{2} = \frac{2500\text{N} + 500\text{N}}{2} = 1500\text{N}$$

其中，$\sigma_{\max}$ 为索拉力最大值；$\sigma_{\min}$ 为索拉力最小值。

在卷索机构中，索的一端固定在塔顶，通过配重滑轮绕过配重顶滑轮与配重底滑轮，经过双轮机构再通过出索底滑轮与出索机构连接动平台，其中配重滑轮为一个动滑轮，因此配重的总重量为 $2W_0$，使用 5 块配重，其结构如图 10-9 所示。

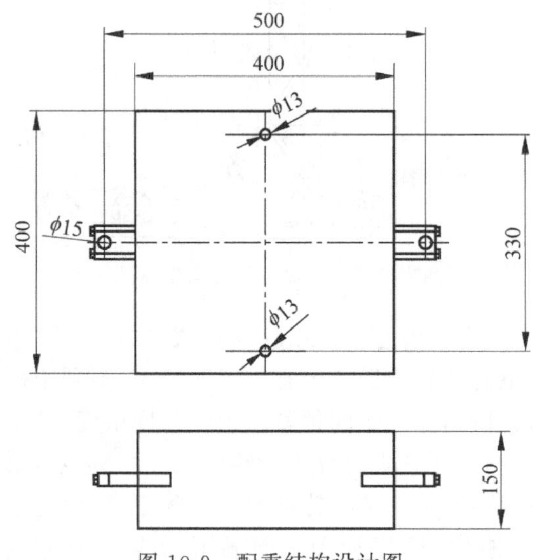

图 10-9 配重结构设计图

馈源运动方向的转变会造成索的方向与出索轮所在平面不一致，会增加索的摩擦和磨损，降低控制精度。为了解决这一问题，本模型采用了自动转动跟踪机构，使得出索轮平面与索和馈源连线方向实时一致。

出索机构采用了一个转动支架的形式，在转动支架上安装一个出索轮，根据索的方向转动支架能够跟随转动，使得上面的出索轮平面永远与出索方向一致，其转动支架示意图如图 10-10(a)和图(b)所示，出索跟随示意图如图 10-10(c)所示。

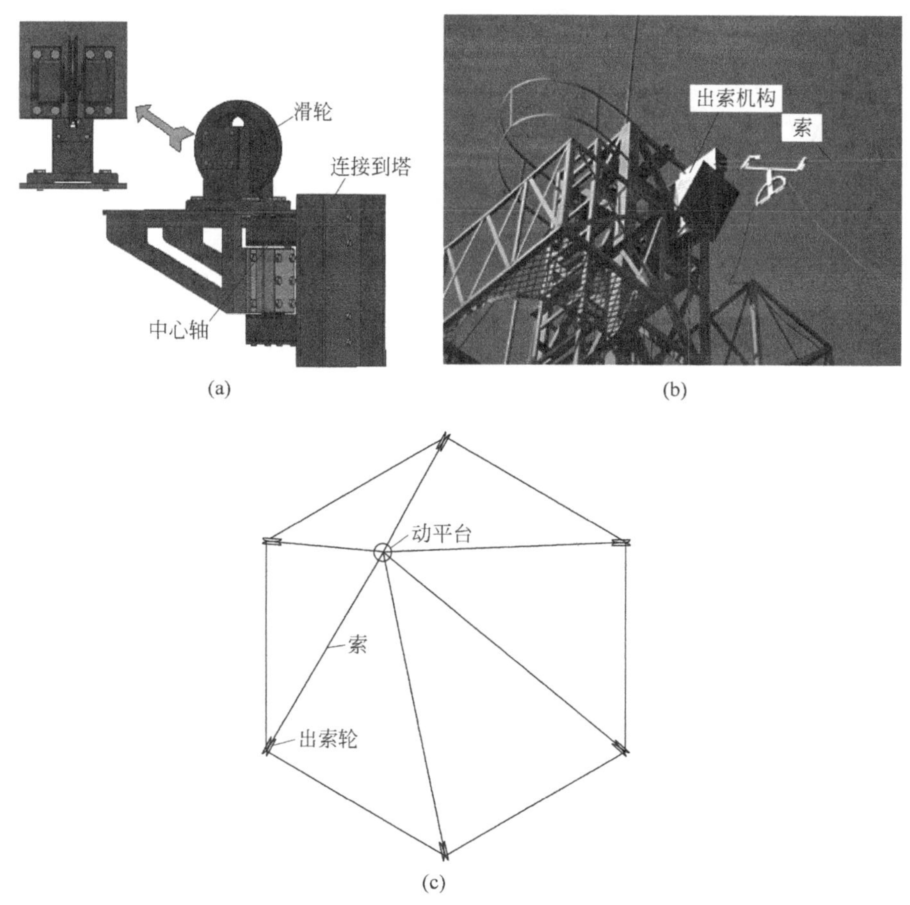

图 10-10 出索机构示意图

(a) 转动支架示意图；(b) 转动支架照片；(c) 出索跟随示意图

除了卷索机构中的双滑轮为定制加工以外，其他导向滑轮均为外购滑轮，滑轮直径为 240mm，如图 10-11 所示。

图 10-11 外购滑轮

为了实现给馈源舱的供电和通信，采用窗帘式跟随方案设计了电缆收放机构，具体如图 10-12 所示。

电缆收放机构中滑钩两两一组，为保证电缆不会因为滑钩的距离变化过大而造成过大的弯曲甚至折断，在每一组滑钩下方安装一个塑料棒，保证电缆具有合理的弯曲，在每个塑料棒上均有一个扣环，用于连接电缆。为了使电

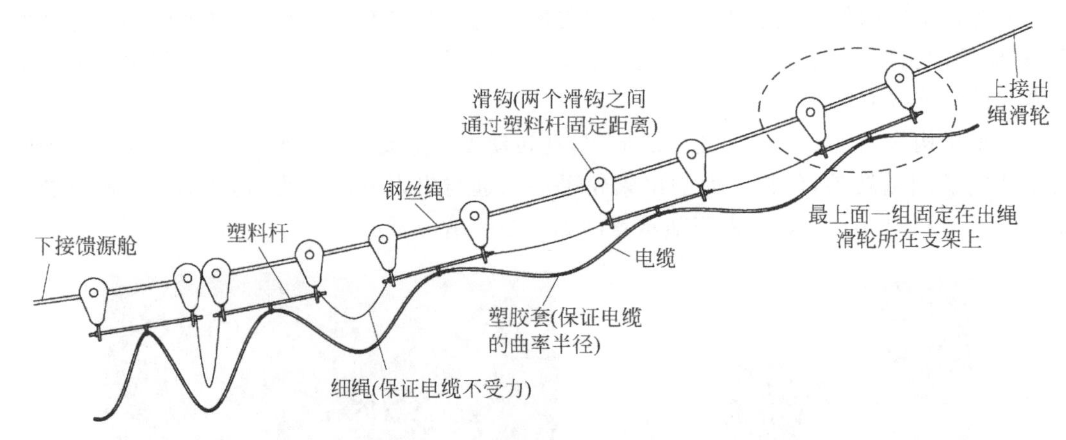

图 10-12 电缆收放结构示意图

缆不会折断,在电缆下垂端设有塑胶套,用于保持电缆具有一定的弯曲度。最终的实现如图 10-13 所示。

图 10-13 电缆收放实现图

10.1.4 索塔结构

根据相似比计算,索塔高度应该为 18m。由于反射面底端离地面距离 −4.7m,因此索塔高度距地面只需要 15m 就能满足所有设计接口要求,并在 15m 和 12m 处均安置滑轮。6 个塔圆周均布排列,其外接圆半径为 20m,塔基础的尺寸为 1.2m×1.2m×2.0m。具体位置如图 10-14 所示，图中同时示出了 6 个塔的中心点坐标。

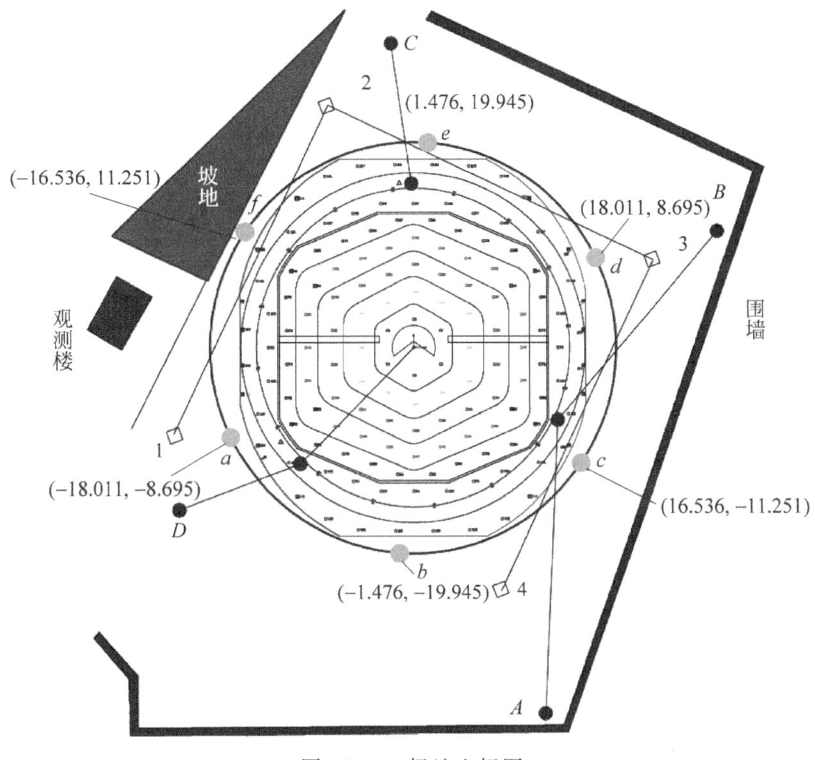

图 10-14 场地坐标图

10.1.5 机械系统的标定

FAST 的相似模型采用密云原有的反射面与测量系统，因此为了保证馈源支撑系统与已有系统的匹配，需要确定馈源支撑系统相对反射面和测量系统的位姿信息，针对已有测量系统坐标建立方式，建立 6 索并联机构的全局坐标。

图 10-15 是 FAST 中的 6 索并联机构。首先建立坐标系：惯性坐标系$\mathcal{R}$：O-XYZ，原点位于索并联机构出索点所在圆的中心，Z 轴指向上；动坐标系$\mathcal{R}'$：O'-$X'Y'Z'$，原点位于索并联机构动平台中心位置，Z'轴指向动平台法线方向。机构中 B_i($i=1,2,\cdots,6$)为索与静平台的连接点，A_j($j=1,2,3$)为索与动平台的连接点。

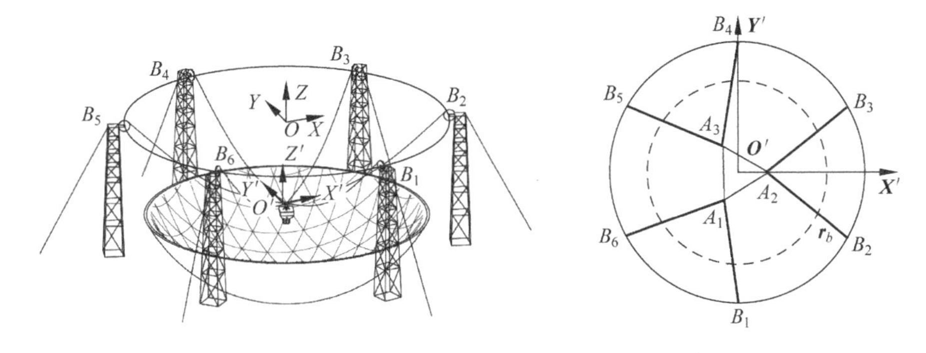

图 10-15 6 索并联机构运动学相似模型坐标建立

为了对该6索并联机构进行建模，符号定义如下：$\boldsymbol{O}'^{\mathcal{R}}$为动坐标系原点$O'$在惯性坐标系下的向量表示；$\boldsymbol{B}_i^{\mathcal{R}}$为$B_i$在惯性坐标系下的向量表示；$\boldsymbol{A}_j^{\mathcal{R}}$为$A_j$在惯性坐标系下的向量表示；$\boldsymbol{A}_j^{\mathcal{R}'}$为$A_j$在动坐标系下的向量表示；$r_{\mathrm{b}}$是机构静平台半径，即索塔分布圆半径；$r_{\mathrm{a}}$为机构动平台半径。

根据图10-15，绳索的向量表示如下：

$$\boldsymbol{B}_1^{\mathcal{R}}=[-1.476,-19.945,0]^{\mathrm{T}},\quad \boldsymbol{B}_2^{\mathcal{R}}=[16.536,-11.251,0]^{\mathrm{T}}$$

$$\boldsymbol{B}_3^{\mathcal{R}}=[18.011,8.695,0]^{\mathrm{T}},\quad \boldsymbol{B}_4^{\mathcal{R}}=[1.476,19.945,0]^{\mathrm{T}}$$

$$\boldsymbol{B}_5^{\mathcal{R}}=[-16.536,11.251,0]^{\mathrm{T}},\quad \boldsymbol{B}_6^{\mathcal{R}}=[-18.011,-8.695,0]^{\mathrm{T}}$$

单位：m。

$$\boldsymbol{A}_j^{\mathcal{R}'}=[r_{\mathrm{a}}\cos[(j-2)\times 120°],\quad r_{\mathrm{a}}\sin[(j-2)\times 120°],0]^{\mathrm{T}}\quad (j=1,2,3)$$

$$\boldsymbol{A}_j^{\mathcal{R}}=\boldsymbol{R}\cdot\boldsymbol{A}_j^{\mathcal{R}'}+\boldsymbol{O}'^{\mathcal{R}}$$

其中，$\boldsymbol{R}$为动坐标系向惯性坐标系的转换矩阵。

系统的精确控制离不开测量，只有在获得高精度反馈数据的前提下，高精度的控制算法才有意义。在本系统中，采用非接触式的全站仪(见图10-16)来完成其姿态测量。

图10-16　激光全站仪TC2003

在进行塔的建造中可能会出现误差，所以在进行实验之前需要对出索位置进行标定。由于出索采用实时跟踪转动机构，因此只要标定一次就能保证在运动过程中出索位置的准确性。图10-17所示是一个塔的出绳位置坐标关系图，只标定出绳位置的x_{b}，y_{b}坐标。其中靶标1与靶标2分别安装在转动支架与塔的安装板上，转动支架上转轴中心与安装板的投影距离为h，转轴中心与出绳轮中心的投影距离为r。

可以得到如下推导公式：

$$x_3=\frac{x_1+x_2}{2},\quad y_3=\frac{y_1+y_2}{2}$$

x_4、y_4满足以下关系式：

$$y_4-y_3=-\frac{x_1-x_2}{y_1-y_2}(x_4-x_3)$$

$$(y_4-y_3)^2+(x_4-x_3)^2=h^2$$

因此可以得到x_4、y_4。

标定位置x_{b}、y_{b}满足关系式：

$$(y_{\mathrm{b}}-y_4)^2+(x_{\mathrm{b}}-x_4)^2=r^2$$

$$\frac{x_4-x_0}{y_4-y_0}=\frac{x_{\mathrm{b}}-x_0}{y_{\mathrm{b}}-y_0}$$

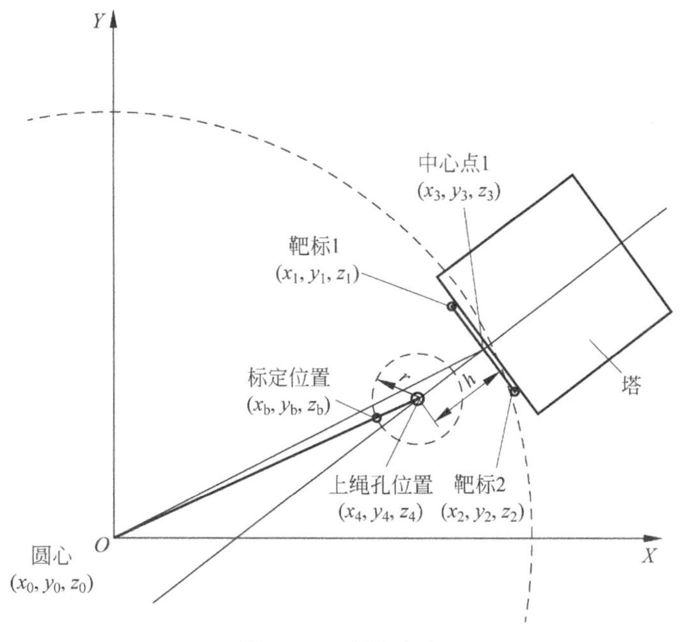

图 10-17　标定方案

因此可以求出 x_b、y_b。

通过靶标与全站仪的测量，得到6索并联机构出索位置在惯性坐标系下的坐标为

$\boldsymbol{B}_1^{\mathcal{R}}=[-1.5913,-19.3618,0.2777]^{\mathrm{T}}$，　$\boldsymbol{B}_2^{\mathcal{R}}=[16.1397,-10.8135,0.2937]^{\mathrm{T}}$

$\boldsymbol{B}_3^{\mathcal{R}}=[17.5657,8.4683,0.3037]^{\mathrm{T}}$，　$\boldsymbol{B}_4^{\mathcal{R}}=[1.5974,19.3185,0.3697]^{\mathrm{T}}$

$\boldsymbol{B}_5^{\mathcal{R}}=[-16.1203,10.9188,0.3307]^{\mathrm{T}}$，　$\boldsymbol{B}_6^{\mathcal{R}}=[-17.5047,-8.508,0.3327]^{\mathrm{T}}$

为了避免绳索的虚牵，同时保证初始状态下的索拉均衡，必须实时监测6根索的索拉力，并根据索拉力大小完成一级支撑系统的索拉力补偿控制。一级支撑系统的6根索均装有高精度的拉力传感器，实时监测索拉力变化，并根据索拉力完成力位混合控制，确保索一直处于张紧状态，避免索拉力虚牵，完成一级支撑平台高精度跟踪控制。

本实验所用的拉力传感器是北京正开公司的MCL-Z拉力传感器，如图10-18所示。该传感器的工作电压为24V，量程为10kN，阻抗为650Ω，输出电压为0～5V。

图 10-18　力传感器

10.2 缩尺模型的驱动控制系统

FAST 1∶15 完整缩尺模型的控制系统结构如图 10-19 所示。其控制系统分为 5 个子模块，分别是总控机、馈源舱控制柜、索控制柜(包括Ⅰ和Ⅱ两台)、总控制柜和全站仪(测量模块)。模块之间的电能配送由空心箭头表示，信号传递则由实心箭头描述。索并联机构运动速度低、所需驱动力大，因此选用低速大扭矩直流伺服电机驱动，速度反馈依靠直流电机内自带的测速发电机。索平台的姿态由全站仪实时测量，并通过网络反馈给主控计算机。通过应用第 6 章建立的动力学模型，计算确定精调平台支链电机的额定功率和转矩等信息，结合第 9 章提出的并联机构惯量匹配原则，完成其支链驱动电机和传动链的选型(选用松下 MHMD022P1V 型 200W 交流伺服电机和导程为 4mm 的单线滚珠丝杠)。A-B 转台和精调平台的速度反馈通过其驱动电机内的增量编码器完成，由馈源舱工控机和 PMAC 卡共同完成其半闭环控制。索拉力由串联于驱动索中的拉力传感器测量，馈源舱工控机通过研华 PCI-1711L 型 A/D 数据采集卡读取拉力传感器返回的模拟量信号。

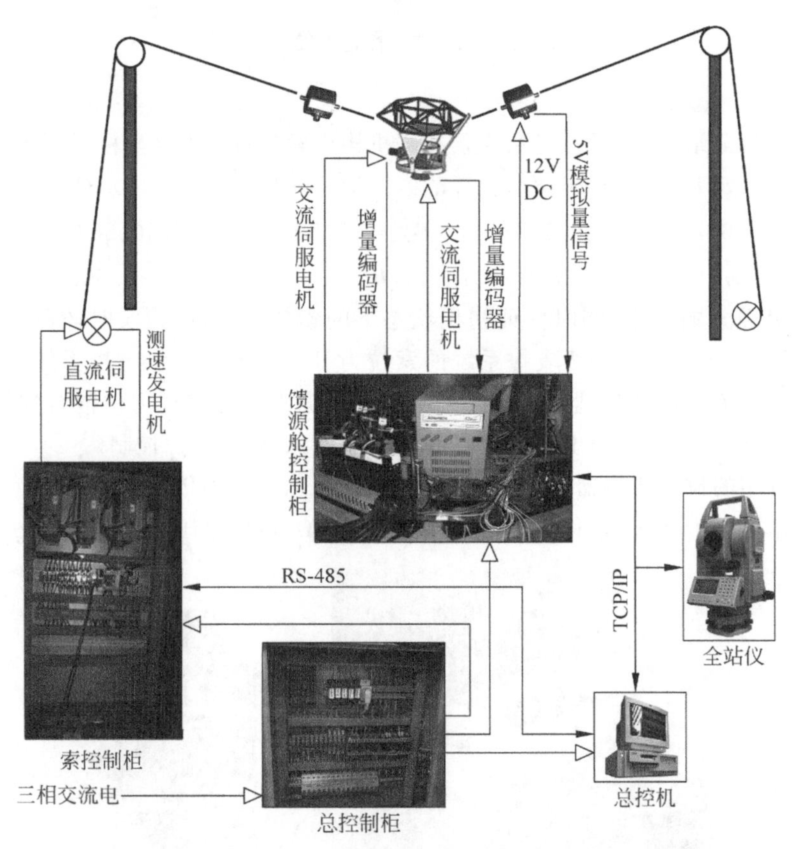

图 10-19 FAST 40m 缩尺模型控制系统结构框图(见文前彩图)

总控制柜负责馈源支撑系统的电能分配和电气保护。根据功率核算，将 3 相交流电分为 3 路功率近似相等的两相交流电，分别给索控制柜Ⅰ、索控制柜Ⅱ和其他模块(馈源舱控制柜、总控机和全站仪)供电,每路设计功率为5kW。总控柜内安装有熔断器、空气开关和继电器,可以实现不同子模块的单独上、下电操作以及过流、过压和漏电安全保护功能。采用弱电控制强电,保证操作的安全性。

总控计算机采用Windows操作系统,主要完成界面显示、轨迹规划、状态监视等功能。总控计算机根据全站仪的反馈,计算出索平台和馈源支撑系统终端的实际姿态,结合给定的天文观测轨迹,完成轨迹规划计算(粗插补),确定索并联机构、A-B转台和精调平台的运动轨迹。将索并联机构的运动指令通过RS-485协议传送给索控制柜内的三菱PLC。将A-B转台和精调平台的运动指令通过UDP网络传输协议传递给馈源舱控制柜内的馈源舱工控机。同时,索控制柜内的三菱PLC将索并联机构的运行状态信息反馈给总控机;馈源舱工控机将索拉力数据、精调平台伸缩支链的运动状态和A-B转台的运动信息反馈给总控机,总控机完成馈源支撑系统的状态监控和显示。总控机对索并联机构和A-B转台的粗插补频率为1Hz,对精调平台的粗插补频率为10Hz。

索控制柜内的主要元件包括三菱PLC和3部直流伺服驱动器。在每个粗插补周期内,三菱PLC根据接收到的运动控制指令,通过D/A模块输出速度模拟量指令,完成对3部直流伺服驱动器的控制。通过两台索控制柜共同完成索并联机构6根驱动索的控制。

FAST 40m缩尺模型选用瑞士徕卡公司的激光全站仪TC2003实现远距离、高精度的索平台姿态测量反馈。徕卡全站仪主要设计用于静态目标测量,在动态跟踪测量下存在时滞、误差以及采样频率较低的缺点。由于40m缩尺模型的索并联机构终端运动速度较低(观测跟踪速度仅为3mm/s),因此仍然可以采用全站仪测量。索平台姿态的测量原理如图10-20所示,采用3台全站仪分别跟踪圆周均布于索平台边沿的3个靶标,根据3台全站仪反馈的距离、3台全站仪在全局坐标系下的位置坐标和3个靶标在索平台坐标系下的位置坐标,即可以解算出全局坐标系与索平台坐标系之间的相对姿态关系。

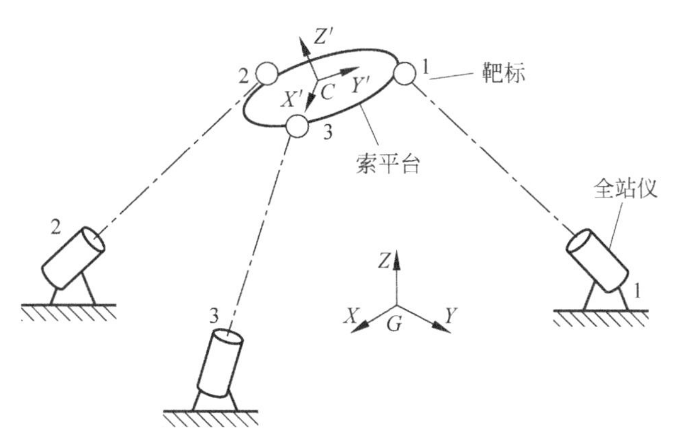

图10-20 索平台姿态测量原理示意图

馈源舱控制柜内的主要元件包括馈源舱工控机、8部松下交流伺服驱动器(驱动精调平台和A-B转台的伺服电机)。馈源舱工控机采用Linux+RTLinux实时操作系统,通过插接在PCI槽的Tubro PMAC运动控制卡完成对交流伺服电机的实时控制,伺服控制周期为2.2ms。馈源舱工控机内安装有研华股份有限公司生产的PCI-1711L型A/D数据采集卡,实时采集索拉力信息反馈给主控机。

FAST 40m 缩尺模型的馈源支撑系统控制软件主要包括 3 部分：总控软件、馈源舱工控机软件和三菱 PLC 软件。总控软件运行于总控机内，核心功能是根据全站仪的反馈和理论轨迹解算出下一粗插补周期内索并联机构、A-B 转台和精调平台的运动轨迹，并将指令分别通过 RS-485 串行通信协议和 UDP 网络通信协议发送给索控制柜内的三菱 PLC 和馈源舱工控机。三菱 PLC 软件主要实现简单的手动控制逻辑和将接收到的速度指令信号通过 D/A 模块发送给直流伺服驱动器。本节重点介绍馈源舱工控机软件，该软件实现总控计算机非实时速度指令与 Turbo PMAC 卡内部实时插补计算之间的连接，是实现 FAST 40m 缩尺模型精调平台抑振控制的关键环节。

馈源舱工控机软件采用 Linux＋RTLinux 作为开发的系统平台，具体由 3 部分构成：RTLinux 下的实时程序部分、Linux 内核下的非实时程序部分和 Turbo PMAC 卡内部的开放伺服程序。RTLinux 实时内核的程序如图 10-21 所示。首先，进行运动控制卡的初始化，包括：实现 PMAC 卡的端口和共享内存读写功能，配置重要的 I 变量和 M 变量。然后，插入 RTLinux 实时内核，起动实时中断线程，建立周期为 2.2ms 的软中断。随后，设置实时 FIFO 处理函数，根据 FIFO 内的指令（控制停止、机械回零、控制回零和抑振控制等），调用 PMAC 完成相应功能，同时更新共享内存中的状态标志和数据。在每个实时中断处理过程中通过双端口内存实现 PMAC 卡与馈源舱工控机之间的数据交换。

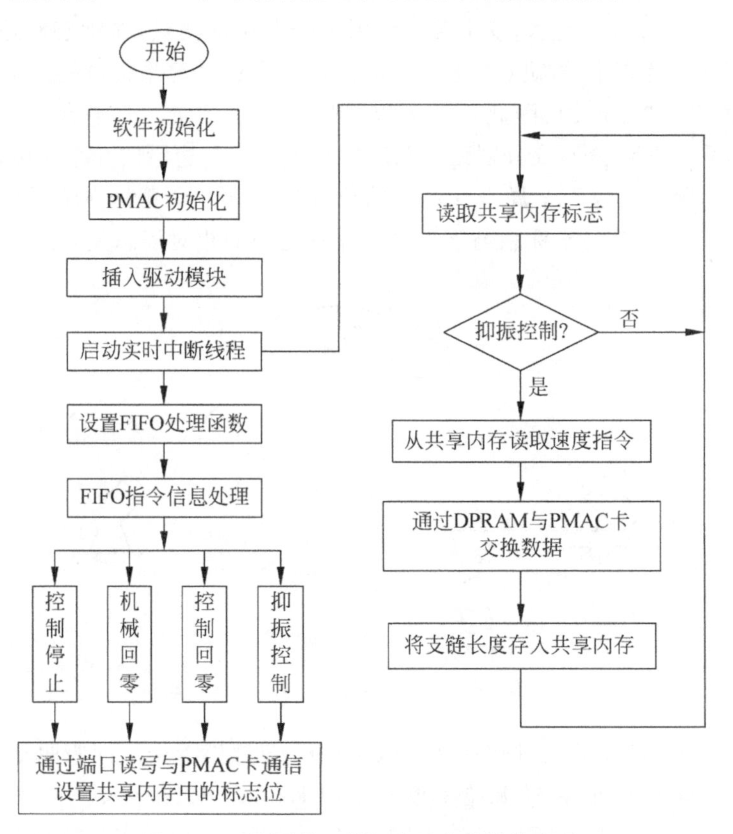

图 10-21 馈源舱工控机实时内核软件流程

非实时部分程序主要用于建立 UDP 网络通信，接收主控机的指令信息，同时向主控机反馈 A-B 转台和精调平台的运动状态以及索拉力传感器的反馈数据。具体的软件流程如

图 10-22 所示。首先，控制 A-B 转台和精调平台完成回零操作，通过 FIFO 向实时层软件发送回机械零点和控制零点的指令。然后，建立 socket 服务器，初始化 A/D 采集卡。接着，进入数据收发循环，接收主控机的指令，提取指令控制字和数据后，分别通过 FIFO 和共享内存与实时层软件进行信息交换，同时将获得的状态信息打包发送回主控机。

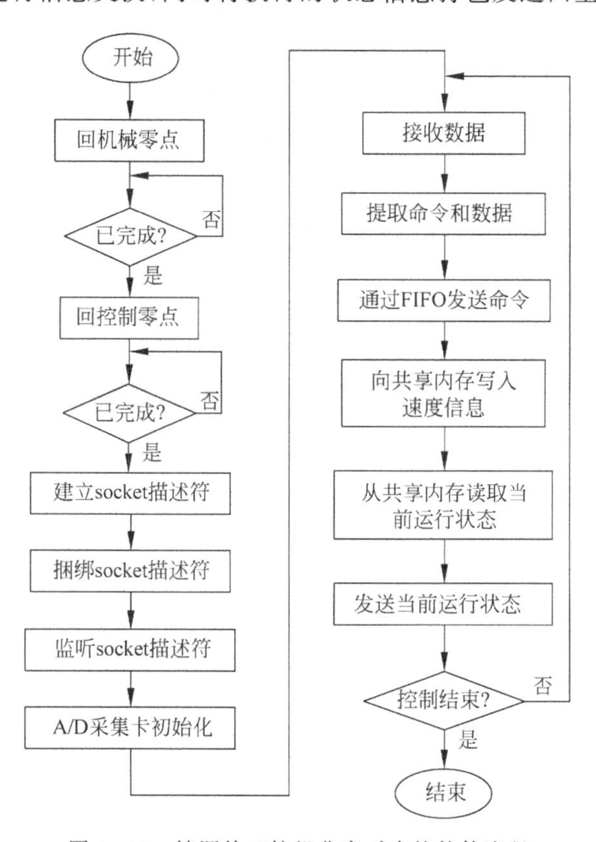

图 10-22 馈源舱工控机非实时内核软件流程

Turbo PMAC 卡的开放伺服功能允许用户采用高级语言编写伺服控制逻辑。在每个伺服控制周期内，各控制轴均执行一次伺服控制程序。用户自己编写的伺服控制逻辑会被编译为 DSP 微处理器可直接执行的机器语言，然后下载到 Turbo PMAC 运动控制卡的动态内存中。配置相应 *I* 变量后，Turbo PMAC 卡会采用用户编写的程序代替卡内自带的伺服程序。在 FAST 40m 缩尺模型中，为实现精调平台的跟踪控制，PMAC 运动控制卡每 5 个伺服周期(2.2ms)读取一次共享内存的目标位置和目标速度指令，用于计算各支链的跟随误差。通过不断更新精调平台各支链的目标长度，产生跟随误差，实现精调平台的跟踪控制。

10.3 大跨度索并联机构的控制实验

最终在国家天文台北京密云观测站内搭建完成的 40m 口径射电望远镜馈源支撑系统如图 10-23 所示。

图 10-23 40m 口径射电望远镜馈源支撑系统(见文前彩图)

针对一级支撑系统(索并联机构),主要进行两类实验:①无全站仪时索支撑系统开环控制实验;②有全站仪时的闭环控制实验。

10.3.1 索并联机构的开环控制实验

通过开环控制一级支撑系统完成:①直线运动,②圆周运动,③变重心圆周运动,④一级索支撑系统定点控制时精调平台抑振方波误差等实验内容。在各种运动过程中,测量 6 根索的索拉力变化,验证一级索支撑系统的运动学分析和静力学分析,并研究索支撑系统重心变化及精调抑振时对索支撑系统的索拉力影响。

实验设计如下:

实验一:索支撑系统沿 Z 轴方向由点(0,0,−14m)直线运动到点(0,0,−9m);

实验二:索支撑系统直线运动由点(0,0,−9m)返回到点(0,0,−14m);

实验三:索支撑系统以点(0,0,−14m)为圆心做直径为 2m 的圆周运动;

实验四:调整 A-B 转台姿态,改变索支撑平台的重心,索支撑系统重复直径为 2m 的圆周运动;

实验五:索支撑系统定点控制,精调 Stewart 平台进行;二级精调系统抑振振幅为 20mm、频率为 5Hz 的方波。

实验一至实验五的索拉力变化如图 10-24～图 10-28 所示。

由实验四的索拉力变化曲线可知,当 A-B 转台不再保持初始状态时,索支撑系统的重心将发生改变,系统的力学状态发生改变,对比实验三,索拉力会有少许变化。

由实验五的索拉力变化曲线可知,精调平台的抑振控制会对索支撑系统产生微弱影响。由于精调平台的抑振频率较低且自身重量非常小,影响较微弱,因此该缩尺模型可以忽略精调平台对索支撑系统的影响。

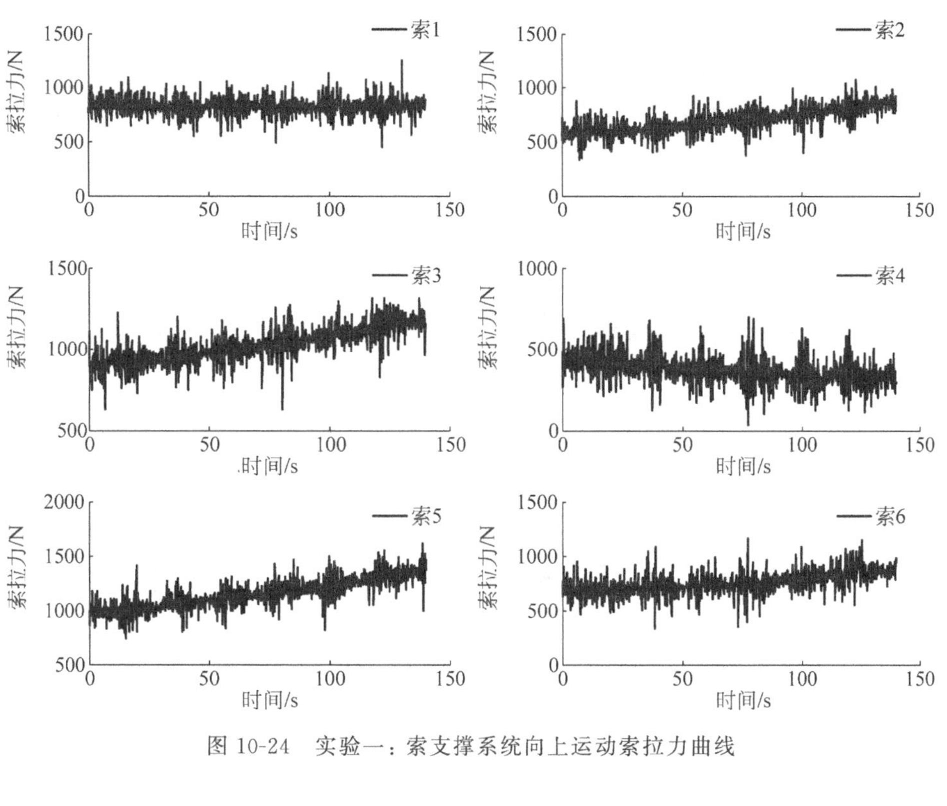

图 10-24 实验一：索支撑系统向上运动索拉力曲线

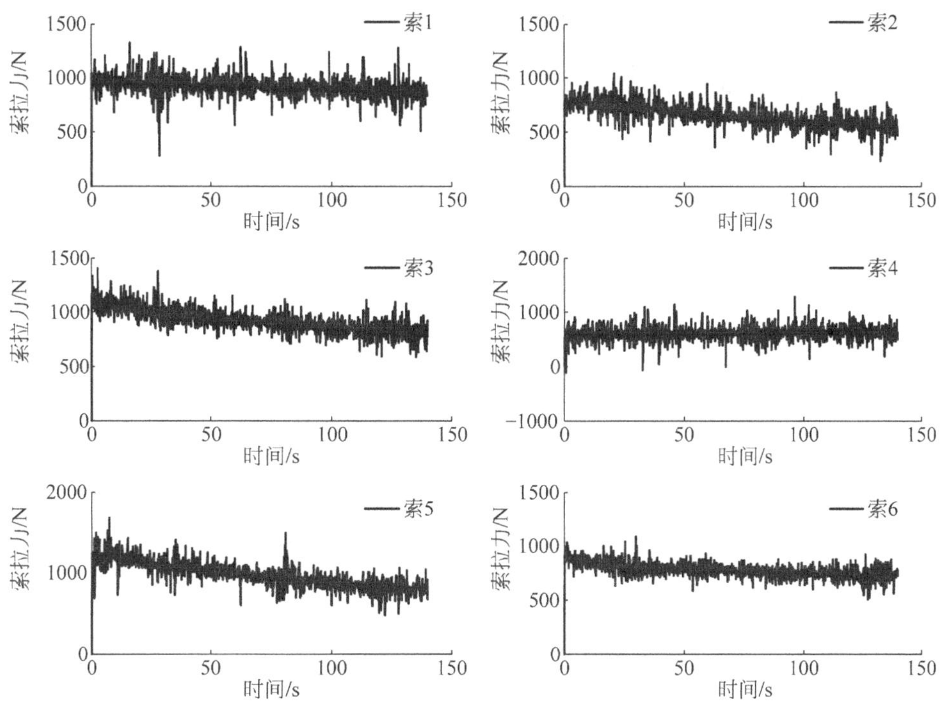

图 10-25 实验二：索支撑系统向下运动索拉力曲线

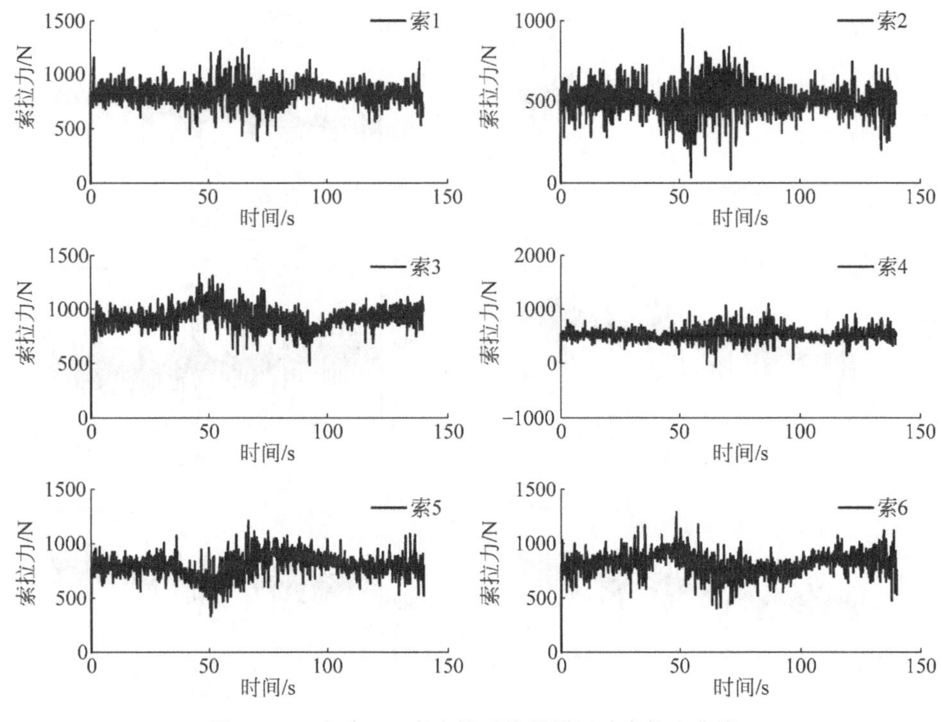

图 10-26 实验三：索支撑系统圆周运动索拉力曲线

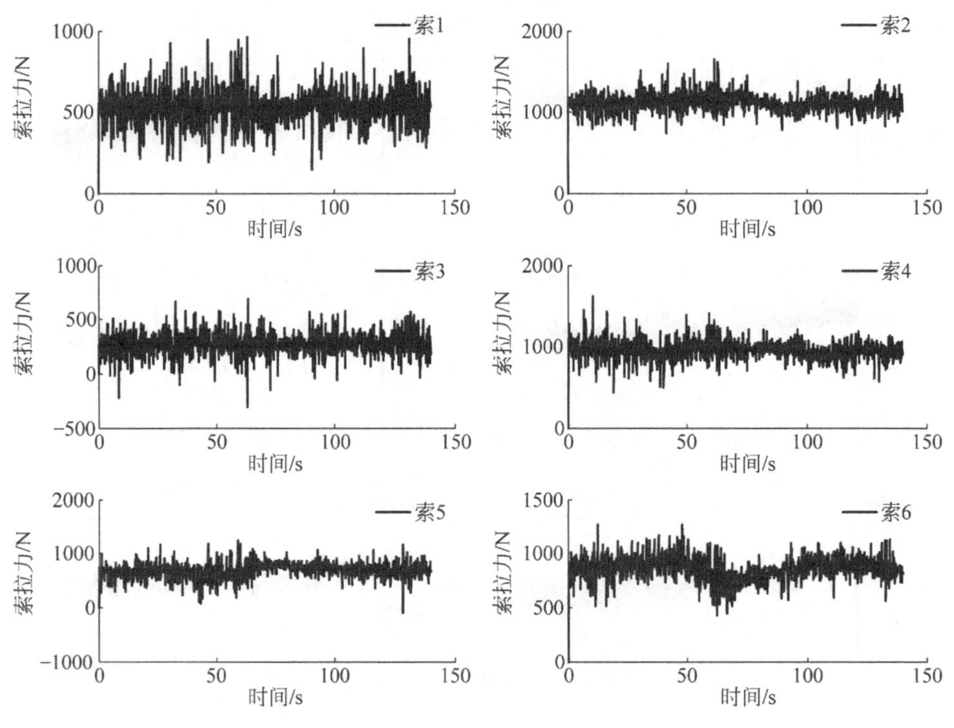

图 10-27 实验四：索支撑系统变重心对索拉力影响

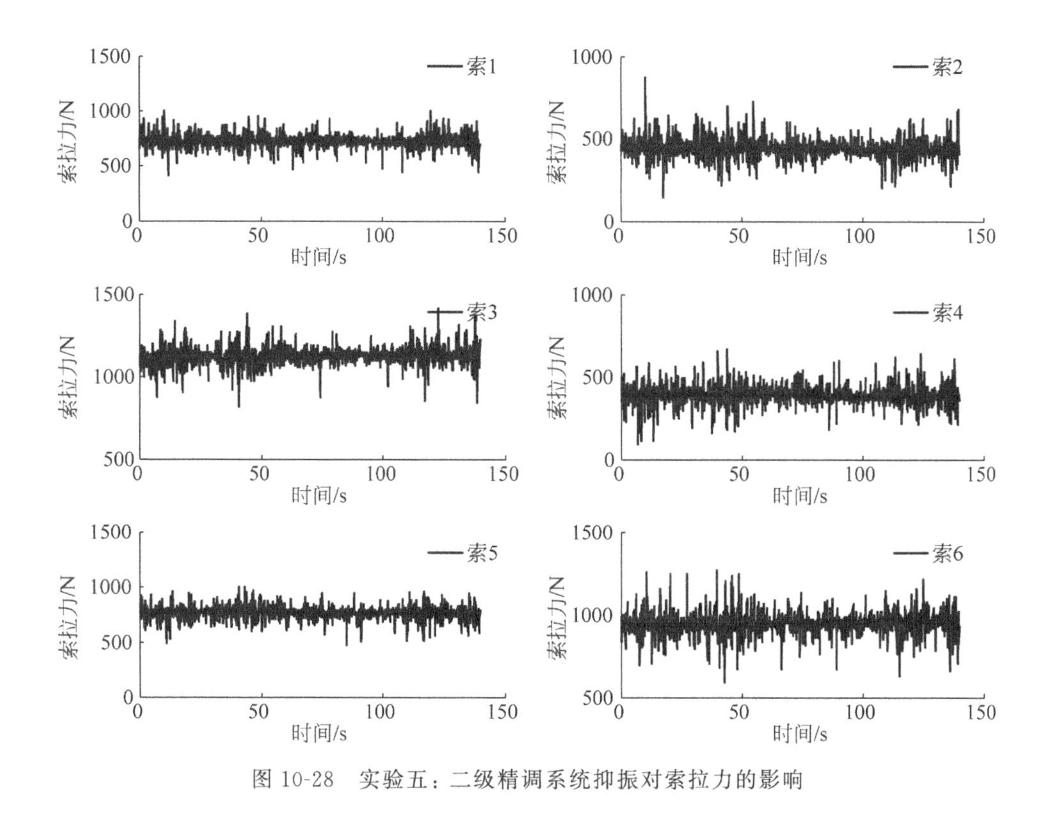

图 10-28 实验五：二级精调系统抑振对索拉力的影响

10.3.2 索并联机构的闭环控制实验

全站仪的测量信号经姿态测量计算机传入主控计算机作为反馈，闭环控制索支撑系统做直线运动和圆周运动，测量系统的控制精度及系统的索拉力变化，研究索支撑系统的力特性及控制精度。

具体实验设计如下：

实验一：索支撑系统由当前点向上直线运动到点(0,0,−7.6m)，跟踪性能及索拉力变化如图 10-29～图 10-31 所示。

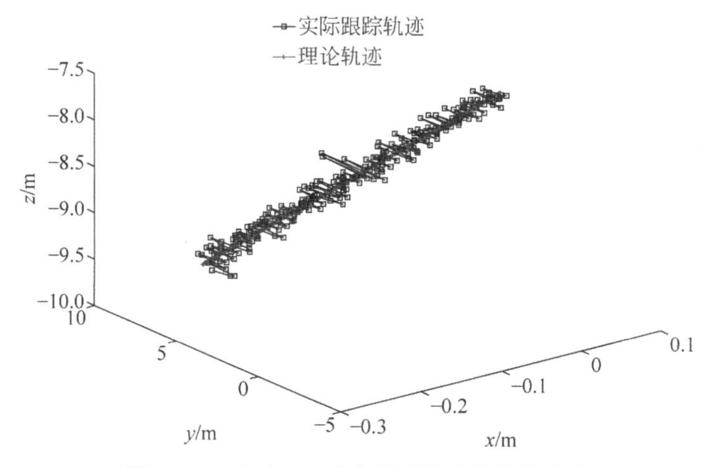

图 10-29 实验一：索支撑系统向上直线运动

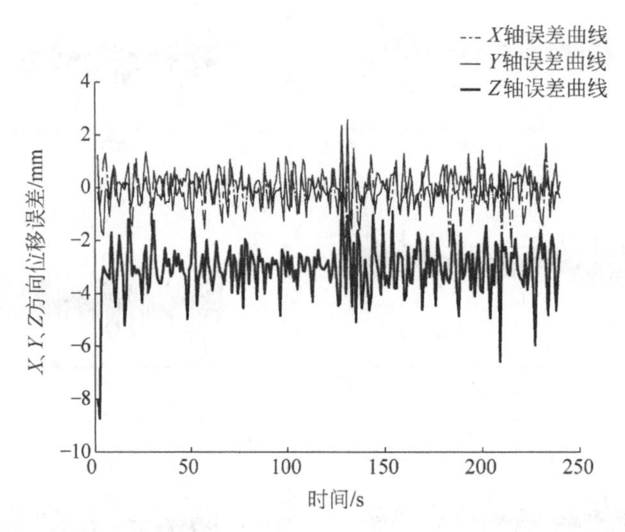

图 10-30　实验一：索支撑系统向上直线运动 X、Y、Z 方向误差分析

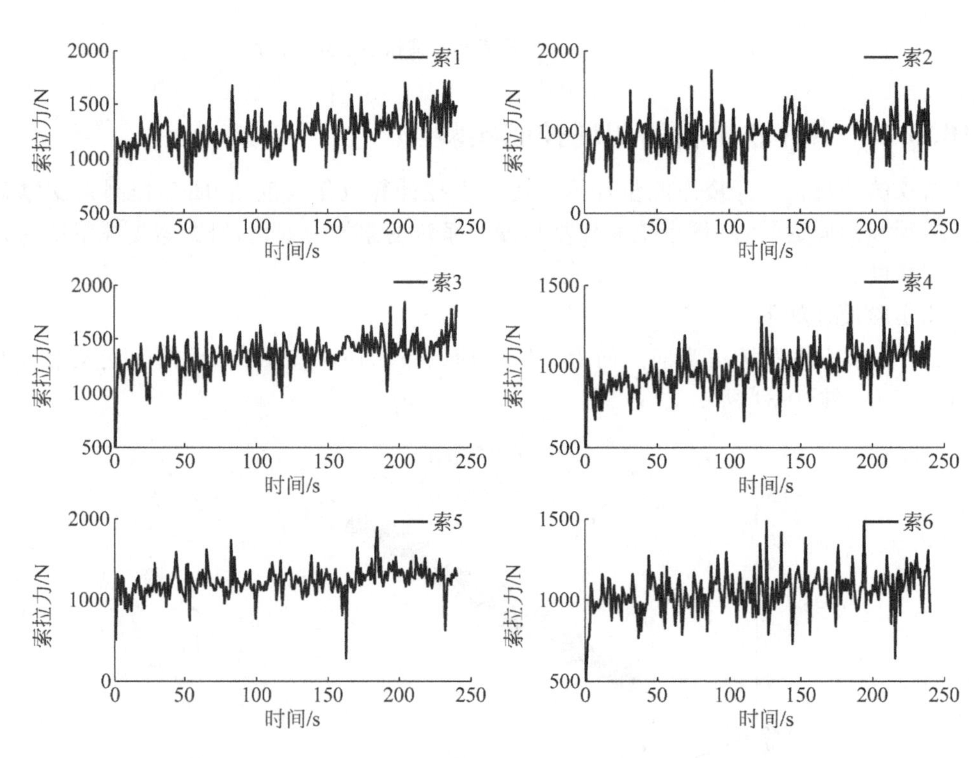

图 10-31　实验一：索支撑系统向上直线运动索拉力曲线

实验二：索支撑系统由点(0,0,−7.6m)直线运动到点(0,0,−9.6m)，跟踪性能及索拉力变化如图10-32～图10-34所示。

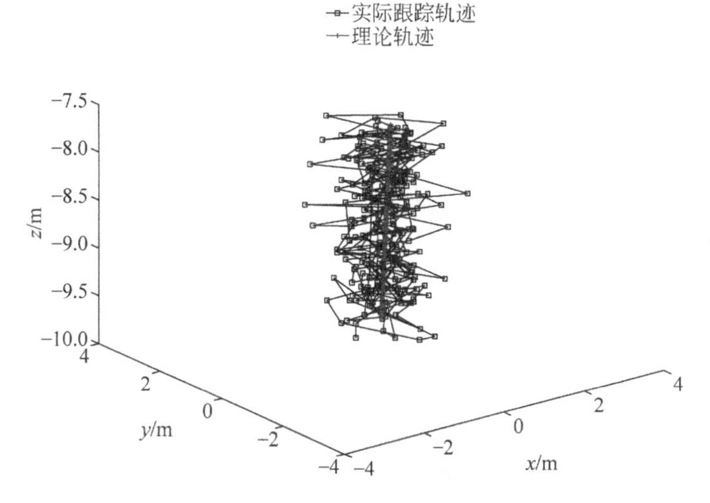

图10-32 实验二：索支撑系统向下直线运动

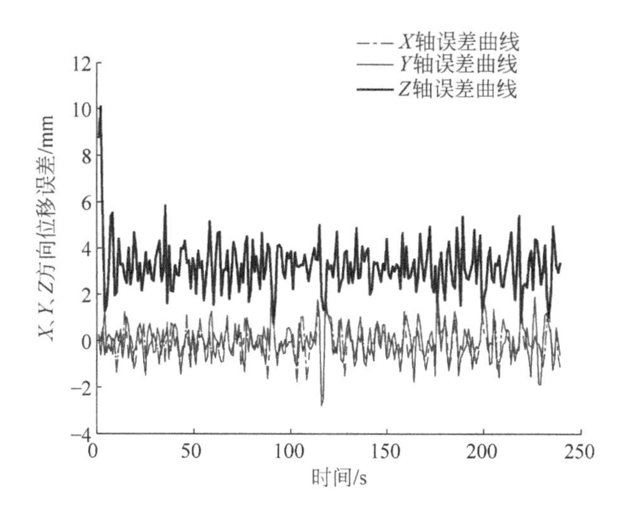

图10-33 实验二：索支撑系统向下直线运动 X、Y、Z 方向误差分析

由实验一和实验二的索支撑系统的跟踪性能(见图10-29和图10-32)可知，索支撑系统直线运动时，跟踪精度非常高；由图10-30和图10-33可知，馈源舱 X、Y、Z 方向的误差大小相当，索支撑系统的跟踪均方根误差分别为3.37mm和3.59mm，完全满足一级索支撑系统10mm均方根误差的设计要求。

由实验一和实验二的索拉力变化曲线(见图10-31和图10-34)可知，索均力在500～2500N之间变化，避免了索拉力虚牵，验证了本书采用的力位混合控制算法的有效性，保证了系统的平稳可靠工作。

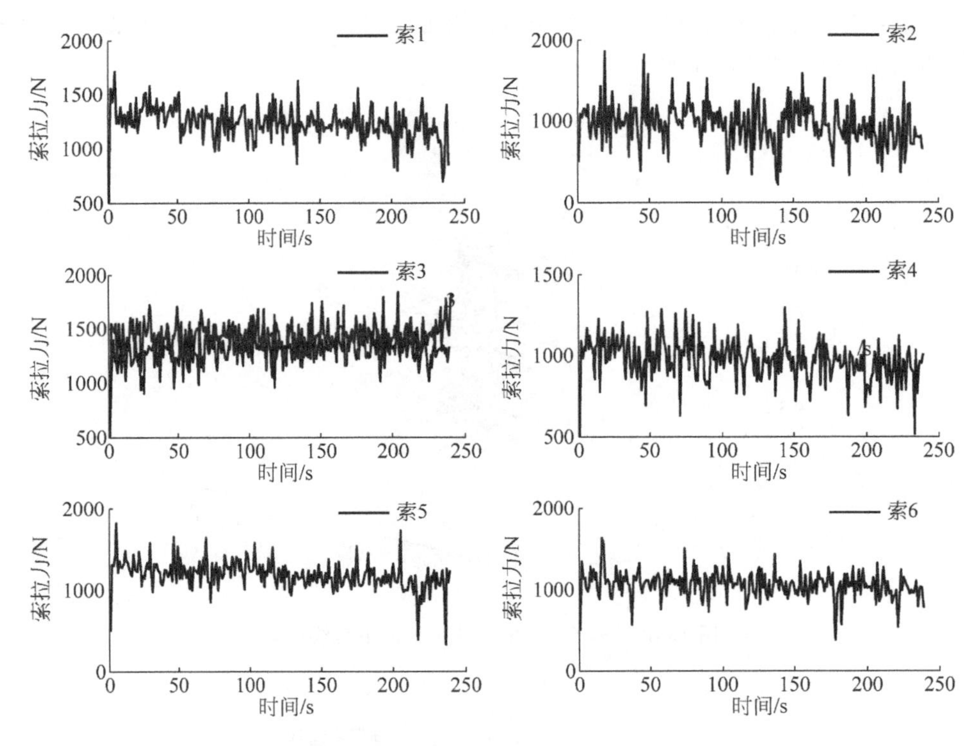

图 10-34 实验二：索支撑系统向下直线运动索拉力曲线

10.4 天文观测实验

本节应用 FAST 馈源支撑系统 1∶15 完整缩尺模型进行天文轨迹实验。检测在实际天文观测过程中，精调平台轨迹补偿抑振控制的效果，主要考察馈源支撑系统终端的实际轨迹精度是否能够达到天文观测精度要求。全局坐标系建立在主动反射面的球心，如图 8-2 所示。实验轨迹如图 10-35 所示。首先，馈源支撑系统搭载信号接收器由初始点 G_0(0,0,−10.51)m，以 10.98mm/s 的速度快速运行到馈源接收面的几何中点 G_1(0,0,−9.60)m；然后，以 4.47mm/s 的速度运行到天文轨迹的中心点 G_2(0,1.34,−9.51)m；最后，馈源支撑系统搭载接收器沿天文轨迹以 4.47mm/s 的速度依次到达 G_3(4.79,0.34,−8.31)m 和 G_4(−4.79,0.34,−8.31)m，回到 G_2 点，完成整个运动轨迹。该实验轨迹对应的最大天顶角为 30°，运行总时间为 5000s，其中天文轨迹的运行时间为 4500s。现场测得的风速为 1.6～3.3m/s。

通过全站仪反馈的索平台姿态数据，以及 Turbo PMAC 卡反馈的 A-B 转台和精调平台的运动参数，经过正解运算可以求出馈源支撑系统终端的实际运动轨迹。如图 10-36 所示，将理论轨迹和实际轨迹对比可以发现，实验中给定的理论轨迹与馈源支撑系统终端的实际轨迹能够完全重合。

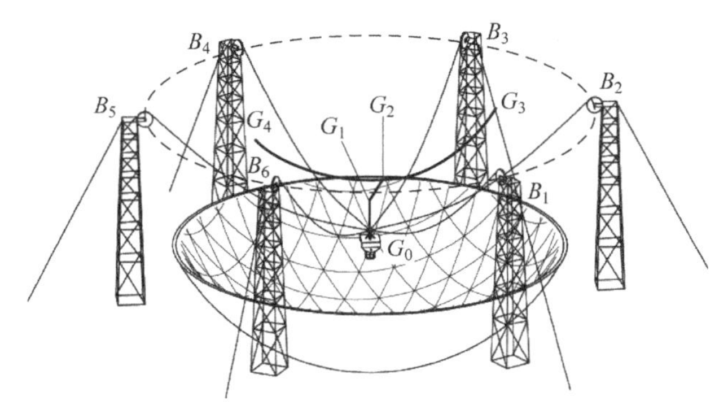

图 10-35 天文轨迹实验的终端运动轨迹

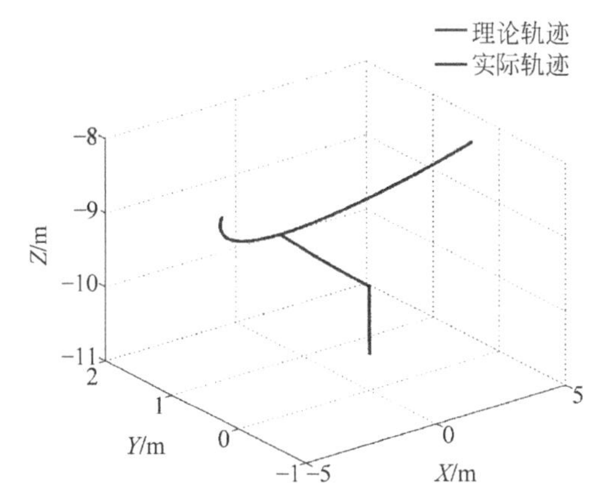

图 10-36 馈源支撑系统终端的实际轨迹与理论轨迹(见文前彩图)

计算出馈源支撑系统的终端轨迹误差,如图 10-37 所示。在 $G_0 \sim G_1$ 轨迹段,由于未进行抑振控制,馈源支撑系统的终端轨迹误差相对较大;后续在 4.47mm/s(高于要求的 3mm/s 观测速度)的速度下,馈源支撑系统的终端误差比较稳定。沿全局坐标系坐标轴方向的终端位置误差如图 10-37(a)所示,基本保持在 5mm 以下,沿 Z 轴方向的终端误差最小。整个运动过程中,FAST 40m 缩尺模型馈源支撑系统的终端轨迹均方根误差为 1.872mm,天文轨迹段的终端轨迹均方根误差为 1.684mm,完全满足均方根 2mm 的天文观测位置精度要求。

馈源支撑系统的终端姿态误差如图 10-37(b)所示,采用 RPY 角描述。在精调平台基础坐标系下,终端的转角均方根误差分别为:A 轴 0.045°,B 轴 0.044°,C 轴 0.40°。需要说明的是,精调平台基础平台坐标系下的 C 轴转角是动平台的自转角,C 轴转角误差并不会对天文观测造成影响,实际的轨迹补偿抑振控制中也未对 C 轴转角误差进行控制。馈源支撑终端的 A 轴和 B 轴转角精度完全达到均方根 0.2°的姿态精度要求。

为量化精调平台在天文轨迹实验中的作用,假设精调平台不进行轨迹补偿运动,而是保持静止在初始状态下,计算出的 FAST 40m 缩尺模型的馈源支撑系统终端误差如图 10-38 所示。可见,一旦失去精调平台的轨迹补偿抑振作用,馈源支撑系统终端的最大位置误差将高达 20mm,均方根误差达到 6mm。远远超出 FAST 40m 缩尺模型的终端精度要求。

综上,采用轨迹补偿抑振控制的精调平台能够有效地抑制馈源支撑系统终端的姿态振

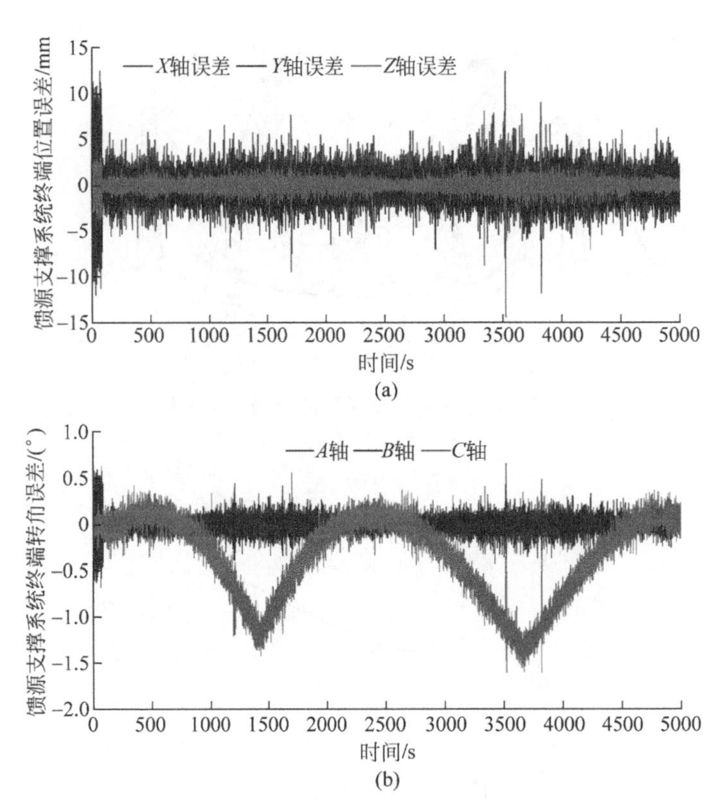

图 10-37 馈源支撑系统的终端轨迹误差(见文前彩图)

(a) 馈源支撑系统终端位置误差；(b) 馈源支撑系统终端姿态误差

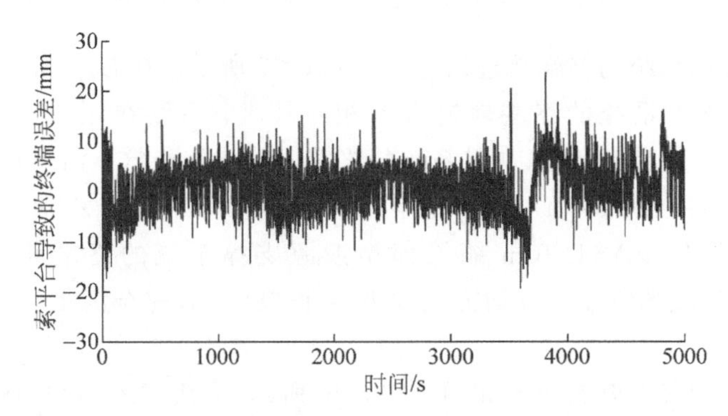

图 10-38 精调平台静止的情况下,馈源支撑系统的终端位置误差

动,提高整个馈源支撑系统的终端轨迹跟踪精度,最终满足 1∶15 缩尺模型的天文观测要求。

10.5 小结

本章介绍了以本书理论作为指导的 FAST 缩尺模型的工程实践和实验情况。首先介绍了在国家天文台密云观测站搭建完成的 FAST 40m 缩尺模型的机械结构、控制系统和控制软件。之后，利用缩尺模型进行开环和闭环控制实验，验证本书研究内容的科学性，并进一步研究索支撑系统的力特性及控制精度。最后，利用此套 FAST 缩尺模型系统进行天文观测实验，检测在实际天文观测过程中，精调平台轨迹补偿抑振控制效果。实验结果表明，采用轨迹补偿抑振控制的精调平台可以保证观测段的馈源支撑系统终端精度均方根误差为 1.684mm，达到了 FAST 缩尺模型均方根误差为 2mm 的天文观察要求。